中国科学院科学出版基金资助出版

"十三五"国家重点出版物出版规划项目

大气污染控制技术与策略丛书

工业挥发性有机物的
排放与控制

叶代启 等 著

科学出版社

北 京

内 容 简 介

本书针对近几年我国频发的以 O_3 和 $PM_{2.5}$ 为代表的区域大气复合污染事件,系统阐述挥发性有机物(VOCs)作为 O_3 和 $PM_{2.5}$ 的关键前体物之一,其排放特征与控制对策等的研究,对国内 VOCs 领域空白的填充、国家和区域 VOCs 污染控制政策及空气质量管理策略的制定起关键性的指导作用。围绕我国工业 VOCs 带来的污染问题,着重阐述工业源 VOCs 排放清单的建立及其排放特征、典型行业 VOCs 排放特征及控制、典型化工园区 VOCs 排放特征、工业源 VOCs 减排潜力及其空气质量减排效益模拟、我国工业源 VOCs 总量控制研究、基于反应性的工业源 VOCs 排放与控制研究等几方面内容,并针对我国工业源 VOCs 的控制路线提出建议。

本书可供挥发性有机物污染控制研究相关专业的研究生及科研人员阅读,也可供政府环境保护等有关部门及企事业单位相关科研及技术人员参考使用。

图书在版编目(CIP)数据

工业挥发性有机物的排放与控制 / 叶代启等著. —北京:科学出版社,2017.9

(大气污染控制技术与策略丛书)

"十三五"国家重点出版物出版规划项目

ISBN 978-7-03-054481-0

Ⅰ. ①工… Ⅱ. ①叶… Ⅲ. ①挥发性有机物-工业污染防治-中国 Ⅳ. ①X322.2②X513

中国版本图书馆CIP数据核字(2017)第223238号

责任编辑:杨 震 刘 冉 李丽娇 / 责任校对:何艳萍
责任印制:吴兆东 / 封面设计:黄华斌

科学出版社 出版
北京东黄城根北街 16 号
邮政编码:100717
http://www.sciencep.com

北京虎彩文化传播有限公司 印刷
科学出版社发行 各地新华书店经销
*
2017 年 9 月第 一 版 开本:720×1000 1/16
2023 年 2 月第六次印刷 印张:17 1/2
字数:350 000
定价:108.00 元
(如有印装质量问题,我社负责调换)

丛书编委会

主　编：郝吉明

副主编（按姓氏汉语拼音排序）：

柴发合　　陈运法　　贺克斌　　李　锋

刘文清　　朱　彤

编　委（按姓氏汉语拼音排序）：

白志鹏　　鲍晓峰　　曹军骥　　冯银厂

高　翔　　葛茂发　　郝郑平　　贺　泓

宁　平　　王春霞　　王金南　　王书肖

王新明　　王自发　　吴忠标　　谢绍东

杨　新　　杨　震　　姚　强　　叶代启

张朝林　　张小曳　　张寅平　　朱天乐

丛 书 序

当前，我国大气污染形势严峻，灰霾天气频繁发生。以可吸入颗粒物(PM_{10})、细颗粒物($PM_{2.5}$)为特征污染物的区域性大气环境问题日益突出，大气污染已呈现出多污染源多污染物叠加、城市与区域污染复合、污染与气候变化交叉等显著特征。

发达国家在近百年不同发展阶段出现的大气环境问题，我国却在近 20 年间集中爆发，使问题的严重性和复杂性不仅在于排污总量的增加和生态破坏范围的扩大，还表现为生态与环境问题的耦合交互影响，其威胁和风险也更加巨大。可以说，我国大气环境保护的复杂性和严峻性是历史上任何国家工业化过程中所不曾遇到过的。

为改善空气质量和保护公众健康，2013 年 9 月，国务院正式发布了《大气污染防治行动计划》，简称为"大气十条"。该计划由国务院牵头，环境保护部、国家发展和改革委员会等多部委参与，被誉为我国有史以来力度最大的空气清洁行动。"大气十条"明确提出了 2017 年全国与重点区域空气质量改善目标，以及配套的十条 35 项具体措施。从国家层面上对城市与区域大气污染防制进行了全方位、分层次的战略布局。

中国大气污染控制技术与对策研究始于 20 世纪 80 年代。2000 年以后科技部首先启动"北京市大气污染控制对策研究"，之后在 863 计划和科技支撑计划中加大了投入，研究范围也从"两控区"（酸雨区和二氧化硫控制区）扩展至京津冀、珠江三角洲、长江三角洲等重点地区；各级政府不断加大大气污染控制的力度，从达标战略研究到区域污染联防联治研究；国家自然科学基金委员会近年来从面上项目、重点项目到重大项目、重大研究计划各个层次上给予立项支持。这些研究取得丰硕成果，使我国的大气污染成因与控制研究取得了长足进步，有力支撑了我国大气污染的综合防治。

在学科内容上，由硫氧化物、氮氧化物、挥发性有机物及氨等气态污染物的污染特征扩展到气溶胶科学，从酸沉降控制延伸至区域性复合大气污染的联防联控，由固定污染源治理技术推广到机动车污染物的控制技术研究，逐步深化和开拓了研究的领域，使大气污染控制技术与策略研究的层次不断攀升。

　　鉴于我国大气环境污染的复杂性和严峻性，我国大气污染控制技术与策略领域研究的成果无疑也应该是世界独特的，总结和凝聚我国大气污染控制方面已有的研究成果，形成共识，已成为当前最迫切的任务。

　　我们希望本丛书的出版，能够大大促进大气污染控制科学技术成果、科研理论体系、研究方法与手段、基础数据的系统化归纳和总结，通过系统化的知识促进我国大气污染控制科学技术的新发展、新突破，从而推动大气污染控制科学研究进程和技术产业化的进程，为我国大气污染控制相关基础学科和技术领域的科技工作者和广大师生等，提供一套重要的参考文献。

2015 年 1 月

前　言

近年来，由于我国城市化和工业化进程的加快，高浓度近地面臭氧和二次有机气溶胶污染等极端大气污染事件在我国城市群频发。在大气污染的倒逼及人民健康和社会持续发展的呼吁下，国家出台了一系列应对措施，并取得了一定的效果。2013 年以来，$PM_{2.5}$、PM_{10}、SO_2 和 NO_2 等污染物年均浓度均呈现下降趋势，然而，O_3 最大 8 小时年均值整体呈稳定增长的趋势，区域(如珠江三角洲)O_3 污染形势更为严峻，给我国挥发性有机物(VOCs)污染控制带来更大的挑战。

华南理工大学是国内最早开展 VOCs 污染控制政策与技术研究的院校之一，"中国环境科学学会挥发性有机物污染防治专业委员会"挂靠单位。经过三十多年的发展，承担了 VOCs 治理方面的国家重点科研项目 12 项(如国家环保公益项目，"863"项目)，在 VOCs 控制政策与标准研究，行业全过程排放特征，VOCs净化材料、技术与成套设备方面的基础研究、应用研究和工程开发等领域具备了自身特色和竞争优势，形成了一支技术力量强、规模较大的研发和工程化研究团队。在这支团队的努力下，于 2016 年成功获得国家发展和改革委员会批复，成立了"挥发性有机物污染治理技术与装备国家工程实验室"。本书研究内容正是这支研究团队近年对我国工业挥发性有机物控制政策与技术研究成果的总结。

本书围绕我国工业 VOCs 带来的污染问题，分别从工业源 VOCs 排放清单的建立及其排放特征、典型行业 VOCs 排放特征及控制、典型化工园区 VOCs 排放特征、工业源 VOCs 减排潜力及空气质量减排效益模拟、我国工业源 VOCs 总量控制研究、基于反应性的工业源 VOCs 排放与控制研究和工业源 VOCs 控制建议等内容分别进行较为深入的分析。本书由叶代启负责书稿总体设计、撰写、审核与最终定稿工作，作者研究团队其他老师、博士和硕士研究生全过程参与了书稿的资料准备、撰写和审核工作。其中，第 1 章由叶代启和梁小明执笔撰写，第 2 章由邱凯琼和陈小方执笔撰写，第 3 章由范丽雅、陈小方、张嘉妮和张伟霞执笔撰写，第 4 章由叶代启、范丽雅、何梦林执笔撰写，第 5 章由肖景方和梁小明执笔撰写，第 6 章由叶代启、肖景方和张嘉妮执笔撰写，第 7 章由叶代启和梁小明执笔撰写，第 8 章由叶代启和陈柄旭执笔撰写。此外，研究生石田立、庄立跃、柯云婷、邹思贝、李淑君、肖海麟、孙西勃、王旋和陈建东参与了部分章节的资料准备、书稿讨论和校稿等工作。相信本书的出版不仅对环境科学与工程领域的管理人员、研究人员、技术人员等有所借鉴，也可以为相关领域人员提供有价值的参考。

　　本书涉及的工业行业范围广泛，尽管我们试图尽量详尽准确地分析整个工业源或各行业排放特征与控制对策，但作者深知由于自己专业水平有限，认识高度和深度不够，加之时间仓促，书中难免存在不完全成熟或者疏漏之处，恳请广大读者批评指正。

　　在此书付梓之际，谨向为本书付出辛勤劳动的全体撰写人员以及科学出版社表示诚挚的感谢，并致以崇高的敬意。感谢他们的辛勤劳作和无私分享，为广大读者贡献了一本全面的工业挥发性有机物排放和控制的著作。

叶代启

华南理工大学

2017 年 5 月

目　录

丛书序
前言
第1章　绪论 ·· 1
 1.1　挥发性有机物(VOCs)定义 ··· 1
  1.1.1　国外 VOCs 定义特点 ··· 2
  1.1.2　我国 VOCs 定义特点及其建议 ·· 4
 1.2　挥发性有机物控制指标与监测方法 ··· 9
  1.2.1　挥发性有机物控制指标 ·· 9
  1.2.2　国外典型 VOCs 监测方法特点 ··· 11
  1.2.3　我国 VOCs 监测方法特点及其建议 ·· 12
 1.3　我国 VOCs 管控历程与特点 ·· 15
 参考文献 ··· 19
第2章　工业源 VOCs 排放清单的建立及其排放特征 ······························ 20
 2.1　工业源排放清单的建立 ·· 20
  2.1.1　工业源排放清单建立思路——源头追踪思路 ····························· 20
  2.1.2　工业排放源分类 ·· 21
  2.1.3　污染源排放清单定量表征方法 ·· 25
 2.2　工业源 VOCs 排放特征(1980~2014 年) ······································ 34
  2.2.1　我国工业源 VOCs 历史排放特征 ·· 34
  2.2.2　排放总量的行业分布 ·· 35
  2.2.3　2014 年我国工业源 VOCs 排放特征 ······································ 35
  2.2.4　重点行业 VOCs 排放特征 ··· 41
 参考文献 ··· 78
第3章　典型行业 VOCs 排放特征及控制 ·· 79
 3.1　电子设备制造业 ··· 79
  3.1.1　行业简介 ··· 79
  3.1.2　VOCs 产污环节 ·· 79
  3.1.3　VOCs 成分谱排放特征 ·· 81
  3.1.4　行业 VOCs 控制对策 ·· 86
 3.2　汽车制造业 ··· 89
  3.2.1　行业简介 ··· 89

3.2.2　VOCs 产污环节 ··90
　　3.2.3　VOCs 成分谱排放特征 ···90
　　3.2.4　行业 VOCs 控制对策 ···93
3.3　印刷行业 ···98
　　3.3.1　行业简介 ···98
　　3.3.2　VOCs 产污环节 ··99
　　3.3.3　VOCs 成分谱排放特征 ···99
　　3.3.4　行业 VOCs 控制对策 ···103
3.4　漆包线制造行业 ···106
　　3.4.1　行业简介 ···106
　　3.4.2　VOCs 产污环节 ··107
　　3.4.3　VOCs 成分谱排放特征 ···108
　　3.4.4　行业 VOCs 控制对策 ···112
3.5　集装箱制造行业 ···115
　　3.5.1　行业简介 ···115
　　3.5.2　VOCs 产污环节 ··121
　　3.5.3　VOCs 成分谱排放特征 ···123
　　3.5.4　行业 VOCs 控制对策 ···126
参考文献 ···135
第 4 章　典型化工园区 VOCs 排放特征 ··137
4.1　基于排放环节的 VOCs 排放特征分析 ··139
　　4.1.1　生产工艺及 VOCs 排放环节识别 ·····································139
　　4.1.2　VOCs 排放浓度水平及成分谱特征 ··································144
4.2　基于排放环节的 VOCs 排放清单建立 ··154
　　4.2.1　排放源分类 ···154
　　4.2.2　排放量计算方法 ··154
　　4.2.3　排放量及排放因子计算 ···157
　　4.2.4　园区高分辨率排放清单 ···162
　　4.2.5　清单不确定性分析 ···163
4.3　园区企业特征物种筛选 ··168
　　4.3.1　特征污染物筛选方法比选 ···168
　　4.3.2　层次分析法构建 ··171
　　4.3.3　案例分析及讨论 ··174
4.4　园区 VOCs 排放环境影响评估 ···177
　　4.4.1　基本参数设置 ···177
　　4.4.2　模型验证 ···180

　　　4.4.3　模拟结果分析 ··· 181

　　参考文献 ·· 184

第 5 章　工业源 VOCs 减排潜力及空气质量减排效益模拟 ················· 187

　5.1　未来排放量的预测 ·· 188

　　　5.1.1　情景分析与设置 ·· 188

　　　5.1.2　未来排放量估算方法 ··· 191

　　　5.1.3　未来活动水平的预测 ··· 192

　5.2　未来排放量及减排潜力分析 ·· 194

　　　5.2.1　基准情景 VOCs 排放 ··· 194

　　　5.2.2　控制情景 VOCs 排放 ··· 196

　　　5.2.3　工业源 VOCs 减排潜力分析 ···································· 198

　5.3　空气质量减排效益模拟 ·· 199

　　　5.3.1　空气质量模型的选择 ··· 199

　　　5.3.2　基准年模拟结果及验证 ·· 201

　　　5.3.3　未来空气质量模拟评估 ·· 203

　5.4　重点地区臭氧浓度削减情况分析 ··· 208

　　参考文献 ·· 209

第 6 章　我国工业源 VOCs 总量控制研究 ···································· 212

　6.1　总量控制与分配的进展 ·· 213

　　　6.1.1　总量控制的国际进展 ··· 213

　　　6.1.2　总量分配的研究进展 ··· 216

　6.2　总量控制研究思路和方法 ··· 218

　　　6.2.1　总量控制研究思路 ·· 218

　　　6.2.2　研究方法与技术路线 ··· 219

　6.3　总量控制目标的确定 ··· 222

　6.4　总量控制总量的分配 ··· 225

　　　6.4.1　总量分配因子的选择 ··· 225

　　　6.4.2　总量分配结果分析 ·· 227

　6.5　我国工业源 VOCs 总量控制的建议与展望 ······························· 233

　　参考文献 ·· 234

第 7 章　基于反应性的工业源 VOCs 排放与控制研究 ····················· 237

　7.1　物种与反应性排放清单的建立 ··· 237

　　　7.1.1　物种清单与成分谱研究现状 ···································· 237

　　　7.1.2　总量排放清单与成分谱库的建立 ······························ 239

　　　7.1.3　物种与反应性排放清单的建立 ································· 242

　7.2　基于反应性与总量的工业源 VOCs 排放特征 ··························· 243

    7.2.1　基于 OFP 与总量的物种排放特征 ································ 243

    7.2.2　基于 OFP 与总量的污染源排放特征 ····························· 246

    7.2.3　基于 OFP 与总量的分省市和空间排放特征 ················· 248

  7.3　基于 VOCs 反应性的 O_3 控制对策 ································· 249

  参考文献 ·· 254

第 8 章　工业源 VOCs 控制建议 ·· 257

  8.1　政策方面 ··· 257

  8.2　技术方面 ··· 259

  8.3　经济方面 ··· 262

  8.4　科研方面 ··· 262

  8.5　其他方面 ··· 263

  参考文献 ·· 264

索引 ··· 265

第1章 绪 论

1.1 挥发性有机物(VOCs)定义

挥发性有机物(volatile organic compounds，VOCs)作为一个群体，包含了大量的个体挥发性物种，这一特点使得 VOCs 在日常监管中的定义五花八门，难以将国家、地方及行业定义有效统一，存在很大争议。定义不同，涵盖的物质不同，管控的方向也不同，这给 VOCs 污染源统计、监测、管控等都带来了困难，严重制约了我国 VOCs 的环境管理。挥发性有机物定义作为管理部门监管最基本的指标依据，对于明确 VOCs 治理方向、具体 VOCs 物质范围具有指导和规范的作用。因此，从国家层面确定挥发性有机物定义的主导方向，对于指导地方和行业定义的建立和统一以及污染物监管和减排具有重要意义。

挥发性有机物定义整体而言呈现出多而混乱的局面，但综合可归纳为基于物理特性、基于化学反应性和基于监测方法的三类定义。基于物理特性定义主要从反映有机物挥发性的"沸点"和"蒸气压"两个参数来确定，如从沸点定义，在 101.325 kPa 标准压力下，任何初沸点低于或等于250℃的有机化合物；从蒸气压定义，在 293.15 K 条件下蒸气压大于或等于 10 Pa，或者特定适用条件下具有相应挥发性的全部有机化合物(不包括甲烷)。基于化学反应性定义主要从基于有机物反应性，参与不同光化学反应而带来的臭氧和雾霾污染来确定，如除 CO、CO_2、H_2CO_2、金属碳化物或碳酸盐、碳酸铵外，任何参与大气光化学反应的碳化合物(美国)；人类活动排放的、能在日照作用下与 NO_x 反应生成光化学氧化剂的全部有机化合物，甲烷除外(欧盟)；基于监测方法定义主要考虑到实际监测方法多能识别的目标污染物范围来确定，如我国《室内空气质量标准》将挥发性有机物定义为"利用 Tenax GC 或 Tenax TA 采样，非极性色谱柱(极性指数小于 10)进行分析，保留时间在正己烷和正十六烷之间的挥发性有机化合物"。

各国或国际组织对挥发性有机物定义的出发点有所区别。国际组织对 VOCs 定义偏重 VOCs 可挥发性的物理特性。美国、欧盟和日本则从国家(地区)层面更偏重 VOCs 参与大气光化学活性等的化学反应性，其中，美国对微反应性物质进行豁免，截至 2014 年 12 月 30 日，美国环境保护局(EPA)总共豁免了 60 种(类)微反应性物质。我国挥发性有机物的定义五花八门，处于较为混乱和矛盾的局面，尚未从国家层面进行定义。在实际监测中，考虑到监测方法的限制，挥发性有机物的定义考虑更多的是适合监测方法的 VOCs 定义，通常情况下，VOCs 定义所涵盖的范围因所考虑的因素(物理特性、化学反应性以及监测方法)不同而有所区别。

1.1.1 国外 VOCs 定义特点

　　国外各组织或国家对 VOCs 的定义因其应用方向的不同而形成了各自的体系，但部分国家在 VOCs 定义的出发点上也存在一定的共同点。国外典型挥发性有机物定义及特点如表 1.1 所示。

表 1.1　国外典型 VOCs 定义及其特点

国家(地区)或国际组织	定义	出处	定义类型		
			物理特性	化学反应性	监测方法
国际组织或跨国公司	熔点低于室温而沸点在 50~260℃之间的挥发性有机化合物的总称	世界卫生组织(WHO)	√		
	在常温常压下，任何能自然挥发的有机液体或固体，一般都视为可挥发性有机物	国际标准化组织(ISO 4618/1~1998)	√		
	在 101325 Pa 压力下，任何初沸点低于或等于 250℃的有机化合物	巴斯夫(BASF)	√		
美国	除 CO、CO_2、H_2CO_3、金属碳化物或碳酸盐、碳酸铵外，任何参与大气光化学反应的碳化合物	州实施计划(SIPs) 40 CFR 51.100(s)[a]		√	
	任何参与大气光化学反应的有机化合物，或者依据法定方法、等效方法、替代方法测得的有机化合物，或者依据条款规定的特定程序确定的有机化合物	新固定源标准(NSPS) 40 CFR 60.2[b]		√	√
欧盟	人类活动排放的、能在日照作用下与 NO_x 反应生成光化学氧化剂的全部有机化合物，甲烷除外	环境空气质量指令 2008/50/EC 国家排放总量指令 2001/81/EC[c]		√	
	在 293.15 K 条件下蒸气压大于或等于 0.01 kPa，或者特定适用条件下具有相应挥发性的全部有机化合物	工业排放指令 2010/75/EU[d]	√		
	在标准压力 101.3 kPa 下初沸点小于或等于 250℃的全部有机化合物	涂料指令 2004/42/EC[e]	√		
日本	排放或扩散到大气中的任何气态有机化合物(政令规定的不会导致悬浮颗粒物和氧化剂生成的物质除外)	大气污染防治法[f]		√	

a. 美国：40 CFR Part 51. National primary and secondary ambient air quality standards

b. 40 CFR Part 60. Standards of performance for new stationary sources（NSPS）

c. 欧盟：Directive 2001/81/EC. National emission ceilings for certain atmospheric pollutants

d. Directive 2010/75/EU. Industrial emissions directive

e. Directive 2004/42/EC. Limitation of emissions of volatile organic compounds due to the use of organic solvents in certain paints and varnishes and vehicle refinishing products and amending directive

f. 日本环境省. 2015. VOC の排出规制制度(関係法令等). http://www. env. go. jp/air/osen/voc/seido. html

美国、欧盟是开展 VOCs 控制较早的国家(或地区)，其国家层面 VOCs 的定义很早就已经开始关注化学反应性定义，VOCs 定义均考虑了有机物参与光化学反应的特性。美国在"污染源的排放与控制"方向的定义，是在其国家定义"参与大气光化学反应"的基础上，又与监测和核算方法相结合，如新固定源标准(NSPS)40 CFR 60.2 发布的 VOCs 定义，即"任何参与大气光化学反应的有机化合物，或者依据法定方法、等效方法、替代方法测得的有机化合物，或者依据条款规定的特定程序确定的有机化合物"。该定义兼顾了实际监管过程的可操作性，即通过监测或核算确定，管控范围不受 VOCs 反应活性的局限，在定义上呈现一定的优势。欧盟在其"污染源排放与控制"和"产品规范和检测"方面，未参考其国家(地区)定义，仍然选用基于"物理特性"的蒸气压或沸点来定义。例如，工业排放指令 2010/75/EU 挥发性有机物定义：在 293.15 K 条件下蒸气压大于或等于 0.01 kPa，或者特定适用条件下具有相应挥发性的全部有机化合物。需要强调的是该定义不仅局限于有机物的物理特性，在污染源排放与控制中根据适用条件不同所监管的 VOCs 范围也不同，避免了物理特性中因蒸气压界限不严谨而带来的争议。又如，欧盟涂料指令 2004/42/EC 挥发性有机物定义：在标准压力 101.3 kPa 下初沸点小于或等于 250℃的全部有机化合物。该定义从有机物物理特性的沸点来确定，适用于涂料产品中的 VOCs 含量限制。规定沸点易于产品检测，但仍然避免不了一部分沸点大于 250℃的挥发性有机物被豁免。

国际组织和跨国公司对 VOCs 的定义主要从其挥发性的物理特性定义，其中世界卫生组织(WHO)和巴斯夫(BASF)主要从反应挥发性的沸点进行定义。世界卫生组织挥发性有机物定义：熔点低于室温而沸点在 50~260℃之间的挥发性有机化合物的总称。巴斯夫挥发性有机物定义：在 101325 Pa 压力下，任何初沸点低于或等于 250℃的有机化合物。这两个定义考虑到了监督执法过程中概念的明确性和检测工作中的可操作性要求。国际标准化组织(ISO 4618/1−1998)直接用挥发性来定性地定义挥发性有机物：在常温常压下，任何能自然挥发的有机液体或固体，一般都视为可挥发性有机物。该定义虽然涵盖的 VOCs 范围较全面，但具体监管的范围不明确，同时也包含了大量对环境空气质量恶化贡献小的挥发性有机物。

日本于 2004 年修订了《大气污染防治法》，增加了 VOCs 控制内容，并在法律上明确了 VOCs 的定义，其定义考察因素同样仅是基于 VOCs 化学反应性带来的健康和环境效应。

综合国外典型挥发性有机物定义，美国目前挥发性有机物定义通过国家层面确定定义方向，给予地方或行业一定的指导，地方行业在此基础上根据实际监管可操作性等对定义进行补充确定，在一定程度上体现了美国对 VOCs 监管范围的统一性，形成了自己的体系，其定义对许多国家挥发性有机物定义的确定有一定的参考作用。

从美国挥发性有机物定义的时间轴分析其发展历程，美国国家 VOCs 定义是在地方定义出台后发布的，基本经历了物理特性定义阶段和化学反应性定义阶段。20 世纪 70 年代末，EPA 发布了《污染物控制技术指南(CTG)系列》，首次提出了 VOCs 的定义：除 CO、CO_2、H_2CO_2、金属碳化物、金属碳酸盐、碳酸铵之外，标准状态下蒸气压大于 0.1 mmHg（1 mmHg = 0.133 kPa）的碳化合物。这是美国 VOCs 物理特性定义的起点。该定义后期被证明蒸气压的界限不合理，难以界定，与温度等所处环境条件具有很大关系，用蒸气压定义的挥发性有机物导致了很多具备光化学活性的化合物被豁免而不受管控。基于物理特性定义的不合理，EPA 后期提供了不包含蒸气压的 VOCs 定义：任何参与光化学反应的有机化合物，但不包含甲烷、乙烷等 11 种化合物。这是美国物理特性定义向化学反应性定义的第一次过渡。1988 年 5 月，EPA 发布了《与 VOCs 蒸气压限值不足和差异相关的问题》，要求管理规定应与 EPA 的反应活性政策保持一致，定义不能使用基于蒸气压的 VOCs 定义。随后各州将蒸气压定义从相应文件中删除。尽管如此，各州在挥发性有机物管理执行上仍然处于混乱局面，争议较大。1992 年 2 月，EPA 正式颁布了 VOCs 定义(即现用国家定义)：除 CO、CO_2、H_2CO_3、金属碳化物或碳酸盐、碳酸铵外，任何参与大气光化学反应的碳化合物。此外，还包括豁免名单及 6 项豁免条款。截至目前，EPA 发布的豁免名单已包括 60 种(类)物质。该定义沿用至今，标志着美国完成了物理特性定义向基于有机物反应性的化学反应性定义的成功过渡，后期的相关法规文件均参考了该定义。美国挥发性有机物定义的发展历程也经历了混乱的争议局面，但最终能从国家层面很好地统一起来，对各国挥发性有机物定义的确定和统一具有重要的参考价值。

1.1.2 我国 VOCs 定义特点及其建议

基于"物理特性"、"化学反应性"及"监测方法"这三类典型的 VOCs 定义，分析我国 VOCs 定义特点，总体呈现五花八门的局面，国家层面定义缺乏，地方和行业定义不统一。

我国已发布挥发性有机物相关国家排放标准定义的特点如表 1.2 所示。2015 年以前，大多数标准中均未对挥发性有机物做出明确的定义，监管指标默认为非甲烷总烃，与国家层面定义缺失具有重要关系。《恶臭污染物排放标准》(GB 14554—1993)和《饮食业油烟排放标准(试行)》(GB 18483—2001)均从标准监管对象的角度定义，如恶臭和油烟，并未明确挥发性有机物定义。国家相关排放标准第一次明确挥发性有机物定义是在《合成革与人造革工业污染物排放标准》(GB 21902—2008)中，定义为"常压下沸点低于 250℃，或者能够以气态分子的形态排放到空气中的所有有机化合物(不包括甲烷)"，是基于物理特性的"沸点"参数来定义的，但该定义不局限于物理特性，涵盖沸点范围的同时，强调所有气态污染物。2015 年，随着国家对 VOCs 污染的控制，新颁布的三项相关标准对挥发性有机物有了新的定义，定义为"参与大气光化学反应的有机化合物，或者根

表 1.2　已发布国家 VOCs 相关排放标准定义特点

排放标准级别	定义	出处	定义类型		
			物理特性	化学反应性	监测方法
综合性标准与行业标准	未对挥发性有机物进行明确的定义,监管的综合指标一般为非甲烷总烃,即除甲烷以外的碳氢化合物(其中主要是 $C_2 \sim C_8$)的总称	①《大气污染物综合排放标准》(GB 16297—1996) ②《储油库大气污染物排放标准》(GB 20950—2007) ③《汽油运输大气污染物排放标准》(GB 20951—2007) ④《加油站大气污染物排放标准》(GB 20952—2007) ⑤《橡胶制品工业污染物排放标准》(GB 27632—2011) ⑥《轧钢工业大气污染物排放标准》(GB 28665—2012) ⑦《电池工业污染物排放标准》(GB 30484—2013)			
通用标准	指一切刺激嗅觉器官引起人们不愉快及损害生活环境的气体物质(恶臭污染物)	《恶臭污染物排放标准》(GB 14554—1993)		√	
行业标准	食物烹饪、加工过程中挥发的油脂、有机质及其加热分解或裂解产物(油烟)	《饮食业油烟排放标准(试行)》(GB 18483—2001)	√		
	常压下沸点低于 250℃,或者能够以气态分子的形态排放到空气中的所有有机化合物(不包括甲烷)	《合成革与人造革工业污染物排放标准》(GB 21902—2008)	√		
	参与大气光化学反应的有机化合物,或者根据规定的方法测量或核算确定的有机化合物	①《石油炼制工业污染物排放标准》(GB 31570—2015) ②《石油化学工业污染物排放标准》(GB 31571—2015) ③《合成树脂工业污染物排放标准》(GB 31572—2015)		√	√

据规定的方法测量或核算确定的有机化合物"。该定义是基于有机物反应性的"化学反应性"和基于"监测方法"两方面综合定义的,主要参考了美国新固定源标准(NSPS)40 CFR 60.2 的定义,"任何参与大气光化学反应的有机化合物,或者依据法定方法、等效方法、替代方法测得的有机化合物,或者依据条款规定的特定程序确定的有机化合物"。

我国挥发性有机物相关地方排放标准中定义的特点如表 1.3 所示,分别对典

表 1.3 地方 VOCs 相关排放标准定义特点

地方	定义	出处	定义类型 物理特性	定义类型 化学反应性	定义类型 监测方法
北京	在 20℃条件下蒸气压大于或等于 0.01 kPa,或者特定适用条件下具有相应挥发性的全部有机化合物的统称	①《大气污染物综合排放标准》(DB 11/501—2007) ②《铸锻工业大气污染物排放标准》(DB 11/ 914—2012)	√		
北京	参与大气光化学反应的有机化合物,或者根据规定的方法测量或核算确定的有机化合物	2015 年发布的 6 项新地方标准		√	
上海	25℃时饱和蒸气压在 0.1 mmHg 及以上或熔点低于室温而沸点在 260℃以下的挥发性有机化合物的总称,但不包括甲烷	《生物制药行业污染物排放标准》(DB 31/373—2010)	√		
上海	参与大气光化学反应的有机化合物,或者根据规定的方法测量或核算确定的有机化合物	①《汽车制造业(涂装)大气污染物排放标准》(DB 31/859—2014) ②2015 年发布的 4 项新地方标准		√	
广东	在 101325 Pa 标准大气压下,任何沸点低于或等于 250℃的有机化合物	2010 年家具制造行业、包装印刷行业、制鞋行业、表面涂装(汽车制造业)4 项挥发性有机物排放标准	√		
广东	参与大气光化学反应的有机化合物,或者根据规定的方法测量或核算确定的有机化合物	《集装箱制造业挥发性有机物排放标准》(DB 44/1837—2016)		√	
天津	在 293.15 K 条件下蒸气压大于或等于 10 Pa,或者特定适用条件下具有相应挥发性的全部有机化合物(不包括甲烷)	《工业企业挥发性有机物排放控制标准》(DB 12/524—2014)	√		
重庆	在 20℃时,饱和蒸气压大于或等于 0.01 kPa,或者特定适用条件下具有相应挥发性的全部有机化合物的统称	《汽车整车制造表面涂装大气污染物排放标准》(DB 50/577—2015)	√		

注:仅列出相关地方标准中,对挥发性有机物有明确定义的标准,其他未明确定义的相关标准未列出,一般以非甲烷总烃或挥发性有机物为监管指标

型地方，即北京、上海、广东、天津和重庆的定义进行分析。2015 年以前，地方采用的定义有所不同。北京从物理特性中反应挥发性的"蒸气压"角度确定，天津和重庆则基本参考了北京的定义；上海综合了反应有机物挥发性的"蒸气压"和"沸点"，以求更为全面地覆盖监管的 VOCs 范围。2014 年，上海又在其《汽车制造业(涂装)大气污染物排放标准》中将定义确定为"参与大气光化学反应的有机化合物，或者根据规定的方法测量或核算确定的有机化合物"，该定义是国内首次使用基于有机物反应性的"健康环境效应"与基于"监测方法"相结合的定义，与 2015 年新出的国家相关排放标准定义相同。广东省定义侧重强调有机物挥发性的"沸点"。2015 年以前各地方定义虽然出发点不同，但除了上海 2014 年标准定义外，其他定义均基于物理特性来确定。2015 年以来，由于国家新发布的相关排放标准中对挥发性有机物有了明确的定义，以"健康环境效应"和"监测方法"二者为出发点，与上海 2014 年标准定义一致，地方如北京、广东、上海等的新地标均采用了此定义。

其他典型定义特点如表 1.4 所示，涉及空气质量管理、工业生产部门对产品进行描述或检测。空气质量管理 VOCs 的定义目前采用监测方法定义，该定义明确了监管的挥发性有机物范围，即为监测方法所能识别的有机物，减少了标准实施过程中引起的争议，但未能体现重点监管的特征污染物，同时 VOCs 监管的范围不全面。工业生产部门对产品进行规范或检测的定义主要基于"物理特性"，这种定义由于物理界限的划分存在争议，在产品规范和检测方面或多或少也豁免了一些参与大气光化学反应的其他挥发性有机物。

表 1.4 其他典型定义特点

定义	出处	定义类型		
		物理特性	化学反应性	监测方法
利用 Tenax GC 或 Tenax TA 采样，非极性色谱柱(极性指数小于 10)进行分析，保留时间在正己烷和正十六烷之间的挥发性有机化合物	《室内空气质量标准》(GB/T 18883—2002)			√
在 101.325 kPa 标准压力下,任何初沸点低于或等于 250℃的有机化合物	①《环境标志产品技术要求 水性涂料》(HJ/T 201—2005) ②《环境标志产品技术要求 胶印油墨》(HJ/T 370—2007) ③《环境标志产品技术要求 凹印油墨和柔印油墨》(HJT 371—2007)	√		
在所处环境的正常温度和压力下，能自然蒸发的任何有机液体或固体	《色漆和清漆 挥发性有机化合物(VOC)含量的测定 差值法》(GB/T 23985—2009)	√		

纵观我国挥发性有机物定义发展历程，过去对 VOCs 有明确定义的标准文件较少，与我国长期以来未从国家层面对 VOCs 定义进行明确有关。2015 年以前，地方和行业定义主要出发点为有机物的"物理特性"，即分别从"沸点"和"蒸气压"两个方面来定义，在空气质量管理方面，定义则从实际监测方法的匹配性考虑，体现了监管的可操作性。然而，挥发性有机物作为非传统污染物，不同于 SO_2 和 NO_x，其包含了大量的有机物个体，基于物理特性的"沸点"和"蒸气压"定义，很难清楚准确地界定 VOCs 的具体范围，同时，所涵盖的 VOCs 不全，美国 EPA 在 2014 年颁布的数据中，已发现的 VOCs 物质共有 1497 种（类），其中，可确定沸点大于 250℃的有 308 种，即已确定的有 308 种物种不在物理特性定义范围内，约占总确定物种的 20%。

考虑到这一缺陷，2015 年以来，国家新发布的相关标准则将挥发性有机物定义的重心从"物理特性"或"监测方法"转移到基于有机物反应性的"健康环境效应"和"监测方法"相结合，该定义主要参考了美国新固定源标准（NSPS）40 CFR 60.2 的 VOCs 定义，即"任何参与大气光化学反应的有机化合物，或者依据法定方法、等效方法、替代方法测得的有机化合物，或者依据条款规定的特定程序确定的有机化合物"，在一定程度上具有一定的优势。"参与大气光化学反应的有机化合物"，是 VOCs 定义的重大转变，突出了基于有机物反应性的臭氧和雾霾污染环境问题，与空气质量管理有效衔接；"依据法定方法、等效方法、替代方法测得的有机化合物"，与适用条件、监测、核算等挂钩，扩大了定义范围，能够覆盖各行业管控的特征污染物，增加了现实应用的可操作性；"依据条款规定的特定程序确定的有机化合物"体现了排放标准管控方式的特点，排放标准特征明显。排放标准有两种管控方式：测量和核算。目前大部分排放标准采用浓度指标，测量排气筒浓度、厂界浓度或车间逸散、设备泄漏浓度等；核算单位产品或单位涂装面积 VOCs 排放量，大量用于涂装行业污染控制。

总之，我国还未从国家层面对挥发性有机物定义进行明确，VOCs 监管的主方向还未明确，在地方和行业的指导性尚欠缺。但从我国相关排放标准的定义发展历程来看，我国挥发性有机物定义基本处于物理特性定义到化学反应性定义的过渡时期，这一定义的转变，使所包含的 VOCs 范围更为全面，定义与监测方法相结合，增加了实际监管的可操作性，体现了监管方式的特点。定义同时明确了在"污染源排放与控制"方面，挥发性有机物的监管重点将不再是单一的浓度、总量控制，而将与污染物的反应性相结合。国内研究学者在研究我国人为源挥发性有机物反应性排放清单中得出基于反应性 VOCs 控制对策比基于简单的总量控制更为有效，并建议在国家层面上从 VOCs 的反应性来定义，以指导未来 VOCs 的控制方向。

综合国内外挥发性有机物典型定义特点及我国定义发展特点，对我国未来挥发性有机物定义的确定给予一定的建议。我国未来挥发性有机物定义的发展可分为三个层面，即"国家宏观层面"、"污染源排放和控制层面"和"工业产品的规范和检测层面"。我国应首先对"国家宏观层面"的 VOCs 定义进行明确，该定义主要在 VOCs 相关宏观法律法规、环境空气质量管理方面指导应用，关注大尺度的环境问题，同时为地方和行业后期定义的确定做指导。因此，作为国家宏观层面的 VOCs 定义应尽可能科学严谨、全面，同时具有一定的针对性，在此层面建议将 VOCs 定义为"参与大气光化学反应的有机化合物(豁免部分微反应性且对人体健康不构成威胁的挥发性有机物)"，与环境空气质量有效衔接，同时考虑到一些微反应性有机物对环境空气质量污染贡献小，排放量较大，为降低污染控制成本，允许微反应性有机物豁免，具体豁免物种清单由国家根据实际情况发布，这样就抓住了 VOCs 污染防治的重点。"污染源排放和控制层面"的 VOCs 定义，可在国家定义的基础上，考虑实际监管的可监测、可核算的可操作性，建议将定义确定为"参与大气光化学反应的有机化合物，或者根据规定的方法测量或核算确定的有机化合物"，与 2015 年国家相关排放标准定义一致。值得一提的是，目前我国规定的 VOCs 的监测方法体系并不完善，使得行业许多重要的 VOCs 贡献物种未能识别或精确定量，同时，VOCs 总量监测指标涵盖的物种对象不明确或不统一，致使监测结果可比性差。"工业产品的规范和检测层面"定义，目前使用较多的是从物理角度如根据沸点或蒸气压等确定的定义，对工业生产产品进行描述或检测等。仅从工业产品角度来看，物理定义比较合适，但为了更好地与后续使用或再生产等产生的污染物等环保指标有效衔接，建议该层面定义可在参考国家定义的基础上，重点考察产品有机物检测方法的适应性，建议与"污染源排放和控制层面"一致。

1.2 挥发性有机物控制指标与监测方法

1.2.1 挥发性有机物控制指标

本书将挥发性有机物控制指标定义为：在对污染源挥发性有机物排放监管及含挥发性有机物的工业产品规范的过程中，用于评价其挥发性有机物是否符合国家、地方或行业相关标准政策要求的参数。

挥发性有机物涵盖的污染源或行业范围广泛，污染源排放特征复杂各异，各污染源末端控制技术也千差万别，因此，挥发性有机物的监管指标有所区别。从控制的污染物来看，主要包括总量控制指标和组分控制指标，VOCs 总量控制指标比组分控制指标在实际监管中操作性更强，更为便捷和快速，尤其是 VOCs 污染源监管，在排放特征污染源已知的情况下，VOCs 排放总量指标能起到较好的污染监管控制效果。不同国家或标准用于评估 VOCs 总量的控制指标名称和定义有所不同，通常包括 TOC、THC、NMTHC、TVOCs 等不同形式，不同名称与特定的检测方法相关，需要进行区分，并在实际应用中根据环境管理需要和在线监测能力进行选择。VOCs 排放组分控制指标主要适用于固定污染源排放 VOCs 种类繁杂，或者是个别排放特征污染物排放浓度高、危害较大以及一些特殊行业排放 VOCs 种类未知等情况。

从污染全过程来看，控制指标可综合归纳为"源头控制指标"、"工艺过程控制指标"、"末端控制指标"以及"总量控制指标"四类，如表 1.5 所示。① "源头控制指标"主要应用在对含 VOCs 产品使用行业原辅材料中 VOCs 的限制或一些工业产品的 VOCs 规范，如涂料、油墨和胶黏剂等物料中 VOCs 的含量限制。

表 1.5 我国典型排放标准监控指标

国家/地方	来源	源头控制	工艺过程控制	末端控制		总量控制
				有组织	无组织	
国家	《石油化学工业污染物排放标准》（GB 31571—2015）《石油炼制工业污染物排放标准》（GB 31570—2015）		储罐密封方式、泄漏检测值、有机液体传输接驳、分装控制	去除效率、浓度控制	厂界浓度控制	
北京	《印刷业挥发性有机物排放标准》（DB 11/1201—2015）	油墨 VOCs 含量	工艺措施和管理要求	浓度控制	厂界、印刷生产场所浓度控制	
	《汽车整车制造业(涂装工序)大气污染物排放标准》（DB 11/1227—2015）	单位涂料中 VOCs 的含量	工艺措施和管理要求	浓度控制	喷漆室、PVC/密封胶等涂装线、打磨生产线等浓度控制	单位涂装面积挥发性有机物排放总量
上海	《大气污染物综合排放标准》（DB 31/933—2015）		工艺措施和管理要求	浓度控制、排放速率控制	厂区内及厂界浓度控制	
			工艺措施和管理要求	浓度控制、排放速率控制	厂界浓度控制	单位涂装面积挥发性有机物排放总量
广东	《集装箱制造业挥发性有机物排放标准》（DB 44/1837—2016）		生产工艺和环境管理要求	浓度控制	厂界浓度控制	涂装生产线单位面积 VOCs 排放量限值
	《表面涂装(汽车制造业)挥发性有机化合物排放标准》（DB 44/816—2010）		生产工艺和管理要求	浓度控制、排放速率控制、去除效率控制	厂界浓度控制	单位涂装面积的 VOCs 排放量

②在生产过程中由于生产系统压力、温度等变化，导致 VOCs 从生产设备、管道阀门组件的泄漏点逸散排放，"工艺过程控制指标"即包括了对该环节的 VOCs 排放进行限制，主要应用 VOCs 泄漏监测限值进行控制，储罐密封、有机液体传输、接驳和分装控制指标或要求均属于此范围。③"末端控制指标"主要包括有组织排放控制和无组织排放控制两部分，是一直以来应用最多的控制指标。其中，有组织排放控制指污染源生产过程工艺废气经过有组织收集，末端控制技术处理后集中排放的整个过程限制，如废气收集效率、控制技术去除效率、排气筒 VOCs 排放浓度限值。无组织控制除了常见的厂界浓度限值要求以外，还包含了污染源生产过程特定工序范围内 VOCs 的排放限值，如涂装行业喷涂环节，包装印刷行业印刷或复合环节等。本书将污染源范围内的无组织环境空气中 VOCs 限值也纳入此类，主要包括厂界、厂界内车间外区域等环境空气中 VOCs 的限值。④"总量控制指标"主要指单位原辅物料或产品等单位 VOCs 排放量限值，主要应用在工业产品的规范或涂装行业，如单位涂料、油墨、胶黏剂 VOCs 排放量或单位涂装面积 VOCs 排放量。

1.2.2　国外典型 VOCs 监测方法特点

VOCs 监测方法主要包括环境空气和污染源监测两大类。从 20 世纪 70 年代起，美国、欧洲、日本等相继开展了 VOCs 的监测工作，出台了一系列的监测方法。美国 EPA 推出了一系列分别针对环境空气和污染源排放 VOCs 的监测方法，如表 1.6 所示，其中环境空气监测体系中，TO-1、TO-2、TO-17 方法分别使用 Tenax 碳分子筛和多级吸附剂进行采样；TO-14A、TO-15 方法主要针对作为臭氧前体物的 VOCs；TO-14A 针对烷烃、烯烃、炔烃、芳香烃等非极性有机物的分析，而 TO-15 则在 TO-14A 的基础上加入含氧挥发性有机物(OVOCs)及卤代烃等极性 VOCs；固定污染源监测体系中，Method 18 采用气相色谱法测定总气态有机物(TGOC)，即 VOCs 通用分析方法；Method 25 使用半连续自动非甲烷有机物分析器测定总气态非甲烷有机物(TGNMOC)；Method 25A 使用火焰离子化分析器(FIA)测定总气态有机碳(TOC)；Method 25B 使用非色散红外分析法(NDIR)测定含烷烃总气态有机碳(TOC)浓度。

欧洲环境保护署(EEA)也出台了一系列 VOCs 监测的技术指导文件，其中 TGN M8 和 TGN M16 分别总结了环境大气中 VOCs 浓度和工业排放 VOCs 的测量技术。目前针对 VOCs 的欧洲标准推荐方法 BSAEN 12619/13526 使用氢火焰离子化检测器(FID) 监测 TOC，BS EN 13649 使用活性炭吸附监测 VOCs 组分。

表 1.6 美国 EPA 推出的 VOCs 监测方法体系

监测方法体系类别	方法体系	目标化合物种类与分析方法
环境空气有毒有机物测定方法 EPA TO-1～TO-17 系列 (1984～1997 年)	TO-1～TO-3	卤代烃、芳烃、乙腈等非极性有机物(沸点–10～200℃)，小流量采样/吸附采样管/冷阱捕集/GC-MS/GC-FID/GC-ECD
	TO-12	非甲烷有机物(NMOC，以 ppmv[a]C 表示)，玻璃微珠采样管冷阱捕集，GC-FID
	TO-14 、 TO-14A 、 TO-15	高挥发性有机物(沸点–158～200℃)，数码采样罐多吸附剂富集管，GC-MS、GC-FID/ECD/PID/NPD/FTD
	TO-16	挥发性有机物(沸点 80～200℃)，在线傅里叶变换红外光谱仪(FTIR)
	TO-17	高挥发性有机物(沸点–158～200℃)，在线或多种固相吸附剂采样管、热脱附，GC-MS
固定源废气采样和分析方法 EPA Method 1～Method 30 系列	Method 18 、 Method 25/25A 、 Method 25B	总气态有机物(TGOC)或总气态非甲烷有机物(TGNMOC)，排气管道采样系统-气相色谱分析法

a. ppmv，parts per million by volume，百万分之一体积

　　污染源 VOCs 的监测对行业 VOCs 排放标准或政策的制定以及日常管理和控制极其重要。污染源 VOCs 排放标准中监管指标的确定应与现有监测方法有效匹配。对污染源有机废气排放控制，欧盟和日本用 VOCs，美国用 VOCs 或有机有害大气污染物(organic HAP)指标表征，限值指标用总有机碳(total organic carbon，TOC)或总碳(total carbon，TC)的质量浓度 mg C/Nm³ 或体积浓度 ppmv C(美国、日本)表示，以描述有机物污染状况，最大限度控制有机污染物排放。为适应实际情况，监测方法的多样化也需要重视。美国、德国、日本这些发达国家分别推出污染源废气 VOCs 监测方法标准系列。有采集样品-实验室分析的常规气相色谱分析法(GC)，可灵活选用 FID、电子俘获检测器(ECD)、光电离检测器(PID)或其他检测器；有在线直接分析法和连续分析法，测定的结果均以总碳计；GC-FID 测定总气态非甲烷挥发性有机物(NMVOC)，仍是美国、欧洲、日本当前监测污染源废气 VOCs 的主流标准分析方法。在用气相色谱法分析遇到不能确定色谱峰的情况下，应用质谱分析法(MS)或气相色谱-红外光谱分析法(GC-IR)加以识别，GC-MS 法主要应用于 VOCs 组成成分分析(成分谱分析)。

1.2.3 我国 VOCs 监测方法特点及其建议

　　近年来，随着我国对 VOCs 污染与控制的不断重视，一系列法规政策及标准规范相继出台，而 VOCs 的监测能力，是落实和实现国家大气环境控制目标的基础。准确地监测大气中 VOCs 是了解其浓度水平变化、量化来源及评估 VOCs 对大气污染生成贡献的必要前提[1]。然而，环境和污染源排放的 VOCs 物种成千上万，浓度范围跨度大，反应活性各异。因此，在采样过程中，样品有效保存、定

性与定量分析难度大。另外，我国对于大气 VOCs 的研究尚处于刚刚起步的阶段，在开展的 VOCs 监测工作中，采用的方法多样化，监测数据比较零散，目标化合物也不一致[2]。

国内近年相继颁布了一系列监测方法标准规范，表 1.7 为国内目前现有的 VOCs 监测方法，主要包括固定污染源和环境空气 VOCs 的监测两方面。其中，《固定污染源排气中非甲烷总烃的测定 气相色谱法》(HJ/T 38—1999)是最早颁布的监测方法，其以非甲烷总烃(NMHC)作为综合指标，适用于固定污染源有组织排放和无组织排放的测定。由于目前实际监管过程中 VOCs 定义或综合指标界限难以划分，非甲烷总烃作为一项综合性的监测指标，加之有完善的监测方法标准，标准方法和指标一直延续至今。值得一提的是，VOCs 总量监测指标涵盖的物种对象不明确或不统一，致使监测结果可比性差，也限制了 VOCs 总量核算的科学准确性，不利于 VOCs 污染水平的评估。从 VOCs 个体组分来看，除了非甲烷总烃以外，一些特征污染物(如卤代烃)或光化学活性高的物质(如酯类、醛酮类等)含氧 VOCs 也占据了很大比例，且不在此监测对象范围内。国家在 2014 年先后颁

表 1.7 国内现有 VOCs 监测方法

方法体系类别	方法标准编号	名称	分析方法与目标污染物
环境空气	HJ 583—2010	《环境空气苯系物的测定 固体吸附/热脱附-气相色谱法》	GC-FID，环境空气和室内空气中苯、甲苯、乙苯、邻二甲苯、间二甲苯、对二甲苯、异丙苯和苯乙烯等 8 种
	HJ 584—2010	《环境空气苯系物的测定 活性炭吸附/二硫化碳解吸-气相色谱法》	GC-FID，环境空气和室内空气中苯、甲苯、乙苯、邻二甲苯、间二甲苯、对二甲苯、异丙苯和苯乙烯等 8 种
	HJ 644—2013	《环境空气挥发性有机物的测定 吸附管采样-热脱附/气相色谱-质谱法》	GC-MS，26 种卤代烃化合物和 9 种芳香烃化合物
	HJ 645—2013	《环境空气挥发性卤代烃的测定 活性炭吸附-二硫化碳解吸/气相色谱法》	GC-ECD，20 种卤代烃化合物
	HJ 759—2015	《环境空气挥发性有机物的测定 罐采样/气相色谱-质谱法》	GC-MS，67 种挥发性有机物
固定污染源	HJ/T 38—1999	《固定污染源排气中非甲烷总烃的测定 气相色谱法》	GC-FID，总碳(不含甲烷)，适用范围涵盖了有组织排放和无组织排放
	HJ 732—2014	《固定污染源废气 挥发性有机物的采样 气袋法》	非甲烷总烃和 61 种 VOCs 的采样
	HJ 734—2014	《固定污染源废气 挥发性有机物的测定 固相吸附-热脱附/气相色谱-质谱法》	组合固体吸附管-二级热脱附-GC/MS，包括丙酮、异丙醇等 24 种挥发性有机物

布了《固定污染源废气 挥发性有机物的采样 气袋法》(HJ 732—2014)和《固定污染源废气 挥发性有机物的测定 固相吸附-热脱附/气相色谱-质谱法》(HJ 734—2014)。2014 年新颁布的固定污染源 VOCs 监测方法在 VOCs 组分测定上有一定的提高，但需要指出是，在 VOCs 作为综合指标上仍然没有突破，这也是目前新颁布的国家或地方排放标准仍以 NMHC 作为综合监控指标的原因之一。利用 NMHC 作为综合指标，尽管在监测方法上各地或各行业均可统一，但在实际监管中却存在很大不足，首先忽略了含氧挥发性有机物(OVOCs)的排放，部分有毒有害或反应活性强的 OVOCs 物质，如醛类、乙酸酯类、酮类等，在污染源中的排放被忽略；另外，由于监控的 VOCs 组分未明确，以至于实际监管中行业特征污染物没有真正得到关注和后续有效控制。

除了固定污染源监测外，环境空气中挥发性有机物的监测方法目前主要有《环境空气挥发性有机物的测定 吸附管采样-热脱附/气相色谱-质谱法》(HJ 644—2013)和《环境空气挥发性有机物的测定 罐采样/气相色谱-质谱法》(HJ 759—2015)。前者采用吸附管采样-热脱附/气相色谱-质谱法，适用于环境空气中 35 种 VOCs 的测定，后者则采用罐采样/气相色谱-质谱法，适用于 67 种 VOCs 的测定。此外，由于苯系物及卤代烃较强的毒性及致癌性，其在环境中大量存在会给人体健康带来威胁，因此环境空气中 VOCs 监测还出台了针对苯系物和卤代烃的监测方法，分别为《环境空气苯系物的测定 固体吸附/热脱附-气相色谱法》(HJ 583—2010)、《环境空气苯系物的测定 活性炭吸附/二硫化碳解吸-气相色谱法》(HJ 584—2010)和《环境空气挥发性卤代烃的测定 活性炭吸附-二硫化碳解吸/气相色谱法》(HJ 645—2013)。环境空气中 VOCs 的监测除了存在固定污染源对应的综合指标不足外，仍存在其他不足，如现有苯系物监测方法中，并不包含目前含三甲苯或四甲苯溶剂大量使用的挥发等。

台湾地区针对 VOCs 监测也出台了一系列与监测技术成套的标准方法。环境空气 VOCs 监测于 1997 年颁布了《挥发性有机物空气污染管制及排放标准》，并在 2010 年制定了不锈钢罐采样-质谱法测定大气中 87 种 VOCs 的标准方法。污染源 VOCs 监测方法体系中，NIEA 718.10C 总结了非甲烷有机气体排放测定方法(以碳为基准)；NIEA 433.71C 分析了排放管道中总有机气体检测方法-火焰离子化检测法(THC-FID)；NIEA A721.70B 使用排放管道中挥发性有机物检测方法-采样组装/气相色谱-质谱仪法；NIEA A722.73B 采用排放管道中气态有机化合物检测方法-采样袋采样/气相层析火焰离子化检测法或其他检测器。

目前我国 VOCs 监测方法(环境空气和固定污染源)仍有待进一步完善，主要从以下两方面完善。一方面，监测方法与实际监管的政策或标准一致，确定监管的 VOCs 范围或 VOCs 综合控制指标，考虑到目前 VOCs 控制的最终目标是改善空气质量，因此可以从反应活性的角度来确定，建议监测或监管的 VOCs 组分或综合指标含美国光化学评估监测站(PAMS)确定的标气中的 56 种 NMHCs 以及美国 TO-15 标准中的 OVOCs，并针对这一确定的综合指标，制定国家统一的 VOCs 环境空气和固定污染源监测方法。另一方面，值得一提的是，目前我国的监测方法，无论是环境空气还是固定污染源，均为离线技术，由于实际 VOCs 浓度随生产工况或气象因素等变化大，因此离线技术采集的样品在代表性上有一定的欠缺，因此建立连续自动化的在线监测方法标准是目前发展和完善的重要方向。

1.3　我国 VOCs 管控历程与特点

我国 VOCs 污染控制工作相比于国外来说起步较晚，目前尚未形成系统的 VOCs 控制体系。在 2010 年以前，仅有石油炼制和炼焦业，油品储运、合成革制造、室内装饰等少部分行业活动实施了一些 VOCs 相关的排放标准和规定。2010 年以后，我国近地面臭氧和有机气溶胶浓度明显上升，以 O_3 为特征的光化学烟雾污染及 $PM_{2.5}$ 引起的雾霾等极端大气污染事件频繁发生在我国部分地区，环境空气质量显著恶化。大气污染正从局地、单一的城市空气污染逐步转变为区域复合型大气污染，复合污染在以京津冀、长江三角洲和珠江三角洲等为代表的经济快速发展地区表现得尤为突出，严重制约着社会经济的可持续发展，影响了人体健康和大气环境质量。国家和地方对 VOCs 控制的重视度达到一个前所未有的高度，相关法规政策、标准等相继出台。

2010 年国务院办公厅印发《关于推进大气污染联防联控工作改善区域空气质量的指导意见》，首次将挥发性有机物列为我国大气污染防治的重点污染物。2011 年《国务院关于加强环境保护重点工作的意见》的提出，则十分有力地推动了 VOCs 污染防治工作的开展。同年发布的《国家环境保护"十二五"科技发展规划》则提出研发具有自主知识产权的 VOCs 典型污染源控制技术及相应工艺设备，并筛选出最佳可行的大气污染控制技术。2012 年国务院批复的《重点区域大气污染防治"十二五"规划》是我国第一部综合性大气污染防治的规划，从该规划提出到 2015 年，重点区域的挥发性有机物污染防治工作全面展开。2013 年国务院发布的《大气污染防治行动计划》确定了 10 项具体措施，其中明确提出推进挥发性有机物污染治理，并在有机化工、表面涂装、包装印刷等行业实施挥发性有机物综合整治。2013 年 5 月发布的《挥发性有机物(VOCs)污染防治技术政策》提出到 2015 年基本建立起重点区域 VOCs 污染防治体系，到 2020 年基本实现 VOCs 从原料到产品、从生产到消费的全过程减排要求。2014 年 4 月新修订的《中华人民共和国环境保护法》在原有环境保护法的基础上，加大了处罚力度，突出了信息公开，并相继通过《环境保护主管部门实施按日连续处罚暂行办法》和《企业事业单位环境信息公开暂行办法》等，为 VOCs 等污染物的污染防治提供了更有力的法律保障。2015 年，财政部、国家发展和改革委员会、环境保护部先后出台的《关于印发<挥发性有机物排污收费试点办法>的通知》（财税[2015]71 号）和《关于制定石油化工及包装印刷等试点行业挥发性有机物排污费征收标准等有关问题的通知》（发改价格[2015]2185 号）将工业 VOCs 污染控制纳入排污收费，规定了石化行业和包装印刷行业实行收费政策，各省市可根据实际情况增设试点收费行业。同年，新修订的《中华人民共和国大气污染防治法》将 VOCs 防治首次纳入监管范围，并使 VOCs 污染防治有了法律依据，该法规从源头、过程到末端，明确了工业 VOCs 污染防治措施及相应的法律责任。2016 年 1 月环境保护部继续发布了《关于挥发性有机物排污收费试点有关具体工作的通知》（环办环监函[2016]113 号），明确了不同层次管理机构及企业自身的具体工作，详细强调了地方环境监察机构对试点企业申报材料完整性的审核要求。2016 年 3 月，《中华人民共和国国民经济和社会发展第十三个五年规划纲要》发布，明确在重点区域、重点行业推进挥发性有机物排放总量控制，全国排放总量下降 10%以上。

　　继 2015 年国家《挥发性有机物排污收费试点办法》首次出台以来，各省市结合地方工业结构与行业 VOCs 排放情况，控制现状及控制经济情况等，相继制定了地方 VOCs 收费政策。表 1.8 总结了地方出台的收费政策，截至 2016 年 10 月，我国现有 17 个省市出台了差别化政策。在收费行业方面，北京、上海和山东除了国家提倡的石油化工和包装印刷行业外，还根据其地方特征增加了其他的收费行业，如汽车制造、船舶制造、电子制造等，其他省市收费行业基本均为国家提倡的两类行业。在基本收费标准方面，北京和上海收费标准明显较其他地方高，达到 20 元/kg，其次是天津，为 10 元/kg，部分地区以 6 元/kg 为基本收费标准，如河北、山东等。大部分省市收费标准参考了 SO_2 和 NO_x 的收费标准，为 1.2 元/kg，收费偏低，对促进地方 VOCs 的减排力度不够。VOCs 的单位收费标准大于单位治理成本时，收费政策才能有效促进行业或地方 VOCs 的减排，相关研究学者根据市场和实际 VOCs 治理的成本分析，当 VOCs 基本收费标准达到 20 元/kg 时，收费政策才能取得成效，但考虑到各地经济发展水平等差异与治理承担能力，因此各地区收费差别化较大。

　　我国 VOCs 控制目前仍然处于起步阶段，虽然近几年国家加强了对 VOCs 的管控，将 VOCs 的控制提到一个新的高度，但整体而言仍存在以下不足：

　　首先，包括本土化行业排放因子、成分谱数据库等在内的基础研究工作分散且不规范。我国排放因子的研究尚不完善，多借鉴美国 AP-42 排放因子库和欧盟 CORINAIR 排放因子库以及其他文献调研的信息。这无疑会大大增加基础总量清单的不确定性。目前，国内源成分谱研究测量方法多参考国外研究，源谱的采集与测试没有质量控制与质量保证，不同源谱差异较大，难以比较。本土化基础研究的缺乏，总量排放基数和行业物种贡献情况等不同研究间结果存在很大差异，与我国实际情况也存在一定差距，导致在重点行业、行业重点贡献环节和行业重点高活性控制物种的确定上有较大的不确定性。

表 1.8　我国现有省市 VOCs 收费政策对比

序号	地区	收费行业	收费时间	基本收费标准
1	北京	石油化工、汽车制造、电子制造、印刷、家具行业	2015 年 10 月 1 日	20 元/kg
2	上海	石油化工、船舶制造、汽车制造、包装印刷、家具制造、电子制造等 12 个大类	2015 年 10 月 1 日	10 元/kg
			2016 年 7 月 1 日	15 元/kg
			2017 年 1 月 1 日	20 元/kg
3	江苏	石油化工、包装印刷等	2016 年 1 月 1 日	3.6 元/kg
			2018 年 1 月 1 日	4.8 元/kg
4	安徽	石油化工、包装印刷等	2015 年 10 月 1 日	1.2 元/kg
5	湖南	石油化工、包装印刷等	2016 年 3 月 1 日	1.2 元/kg
6	四川	石油化工、包装印刷等	2016 年 3 月 1 日	1.2 元/kg
7	天津	石油化工、包装印刷等	2016 年 5 月 1 日	10 元/kg
8	辽宁	石油化工、包装印刷等	2016 年 4 月 1 日	1.2 元/kg
9	浙江	石油化工、包装印刷等	2016 年 7 月 1 日	3.6 元/kg
			2018 年 1 月 1 日	4.8 元/kg
10	河北	石油化工、包装印刷等	2016 年 1 月 1 日	2.4 元/kg
			2017 年 1 月 1 日	4.8 元/kg
			2020 年 1 月 1 日	6.0 元/kg
11	山东	石油化工、包装印刷等	2016 年 6 月 1 日	3.0 元/kg
		增加汽车制造、家具制造和铝型材工业	2017 年 7 月 1 日	6.0 元/kg
		逐步覆盖重点行业	2018 年 1 月 1 日	6.0 元/kg
12	山西	石油化工、包装印刷等	2016 年 9 月 1 日	1.8 元/kg（太原市）1.2 元/kg（其他地级市）
13	海南	石油化工、包装印刷等	2016 年 8 月 1 日	1.2 元/kg
14	湖北	石油化工、包装印刷等	2016 年 10 月 1 日	1.2 元/kg
15	福建	石油化工、包装印刷等	2017 年 1 月 1 日	1.2 元/kg
16	江西	石油化工、包装印刷等	2016 年 11 月 1 日	1.2 元/kg
17	云南	石油化工、包装印刷等	2017 年 1 月 1 日	1.2 元/kg

其次，监测方法体系与日常监管不健全。在 VOCs 的监测工作中，方法的多样化导致分析获取的目标化合物也不一样，使得行业许多重要的 VOCs 贡献物种未能识别或精确地定量。VOCs 总量监测指标涵盖的物种对象不明确或不统一，致使监测结果可比性差，也限制了 VOCs 总量核算的科学准确性，不利于 VOCs 污染水平的评估。与监测方法一样，我国 VOCs 控制执法部门日常监管能力有待进一步提高。部分执法人员 VOCs 环保监管的意识或能力薄弱，同时，执法部门配套的执法监管设备和设施不全或落后，致使在实际日常监管中无法快速或准确出示有效的数据来支撑后续执法工作等。

再次，我国 VOCs 政策与标准控制方向针对性不强。我国 VOCs 控制"十三五"期间将进入总量控制的阶段，相关政策和标准主要从 VOCs 的总量控制开展，然而与传统污染物 SO_2 和 NO_x 有所区别，VOCs 作为一个群体包含了大量的物种，各物种对 O_3 和 $PM_{2.5}$ 产生的贡献也有所差异。各地应加大对 O_3 和 $PM_{2.5}$ 产生贡献大的 VOCs 物质减排，建立精细化管控体系。高活性 VOCs 物质主要包括芳香烃、烯炔烃和醛酮类等。各地需加强本地 O_3 来源分析、产业结构特征和排放来源等研究工作，为基于反应活性的 VOCs 控制提供技术支撑。总之，建立基于反应性的 VOCs 控制政策及针对行业高活性特征污染物控制的标准是我国 VOCs 精细化控制的迫切需求。

最后，我国 VOCs 控制技术产业存在缺陷。我国 VOCs 治理存在技术薄弱、关键材料和装备运行可靠性低等问题，主要体现在以下方面：①自主创新能力薄弱：核心材料、技术与装备研发设计水平低，试验检验手段不足，关键共性技术缺失。市场上大量使用的性能较好的污染治理关键材料，如活性碳纤维、分子筛、催化剂关键材料严重依赖进口，严重制约了设备和系统的集成能力；大多数企业技术创新仍处于跟随模仿阶段，底层技术的"黑匣子"尚未突破，一些关键产品也很难通过逆向工程实现自主设计、研发和创新。②基础配套能力不足：基础材料和零部件，如蓄热燃烧设备使用的蓄热体、分子筛吸附转轮使用的特种纸质或玻璃纤维质蜂窝体、各类密封材料等，配套部件包括蓄热燃烧设备用蝶阀或提升阀、加热器用电发热管、在线监测用气路系统及传感器等，无法满足装备配套要求，国产的产品性能与国外有明显差距，目前主要依赖进口，已成为制约我国VOCs 治理装备发展的瓶颈。③技术评估与标准规范不完善：进入 VOCs 治理市场的门槛低，治理公司大量出现，技术水平良莠不齐，各行业在控制技术的选择上缺乏科学的、可参考的技术选用标准体系与权威的技术评估系统；缺乏设备制造、工程实施等方面的技术规范，各个厂家生产的设备千差万别，甚至鱼龙混杂，质量上没法保障，与进口的同类型设备相比存在很大的差距，设备安装以后大部分成为摆设，难以正常运行，甚至根本就不运行。④产业结构不合理：低端产能过剩、高端产能不足，产业同质化竞争突出。VOCs 的治理市场不规范，小型规模企业多而杂，拥有高新技术的骨干企业屈指可数。真正体现 VOCs 主流控制技术的高精尖产业和重大技术配套装备生产不足，远远不能满足我国重点行业VOCs 削减的需求。

我国 VOCs 治理虽然尚存在一定的不足，但从另一方面来看，也无不暗示着 VOCs 的控制在以上四大方面有较大的提升潜力，我国应重点从以上四个方面开展工作，实现对 VOCs 的精细化控制，最终改善环境空气质量。

参 考 文 献

[1]　李悦, 邵敏, 陆思华. 城市大气中挥发性有机化合物监测技术进展[J]. 中国环境监测,2015(4):1-7.

[2]　张勇军, 张乐乐. 我国挥发性有机污染物监测技术研究进展[J]. 仪器仪表与分析监测,2015(1):44-46.

第 2 章 工业源 VOCs 排放清单的建立及其排放特征

挥发性有机物(VOCs)是一类重要的大气污染物,其来源主要分为天然源和人为源[1],由于天然源不可控的特性,研究者更加关注人为源。人为源包括工业源、交通源和生活源三类,其中工业源排放占人为源总排放量的 60% 左右,而且相对于交通源和生活源,工业源具有更大更直接的减排潜力。因此,本章主要从国家尺度建立我国工业源 VOCs 排放清单,并在排放清单建立的基础上,对我国工业源 VOCs 的历史排放趋势及分行业、分区域排放情况进行分析,得出我国工业源 VOCs 的排放特征。

2.1 工业源排放清单的建立

准确的排放清单是研究国家及区域污染源排放特征、识别其排放时空分布的重要基础,工业源 VOCs 排放源涉及众多行业,分布广,无组织排放现象严重,监测困难。目前,我国尚未将 VOCs 纳入常规监测项目,全国污染源普查也不包含 VOCs 的普查。由于 VOCs 污染排放研究滞后,当前 VOCs 排放量被严重低估。国内外针对 VOCs 污染排放进行了一系列研究,采用的方法主要有排放因子法、实地监测法、源解析法等。根据公开发表的研究成果,各种研究方法得出的结论呈现很大的差异性,甚至相同的研究方法针对同一行业、区域和国家的 VOCs 排放研究,都会得出差别很大的结论,其作为 VOCs 排放防控和监管的参考价值极大降低。因此,VOCs 排放清单的建立与研究,选取相对合适的研究方法,对其研究成果的实用性具有重要影响。

2.1.1 工业源排放清单建立思路——源头追踪思路

工业源排放清单的研究应遵循"源头追踪"思路,通过对工业 VOCs 物质流动的全过程进行分析和梳理,全面整体地把握我国工业源 VOCs 排放量。

根据工业 VOCs 物质流动的全过程,VOCs 产生于以下四个环节:VOCs 的生产,储存和运输,以 VOCs 为原料的工艺过程,以及含 VOCs 产品的使用和排放。其中,VOCs 的生产环节主要涉及生产 VOCs 的行业;储存和运输主要指仓储、物流环节;以 VOCs 为原料的工艺过程是采用 VOCs 为原料进行生产;含 VOCs

产品的使用和排放是指 VOCs 产品的直接使用引起的 VOCs 排放过程。VOCs 污染排放贯穿在这四个环节当中，通过对 VOCs 全过程进行追溯分析，可以清晰地得到 VOCs 在行业、区域及城市的排放状况分布，如图 2.1 所示。对于某个区域，VOCs 在该区域内的生产量，结合外地输入本地、本地输出外地的量，可知区域内实际消耗量。再通过储运过程，可知流入某个行业 VOCs 的量；进入某个行业的 VOCs，通过区分作为原料生产其他非 VOCs 产品的量和作为溶剂、清洗剂及助剂等其他用途的量，可估算 VOCs 的可能排放量；结合 VOCs 利用率、回收率和控制水平，则可进一步测算 VOCs 的实际排放量。综合各个过程中 VOCs 的损耗、挥发、泄漏和使用排放，可进行 VOCs 的行业排放量估算和区域排放总量估算。VOCs "源头追踪" 思路从宏观上体现了区域和行业 VOCs 的物料衡算。

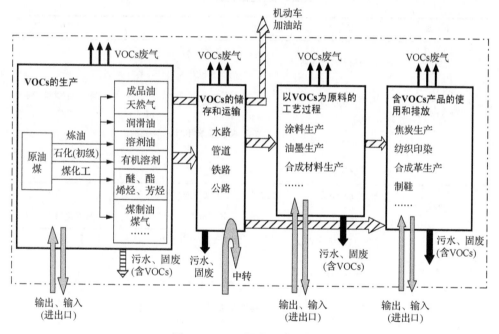

图 2.1　VOCs 源头追踪示意图

2.1.2　工业排放源分类

对排放源进行科学分类的几个重要基准原则是全面性、一致性和可获得性。全面性是指排放源类别要尽量涵盖所有涉及 VOCs 排放的现役及潜在的工业活动；一致性是指排放源分类要与国家现行的行业或产品的分类方式一致，以便保证活动水平数据的可获得性；可获得性是指排放源按一定准则分类后获得的子类（即基本排放单元）的活动水平数据及其他相关信息可以通过官方公布的统计数据、科学文献资料或者市场调研等方式获得，以保证数据来源的可信程度。

按照 2.1.1 小节所述的"源头追踪"思路,将所有工业排放源分为四个环节:①VOCs 的生产:直接生产 VOCs 产品的工业工艺过程,如原油、天然气开采,以及甲醇、乙烯等有机化学制品制造行业;②储存和运输:VOCs 产品的储存和配送过程,这里主要包括油品和有机溶剂的储存和运输活动;③以 VOCs 为原料的工艺过程:以第一环节生产的 VOCs 产品作为原料,经第二环节的配送,制造各类含 VOCs 的产品的加工过程,如油墨、涂料、胶黏剂等产品的生产活动;④含 VOCs 产品的使用和排放:生产活动中涉及第三环节生产的含 VOCs 产品(如涂料、油墨、胶黏剂、燃料等)的使用过程,如喷涂行业、建筑装饰、包装印刷、电子制造等工业活动。各环节包含的典型行业如表 2.1 所示。

表 2.1　典型工业源分类

第一级	第二级	第三级	第四级
VOCs 的生产	石油和天然气开采	原油开采	—
		天然气开采	—
	石油炼制	原油加工	储罐/转运/泄漏/废水处理
	基础化学原料制造	合成氨/乙烯/甲醇/苯/甲醛/乙酸/乙酸乙酯/丁二烯	—
	肥料制造	氮肥/磷肥	—
储存与运输	油品储运	原油/汽油/煤油/柴油及其他油品	国产/进口/出口
	有机溶剂储运	精甲醇/纯苯	国产/进口/出口
以 VOCs 为原料的工艺过程	涂料及类似产品制造	涂料/油墨/颜料生产	—
	胶黏剂生产	水基胶黏剂	—
		三醛胶及其他胶黏剂	—
	合成纤维生产	涤纶/锦纶/腈纶/维纶/氨纶/丙纶/醋酸纤维/其他纤维	—
	合成树脂生产	聚乙烯树脂/聚氯乙烯树脂/ABS 树脂/其他树脂	—
	合成橡胶生产	—	—
	橡胶制品	轮胎制造	—
	食品加工	食用植物油/白酒/啤酒/葡萄酒/发酵酒精/成品糖	—
	日用化学产品制造	合成洗涤剂/化妆品及香精	—
	化学原料药	—	—
	纺织品制造	纱/布制造	—

续表

第一级	第二级	第三级	第四级
	炼焦业	焦炭生产	—
	纺织印染	染料和纺织助剂	—
	皮革制造(合成革)	PU 浆料	—
	制鞋业	胶黏剂	—
	造纸和纸制品业	纸浆(原生浆及废纸浆)	—
		纸制品	—
含 VOCs 产品的使用和排放	印刷和包装印刷	平版油墨/凹版油墨/凸版油墨/孔版油墨/其他油墨	—
		汽油清洗剂	—
		包装胶黏剂/装订用胶黏剂	—
	木材加工	木材胶黏剂	—
	家具制造	木器涂料	—
	机械设备制造	卷材涂料/防腐涂料/其他涂料	—
		装配用胶黏剂	—
	交通运输设备制造	汽车制造	—
		民用船舶制造	—
		集装箱制造	—

　　针对以上各环节所选取的典型行业,从行业主要产品及产品流向方面进行简要描述,如表 2.2 所示。

表 2.2　典型行业产品描述

环节	行业	主要产品	产品流向
VOCs 的生产	石油炼制、石油化工	汽油、柴油、航空煤油、溶剂油、液化气、纯苯、甲苯、二甲苯、工业气体等 2500 多种	燃料、溶剂、有机化工原料
	有机化工	乙烯、苯乙烯(聚苯乙烯)、纯苯、甲醇、乙醇、丙烯、苯酐、丁二烯、正丁醇、乙二醇、苯酚、丙酮等百十种	各有机化工行业
储存和运输	储运	油品、天然气,以及有机原料	以 VOCs 为原料的工艺过程行业
以 VOCs 为原料的工艺过程	涂料生产	建筑涂料、汽车涂料、木器涂料、卷材涂料、粉末涂料、防腐涂料、其他涂料	建筑物外表、内墙的保护和装饰,以及汽车、飞机、船舶、家电、家具等制造行业

续表

环节	行业	主要产品	产品流向
以 VOCs 为原料的工艺过程	油墨生产	胶印油墨、凸印油墨、柔印油墨、凹印油墨、UV 油墨、其他油墨	包装印刷行业
	合成材料	合成塑胶、合成纤维、合成橡胶	机械仪器制造、塑料生产、纺织、医药、建筑、生物科技等行业
	胶黏剂生产	黏料、固化剂、增塑剂、填料、溶剂、防腐剂、增韧剂、促进剂、稳定剂和偶联剂等	建筑业、纺织、纸制品及包装、制鞋、汽车、电子、木工、家用电器、住房设备、运输、航天航空和医疗卫生等行业
	食品生产	制糖、发酵、粮油、罐头食品、烟草、饮料、调味品、屠宰加工、食品冷藏及食品加工废料利用	人民生活市场
	日用品生产	肥皂及合成洗涤剂、化妆品、口腔清洁用品、香料香精，以及其他日用化学产品	民用范畴，主要用于日常的清洁、个人护理等方面
	医药化工	青霉素、维生素 C 等系列产品	国内医用、出口
	轮胎制造	车辆、飞机及工程机械轮胎制造、力车胎制造和轮胎翻新加工	交通运输设备制造业，主要应用于各种汽车制造业
	燃料燃烧	热能	多为民用
含 VOCs 产品的使用和排放	黑色和有色金属冶炼	铁、锰、铬、铜、锌等	机器制造、建筑等行业
	纺织印染	各类机织物、无纺织布、各种缝纫包装用线、绣花线、绒线及绳类、带类等	应用于纺织服装、鞋、帽制造业
	塑料制品制造	塑料薄膜、塑料板、管、型材、塑料丝、绳及编织品、泡沫塑料、塑料人造革、合成革	进一步加工、直接使用
	皮革、毛皮、羽毛(绒)及其制品	鞣制皮革、轻革、皮鞋、皮革服装、毛皮鞣制、毛皮服装、羽毛(绒)、羽毛(绒)制品等	进一步加工、直接使用
	造纸及纸制品	纸浆、造纸、纸制品	进一步加工、直接使用
	印刷和包装印刷	带有图文信息的承印物、各种包装材料	进一步加工、直接使用
	木材加工	纤维板、胶合板、刨花板、其他人造板、人造装饰板、单板、木地板等	进一步加工、直接使用
	家具制造	办公家具、住宅家具	直接使用
	金属制品制造	结构性金属制品、金属工具、集装箱及金属包装容器、金属丝绳及其制品、建筑、安全用金属制品、不锈钢及类似日用金属制品等	进一步加工、直接使用

续表

环节	行业	主要产品	产品流向
含 VOCs 产品的使用和排放	通用设备及专用设备制造	锅炉及原动机制造，金属加工机械制造，起重运输设备制造，泵、阀门、压缩机及类似机械等	进一步加工、直接使用
	交通运输设备制造、修理与维护	汽车、轮船、飞机等	直接使用
	电器机械及器材制造	锅炉及原动机制造，金属加工机械制造，起重运输设备制造，泵、阀门、压缩机及类似机械等	进一步加工、直接使用
	通信设备、计算机及其他电子设备制造	广播电视设备、通信导航设备、雷达设备、电子计算机、电子元器件、电子仪器仪表和其他电子专用设备	下游产品包括终端产品、电子中间产品(如车载产品)、电子配件、集成电路(IC)、电子元器件等
	仪器仪表、文化办公、机械制造	锅炉及原动机制造，金属加工机械制造，起重运输设备制造，泵、阀门、压缩机及类似机械等	进一步加工、直接使用

2.1.3　污染源排放清单定量表征方法

1. 物料衡算法

物料衡算法是指根据物质质量的守恒原理，对生产过程中使用的物料变化情况进行定量分析的一种方法。其基本原理是不管某一生产过程中物料发生的是物理变化还是化学变化，生产过程中某一基准物的投入和产出的质量是守恒的，如图 2.2 所示。公式如下：

$$I=E+F+D+S+W+O+R \tag{2.1}$$

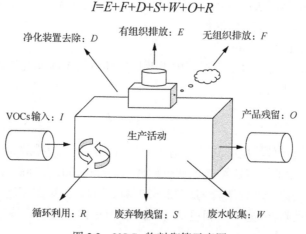

图 2.2　VOCs 物料衡算示意图

式中：I(input)为原料 VOCs 输入量；E(emission)为有组织管道排放量；F为无组织泄漏与逸散的 VOCs 量；D(destroy)为去除工艺的 VOCs 去除量；S(solid waste)为固废带走的 VOCs 量；W(waste water)为废水带走的 VOCs 量；O(output)为产品中 VOCs 残留量；R(recycle)为 VOCs 循环利用量。

以物料衡算法核算企业 VOCs 排放量时，首先要对企业的原辅材料利用、工艺流程、能源和水消耗开展调查进行初步了解，第二步从物料平衡分析着手，对企业的原辅用量、能源和水的消耗量、仓储过程的逸散量、生产工艺过程的逸散或直接排放量、废水废渣中的含量等进行全方位综合分析，使测算出的 VOCs 产生量和排放量能够相对真实全面地反映该企业在挥发性有机物排放及污染方面的实际情况。工业源中的大部分行业的排放量均可由物料衡算法算出，但是对于那些涉及材料消耗或化学反应过程的行业，则不适合使用该法。物料衡算相关参数的确定如下所述。

(1) 原料 VOCs 输入量(I)

涂装、包装印刷、家具及橡胶制品制造行业中会大量使用涂料、油墨、稀释剂及清洗剂等 VOCs 含量高的有机原料，原料 VOCs 输入量指有机原料中 VOCs 的含量。计算公式如下：

$$I_i = U_i \times C_i \tag{2.2}$$

式中：U_i 为原料输入量；C_i 为输入的原料中 VOCs 的含量。获取原料 VOCs 含量系数时，可以采用的方法主要有以下两种。

1) 物质安全资料表。可要求企业提供物质安全资料表(MSDS)，但 MSDS 需包含 VOCs 种类和含量。

2) 监测法。可采用台湾使用的《表面涂料之挥发物含量、水含量、密度、固形物体积及重量测定法》(NIEA A716.10C)和《印刷油墨及相关涂料 VOC 含量测定(重量法)》(NIEA A717.10C)。

(2) 有组织管道排放量(E)

企业通过集气装置将生产过程中主要排放环节的 VOCs 废气收集于管道有组织排放。计算公式如下：

$$E_i = C_i \times Q_i \times T_i \tag{2.3}$$

式中：C_i 为管道排放浓度；Q_i 为管道干气流量；T_i 为管道排放时间。排放浓度及流量可采用《固定源废气监测技术规范》(HJ/T 397—2007)、《固定污染源废气　挥发性有机物的采样　气袋法》(HJ 732—2014)、《固定污染源废气　挥发性有机物的测定　固相吸附-热脱附/气相色谱-质谱法》(HJ 734—2014)等方法测量得出。

(3)无组织泄漏与逸散量(F)

常见的无组织排放来源为车间仓库、储罐和管道阀门等。

车间仓库：生产车间及原辅材料和产品储存仓库是 VOCs 无组织排放的主要来源。计算公式如下：

$$F_i = C_i \times V_i \times N_i \times T_i \tag{2.4}$$

式中：F_i 为车间或仓库泄漏与逸散量；C_i 为车间或仓库浓度；V_i 为车间或仓库体积；N_i 为换气次数；T_i 为年运行工作时间。

储罐：化工企业会用储罐储存各种化学原料或者各种化学产品。国际上得到广泛认可的储罐无组织排放量估算方式为美国 EPA 推荐的 TANK 模型软件估算。该模型目前已经开发到 TANKS 4.0 版本，运用基本成熟。TANKS 4.0 通过让用户输入关于储罐(尺寸、施工、油漆条件等)、液体(化学组分和液体温度)和储罐位置(最近的城市、环境温度等)的具体信息，生成一个大气排放报告。报告功能包括储罐中的每个化学物质或混合物的月、年度，或部分年估算排放量。

装置泄漏：装置泄漏主要指工业生产中设备密封连接件的泄漏，这部分泄漏不仅给企业自身生产造成损失，而且也是一个主要的无组织大气污染物排放源，其泄漏的大多数原料、产品和中间产物均属于挥发性有机物。目前我国还缺少气体泄漏量估算方面的基础工作数据，估算方法主要采用排放因子法。

(4)工艺去除量(D)

工业去除量指企业为达标排放而采取的如冷凝、吸附及燃烧等去除工艺去除的 VOCs 量。计算公式如下：

$$D = \frac{C_i \times Q_i \times T_i}{1 - \eta_{综合}} \times \eta_{综合} \tag{2.5}$$

式中：C_i 为管道排放浓度；Q_i 为管道干气流量；T_i 为管道排放时间；$\eta_{综合}$ 为工艺去除效率，可通过监测获得。

(5)废弃物残留量(S)、产品残留量(O)及回收溶剂残留量(R)

涂装、包装印刷、家具及橡胶制品制造四个行业的生产过程中，有少量 VOCs 会残留在废弃物、产品及回收溶剂中，为进行物料衡算，需对其进行计算。

同原料中 VOCs 含量监测方法一样，废弃物、产品及回收溶剂中 VOCs 含量可由实际监测取得，可参考《固体废物挥发性有机物的测定 顶空/气相色谱-质谱法》(HJ 643—2013)、台湾《表面涂料之挥发物含量、水含量、密度、固形物体积及重量测定法》(NIEA A716.10C)、台湾《印刷油墨及相关涂料 VOC 含量测定(重量法)》(NIEA A717.10C)。

(6)废水中 VOCs 含量(W)

废水中的 VOCs 多属水溶性，逸散量少，废水中 VOCs 含量可通过《水质　挥

发性有机物的测定　吹扫捕集/气相色谱法》(HJ 686—2014)测得。

2. 排放因子法

排放因子法计算排放量为目前国内外比较常见的方法,排放量计算公式如下:

$$E = A \times E_f \times (1 - \eta_{综合}) \qquad (2.6)$$

式中:E 为排放量;A 为活动水平,指产品生产量或原料使用量等;E_f 为排放因子;$\eta_{综合}$ 为控制效率。

排放因子相关参数的确定如下所述。

(1)排放因子的确定

目前国外排放因子库主要包括美国环境保护局(EPA)AP-42、欧盟"EMEP /corinair 空气污染物排放清单指南"等。美国及欧盟排放因子始建于 20 世纪 70 年代,由于近年来较少更新,若直接使用其推荐的排放因子,则存在高估排放量的可能。

由于我国目前尚未存在公认的 VOCs 排放因子数据库,因此鼓励各企业、工厂根据推荐的方法建立企业排放因子,由此逐渐推进我国 VOCs 排放因子的建立。

当企业提出本厂的 VOCs 排放因子时,需提交以下文件以供核查:①生产过程废气流向图与各项污染操作单元说明书;②采样计划书;③控制效率监测报告书;④集气效率监测报告书;⑤废弃物、废水、产品与回收溶剂的 VOCs 含量系数相关文件;⑥其他相关资料。

VOCs 排放因子(表 2.3)的测算方法包括物料衡算法、监测计算法和经验推估法等。

表 2.3　工业源排放因子信息

一级分类	二级分类	三级分类	排放因子*
VOCs 的生产	原油和天然气开采	原油开采	0.6 kg/t [2]
		天然气开采	0.5 kg/t [2]
	石油炼制	储罐损失	0.5 kg/t 周转量 [a]
		转运损失	1.5 kg/(t 生产原料·平均周转次数) [b]
		泄漏挥发	2.4/0.8 kg/t 原油加工量 [c]
		废水处理	0.12 kg/t 原油加工量
	基础化学原料制造	合成氨	4.72 kg/t
		乙烯	0.5 kg/t [d]
		甲醇	5.55 kg/t
		苯	0.55 kg/t

续表

一级分类	二级分类	三级分类	排放因子*
VOCs 的储存和运输	原油储运	国产/进口/出口	0.54/0.88/0.51 kg/t [e]
	汽油储运	国产/进口/出口	4.54/4.49/4.22 kg/t [f]
	其他油品储运	国产/进口/出口	2.46/3.06/1.84 kg/t [f]
	有机溶剂储运	国产/进口/出口	3.1/3.6/3.2 kg/t [f]
以 VOCs 为原料的工艺过程	涂料生产	—	15 kg/t
	油墨生产	—	60 kg/t
	初级形态塑料	聚乙烯树脂	8.0 kg/t [d]
		聚氯乙烯树脂	8.5 kg/t [d]
		ABS 树脂	1.4 kg/t [g]
		其他树脂	2.2 kg/t [2]
	合成纤维生产	涤纶	0.6 kg/t [h]
		锦纶	3.75 kg/t [h]
		腈纶	125.1 kg/t [h]
		维纶	7.7 kg/t [h]
		氨纶	40 kg/t [h,i]
		醋酸纤维	145.2 kg/t [h]
		其他纤维	5.1 kg/t [h]
	合成橡胶生产	—	7.6 kg/t
	胶黏剂生产	水基胶黏剂	0.5 kg/t
		三醛胶及其他胶黏剂	8.0 kg/t
	食品饮料生产	糖	0.6 kg/t
		植物油	2.45 kg/t
		白酒	16.26 kg/kL
		啤酒	0.43 kg/kL
		发酵酒精	32.1 kg/kL
	日用品生产	合成洗涤剂	0.025 kg/t
	化学原料药	—	114.14 kg/t
	轮胎制造	—	0.28 kg/个轮胎
含 VOCs 产品的使用和排放	纺织印染	染料和纺织助剂	98 kg/t
	合成革	PU 浆料	245 kg/t

一级分类	二级分类	三级分类	排放因子*
含 VOCs 产品的使用和排放	制鞋业	胶黏剂	670 kg/t
	印刷业	平版油墨	216 kg/t [j]
		凹版油墨	750/620 kg/t [k]
		凸版油墨	243/100 kg/t [k]
		孔版油墨	750/683 kg/t [k]
		其他油墨	750 kg/t
		汽油清洗剂	1000/850 kg/t [k]
		包装胶黏剂	1385 kg/t [l]
		装订用胶黏剂	89 kg/t
	木材加工	木材胶黏剂	89 kg/t
	家具制造	木器涂料	730/640 kg/t [m]
	机械设备制造	卷材涂料	455 kg/t
		防腐涂料	440 kg/t
		其他涂料	235 kg/t
		装配用胶黏剂	89 kg/t
	交通运输	汽车涂料	610/470 kg/t [n]
	设备制造	胶黏剂	89 kg/t
	建筑装饰	建筑内墙涂料	200/180 kg/t [o]
		建筑其他涂料	620/590 kg/t [o]
		建筑木器涂料	730/640 kg/t [o]
		建筑胶黏剂	62 kg/t
	服装干洗	四氯乙烯	1000 kg/t
	覆铜板生产	—	0.1 kg/m² [p]
	焦炭生产	焦炭	1.25 kg/t
	造纸和纸制品	纸浆(原生浆及废纸浆)	0.25 kg/t 纸浆
		纸制品	0.1 kg/t 制品
	生活垃圾处理	卫生填埋	0.23 kg/t 填埋垃圾
		堆肥	0.74 kg/t 堆肥垃圾
		垃圾焚烧	0.74 kg/t 焚烧垃圾
	火力发电	煤	0.15 kg/t

续表

一级分类	二级分类	三级分类	排放因子*
含 VOCs 产品的使用和排放	火力发电	燃料油	0.13 kg/t
		液化石油气	66 g/m³
		天然气	0.18 g/m³
	供热	煤	0.19 kg/t
		燃料油	66 kg/t
		液化石油气和天然气	0.18 g/m³
	工业消费	煤	0.18 kg/t[2]
		燃料油	0.15 kg/t
		煤气	0.00044 g/m³
		液化石油气	66 g/m³
		天然气	0.18 g/m³

a. 按平均一次周转计，周转量按原油加工量计[3]

b. 生产原料按原油加工量计，平均周转次数按 2 次计（包括中间产物的储存）[3]

c. 分别代表有异味/正常时的排放因子。考虑到不同生产规模企业的技术管理水平，对于厂区 VOCs 泄漏排放，大企业按 30% 有异味计，小企业按 60% 有异味计[3]

d. 参考美国 EPA AP-42（1995）

e. 原油储运过程的损耗系数依据国家标准《原油仓储企业管理技术规范》（SB/T 10590—2011）计算，国内原油的储运路径按照油田—中转站—炼油厂，通过设定不同运输方式的储存、装卸和运输次数，计算得到各种运输方式的总损耗系数，按照调研获得的国内原油的运输结构为：管道运输：水路运输：铁路运输=80%：10%：10%，得到国内生产和消费原油的总损耗系数。进口原油的路径为：中国码头—国内炼油厂，出口原油的储运路径为：油田—国内码头，中间计算方式与国内原油的计算方式相似，最后按照进口原油的运输结构：管道运输：公路运输：铁路运输=90%：5%：5%，出口原油的运输结构：管道运输：水路运输：铁路运输=90%：5%：5%，计算获得相应进口、出口原油的总损耗系数

f. 汽油、煤油、柴油、润滑油及有机溶剂（苯和甲醇）储运过程的计算方式参考国家标准《散装液态石油产品损耗》（GB 11085—1989），计算方式参考文献[4]。油品储存的损耗系数与地区和罐类型有关。根据广州南沙小虎化工区油库的实际调研数据，将原文献中有关我国油品的储存方式分别设定为：90% 汽油、60% 其他油品和溶剂采用浮顶罐储存，其余 10% 和 60% 采用固定罐储存，并根据 2010 年我国汽油和其他油品的分省产量分布调整了原文献中的产量分布系数，以及根据中石化最新对国内成品油的运输方式的报道，将原文献中的油品运输结构调整为：管道运输：水路运输：公路运输：铁路运输=20%：30%：15%：35%

g. 参考欧盟 EEA CORINAIR 因子库（2006 年）

h. 参考台湾"公私场所固定源申报空气污染防治费之挥发性有机物排放计量公告系数（2009）"

i 氨纶生产工艺使用了 DMF 或 DMAc 作为有机溶剂，是潜在的 VOCs 排放源。本书根据《清洁生产标准　化纤行业（氨纶）》（HJ/T 359—2007）提出的 DMF 和 DMAc 的排放限值，结合编制说明稿中的达标与不达标企业比例为 66% 和 34%，估算了氨纶生产过程的 VOCs 排放因子

j. 胶印油墨含有石油类和脂肪烃类有机溶剂，VOCs 排放因子与其干燥方式密切相关，如溶剂挥发型胶印油墨的 VOCs 释放率为 100%，加热固化型胶印油墨的 VOCs 释放率为 50%，渗透凝结和氧化结膜型胶印油墨的 VOCs 释放率为 5%，其余全部停留在印品上（美国 EPA AP-42）。根据在我国油墨产品结构中快干型单张纸胶印油墨和热固卷筒纸胶印油墨比例 45%，其余冷固化油墨和单张纸胶印油墨占 55%，并结合各类油墨的 VOCs 含量（快干型

胶印油墨 VOCs 含量为 30%～40%，热固卷筒纸胶印油墨 VOCs 含量 25%～30%，单张纸胶印油墨 VOCs 含量为 15%～25%，冷固卷筒纸胶印油墨 VOCs 含量 30%～40%[5]），估算获得我国胶印油墨综合的 VOCs 排放因子

k. 凹版、凸版、孔版油墨和其他油墨的 VOCs 排放因子有两组，分别是 2005 年前和 2005 年后的排放因子。采取该划分的主要原因是：一方面柔印油墨占凸印油墨总产量的比例快速增加，2005 年柔印油墨产量达到凸印油墨总量的 82%，同比增长 7.5%[6]，柔印油墨的 VOCs 含量 10%～15%，与凸印油墨 25%～40%的 VOCs 含量相比较低，对于 2005 年及以后可以采用反映以柔印油墨为主的凸印油墨产品结构的排放因子；另一方面从 2005 年开始，我国逐步对软包装领域使用油墨的苯含量和总溶剂残留指标进行限制（GB/T 10004—2008）。本节中 2005 年前的排放因子来自文献[7]，2005 年及以后的排放因子主要参考文献[2]根据市场产品调查的结果

l. 本书根据行业文献和相关研究估算了包装胶黏剂的 VOCs 排放因子。溶剂型、水性和无溶剂型胶黏剂的 VOCs 排放因子参考文献[8]，其中推算获得溶剂型软包装胶黏剂的固含量一般为 40%，工作时需添加稀释剂，稀释到固含量为 25%～30%，获得溶剂型软包装胶黏剂的 VOCs 排放因子为 1600 kg/t 胶黏剂消耗量。根据文献[9]，溶剂型、无溶剂型和水性胶黏剂的市场结构为 86.6%、4.3%和 3.2%，估算包装胶黏剂的综合 VOCs 排放因子为 1385 kg/t 胶黏剂消耗量

m. 木器涂料的 VOCs 排放因子分为 2002 年前和 2002 年后两组。2002 年我国颁布了《室内装饰装修材料有害物质限量　木器涂料》，强制规定了硝基涂料、聚氨酯涂料和醇酸涂料的含量限值，同时根据文献[10]得到 2002 年的各种涂料的应用比例，据此本书设定了 2002 年前的 VOCs 排放因子。2002 年后的 VOCs 排放因子参考文献[2]根据市场产品调研获得的数值

n. 根据文献[11]和文献[12]计算，获得我国 2000 年前汽车涂料的 VOCs 排放因子，2000 年后的排放因子参考文献[2]

o. 参考文献[12]和国家《室内装饰装修材料有害物质限量》标准规定了建筑内墙、木器涂料和胶黏剂的 VOCs 含量限值，给出了 2002 年前和 2002 年后的建筑涂装用涂料和胶黏剂的排放因子。

p. 我国电子材料协会统计数据

*其余未标注的排放因子均参考文献[4]

（2）活动水平的确定

活动水平数据包括行为活动量、使用的工艺技术、排放时间分布等信息。活动水平数据来源于调研数据和估算数据两个方面，主要来自国家统计资料和企业提供的相关资料，包括国家及地方统计局统计资料，企业原料购买凭证、发票、相关证明资料，企业原料用量记录表等（表 2.4）。

表 2.4　工业源活动水平类型和获取方式

环节	排放源	活动数据及单位	活动水平的获取方式
VOCs 的生产	石油加工及炼焦业	原油加工量(万吨) ……	中国统计年鉴、中国石油化工集团公司年报、中国石油天然气集团公司年报
	石油和天然气开采业	天然气产量(万吨) 原油产量(万吨) ……	国家统计年鉴、中国工业交通能源 50 年统计资料汇编、中经网产业统计数据库等
	基础化学原料制造	乙烯产量(万吨) 甲醇产量(万吨) 苯产量(万吨) 合成氨产量(万吨) ……	中国统计年鉴、国务院发展研究中心信息网(国研网)

续表

环节	排放源	活动数据及单位	活动水平的获取方式
VOCs 的储存和运输	油品储运	油品产量(万吨) 油品进出口量(万吨)	中国统计年鉴、中国海关统计年鉴、中经网产业统计数据库
	有机溶剂储运	有机溶剂产量(万吨) 有机溶剂进出口量(万吨)	中国统计年鉴、中国海关统计年鉴、中经网产业统计数据库
以 VOCs 为原料的工艺过程	电力、热力生产和供应业	燃气产量(吨或立方米) 燃料燃烧量(吨或立方米) ……	中国统计年鉴、中国能源统计年鉴
	涂料生产	涂料产量(万吨)	中国统计年鉴、中国工业交通能源 50 年统计资料汇编、中国涂料工业统计年鉴
	油墨生产	油墨产量(万吨)	中国统计年鉴、中国轻工业年鉴、中国油墨工业协会年度报告
	合成材料生产	合成橡胶产量(万吨) 合成纤维产量(万吨) ……	中国统计年鉴、国研网、中国纺织工业年鉴、中国塑料工业年鉴
	胶黏剂生产	三醛胶及油性胶产量(万吨) 水性胶产量(万吨)	中国统计年鉴、中国轻工业年鉴、中国胶黏剂工业协会年度报告
	食品饮料生产	植物油产量(万吨) 成品糖产量(万吨) 淀粉产量(万吨) 白酒产量(万吨) 啤酒产量(万吨) 酒精产量(万吨) ……	中国统计年鉴、国研网、中国发酵工业协会统计数据、中国工业统计年鉴、中国能源统计年鉴、中国交通运输统计年鉴
	日用品生产	合成洗涤剂产量(万吨)	中国统计年鉴、国研网、中国能源统计年鉴、中国交通运输统计年鉴
	医药生产	化学药品原药产量(万吨)	中国统计年鉴、中国能源统计年鉴、中国交通运输统计年鉴
	合成纤维生产	合成纤维产量(万吨)	中国统计年鉴
	轮胎制造	轮胎产量(万条)	中国统计年鉴、中国能源统计年鉴、中国交通运输统计年鉴
含 VOCs 产品的使用和排放	黑色金属冶炼及压延加工	钢材产量(万吨)	中国统计年鉴
	有色金属冶炼及压延加工	钢材产量(万吨)	中国统计年鉴
	造纸及纸制品	纸浆生产量(万吨) 纸制品产量(万吨)	中国统计年鉴
	印刷业	油墨消耗量(万吨) 汽油清洗剂消耗量(万吨) 胶黏剂消耗量(万吨)	中国统计年鉴、中国海关统计年鉴

环节	排放源	活动数据及单位	活动水平的获取方式
含 VOCs 产品的使用和排放	建筑装饰	建筑涂料消耗量(万吨) 建筑胶黏剂消耗量(万吨)	中国涂料工业协会统计数据、中国胶黏剂工业协会统计数据
	涂装(包括木材加工、家具、机械设备、交通运输设备制造)	胶黏剂消耗量(万吨) 木器涂料消耗量(万吨) 涂料消耗量(万吨) 装配胶黏剂消耗量(万吨) 涂料消耗量(万吨) 胶黏剂消耗量(万吨) ……	中国涂料工业协会统计数据、中国胶黏剂工业协会统计数据
	制鞋	产品产量或胶黏剂消耗量(万吨)	中国胶黏剂工业协会统计数据

2.2　工业源 VOCs 排放特征(1980～2014 年)

自 20 世纪 80 年代以来,我国的工业和能源活动水平随着经济迅猛发展显著增加,研究工业挥发性有机物排放特征的变化情况,对分析我国大气光化学污染现象的演变规律有重要意义。本节以 1980～2014 年为目标年份,建立能够较为全面、可靠地反映我国工业 VOCs 污染源排放特征的清单。

2.2.1　我国工业源 VOCs 历史排放特征

图 2.3 显示了我国工业源在 1980～2014 年间的 VOCs 排放总量变化趋势以及

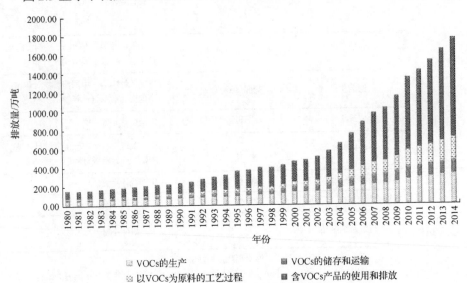

图 2.3　1980～2014 年工业源 VOCs 排放总量变化趋势

主要年份的 VOCs 排放情况。我国工业源 VOCs 排放整体呈现上升趋势。分析其历史趋势可以发现，我国工业源 VOCs 排放变化大致可以分为两个阶段：①稳定增长阶段：1980～2000 年，随着我国改革开放的深入发展，许多涉及 VOCs 物质的工业部门逐步得到发展，年均增长率稳定在 4%～5%。②快速增长期：2001 年后，我国经历了经济体制改革，并加入了世界贸易组织，大量外资企业在国内兴起了投资建厂的热潮，带动了我国涂料、油墨、胶黏剂等相关行业的生产能力。同时，社会经济持续发展和人民生活水平提高也促进了涂料、油墨、纺织助剂等含 VOCs 原料的消耗，VOCs 排放量因此增长非常快速，这一时期内，VOCs 排放总量年均增长率达 11%～12%。

2.2.2　排放总量的行业分布

图 2.4 显示了我国工业源在 1980～2014 年间各行业占 VOCs 排放总量比例的变化趋势。由图可以看到，原油生产、基础化学原料制造、石油炼制和储运、能源消耗这些行业的排放量占比趋势是下降的，其中能源消耗排放占比下降最大，从 31%下降到 2.8%。天然气开采、涂料油墨及类似产品制造、食品生产、焦炭生产行业排放占比基本不变。其他行业排放占比上升，21 世纪之后占比趋于稳定。

2.2.3　2014 年我国工业源 VOCs 排放特征

1. 分区域 VOCs 排放特征

图 2.5 为 2014 年我国各省市工业源 VOCs 的排放量估算结果。可以看出，全国工业源 VOCs 排放量最大的四个省份依次是浙江、广东、江苏、山东，它们均是社会发展和工业水平较为发达的地区，其工业生产活动较为密集，尤其是 VOCs 高排放行业，如建筑装饰、包装和包装印刷业、石油加工业在这四个省份中均较为发达。这四个高排放省份的排放量分别为约 245.07 万吨(浙江省)、214.09 万吨(广东省)、200.13 万吨(江苏省)、185.31 万吨(山东省)，其排放量总计超过了全国总排放量的 44%。福建、辽宁、河北、河南、上海、湖北、四川、湖南等 8 个省市的排放量在 50～105 万吨之间，合计排放量约占全国总排放量的 31.8%。剩余的 19 个省市的排放量均小于 50 万吨，其中排放量小于 10 万吨的省份为贵州(9.46 万吨)、海南(9.2 万吨)、宁夏(5.57 万吨)、青海(3.34 万吨)、西藏(0.67 万吨)，均为工业水平较为落后的地方，其合计排放量仅占总排放的 1.48%左右。

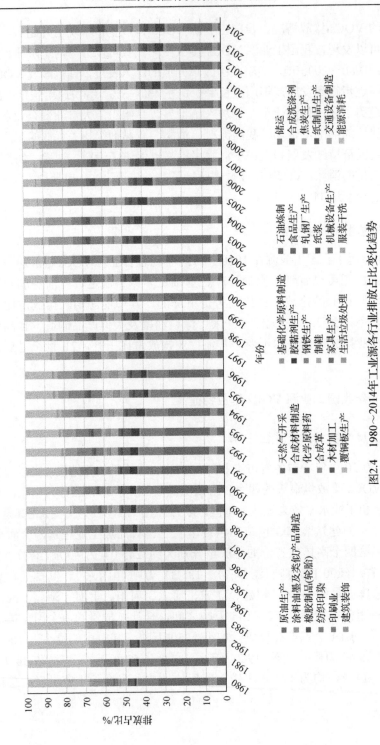

图2.4 1980～2014年工业源各行业排放占比变化趋势

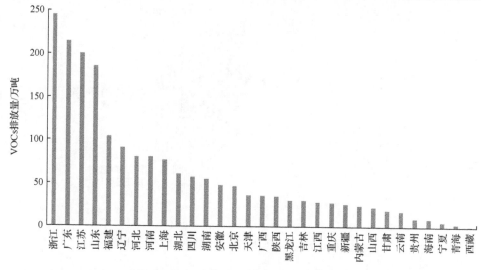

图 2.5 2014 年各省市工业源 VOCs 排放量

对于各省市工业源 VOCs 的排放行业分布，山东、辽宁、陕西、新疆、黑龙江等地区的炼油和基础化学原料制造业较为发达，成为当地主要的 VOCs 排放源；浙江、江苏、广东、湖北、福建、上海、北京等大部分经济发展较好的地区，溶剂使用行业的排放量占当地总排放量的 60%～80% 之间，其次是工艺过程源的排放贡献较大，在 7%～25% 范围内；其余为储存和运输过程的排放贡献，在 4%～11% 之间。

2. 分行业 VOCs 排放特征

2014 年我国工业源 VOCs 排放量约为 1754.18 万吨，四大排放环节的 VOCs 排放量及其排放贡献率如图 2.6 所示。由图可见，含 VOCs 产品的使用和排放环节是排放量最大的部门，排放量比例占排放总量的 59.96%，这主要是由于该环节包括了 15 个主要排放行业，所涵盖的排放源数量繁多；其次是 VOCs 的生产环节，占排放总量的 18.33%，该环节主要包括了石油化工和有机化工行业；以 VOCs 为原料的工艺过程、VOCs 的储存和运输的排放贡献分别为 14.09% 和 7.63%。

（1）VOCs 的生产

2014 年，"VOCs 的生产"这一环节的 VOCs 排放来源主要包括石油产品的生产加工、天然气开采及基础化学原料的生产过程。其中石油炼制行业排放量约为 252 万吨，是这一环节中最大的排放贡献源，主要来自原油、半成品和成品油在加工过程中转输、工艺单元的管道设备泄漏及废水处理过程的 VOCs 挥发。而原油生产、天然气开采行业的排放量分别为 12.60 万吨和 6.50 万吨。对于有机化工

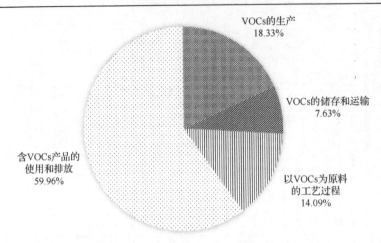

图 2.6　2014 年工业源各环节 VOCs 排放量占比

行业，本研究仅涉及了基础化学原料制造行业，包括精甲醇、乙烯、纯苯、合成氨等基础原料的制造。该行业的排放量约 50.44 万吨，其中合成氨制造业的排放量约 26.91 万吨，是最大的排放贡献源，而精甲醇、乙烯、纯苯制造业的排放量分别为 22.28 万吨、0.85 万吨、0.40 万吨(图 2.7)。

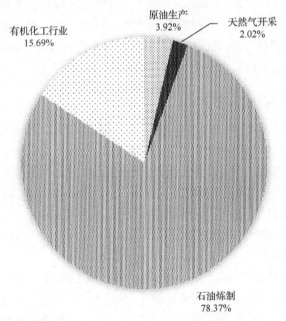

图 2.7　2014 年 VOCs 的生产环节各行业排放量占比

（2）VOCs 的储存和运输

这一环节的排放量为 133.81 万吨，主要包括原油、汽油、有机溶剂及其他油品的储运过程中 VOCs 排放，存储过程的排放主要涉及了油品储罐的收发作业、静置呼吸、罐车装卸等环节的油品蒸发损耗，运输过程的排放主要来自于不同运输方式的管道、罐车泄漏，以及温差造成的大小呼吸损耗。其中油品储运排放量约为 115.76 万吨，包括了原油、汽油和其他油品，均为高沸点低挥发性物质，排放因子较高，且运输量庞大，故排放量较大。另外，有机溶剂储运排放量达 18.06 万吨，该排放源的排放也是不容忽视（图 2.8）。

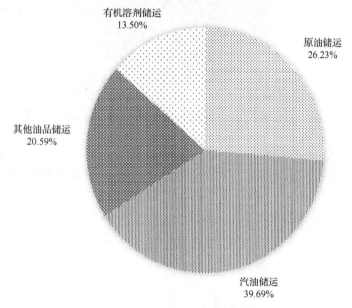

图 2.8　2014 年 VOCs 的储运环节各行业排放量占比

（3）以 VOCs 为原料的工艺过程

"以 VOCs 为原料的工艺过程"这一环节总排放量为 247.09 万吨。如图 2.9 所示，食品加工行业排放量最大，约为 69.28 万吨，约占该环节排放量的 28.04%，主要包括精制植物油，成品糖，白酒、啤酒生产，发酵酒精等；化学药品原药制造业、橡胶制品和塑料及聚合物行业的排放量均较为接近，分别为 35.45 万吨、31.75 万吨、42.35 万吨，约占该环节排放量的 14.35%、12.85%、17.14%。其他行业的排放占比如图 2.9 所示，如合成洗涤剂、胶黏剂生产、合成橡胶和金属冶炼等行业的排放量较小，但由于这些产品的应用十分广泛，需求量较大，估计在未来一段时期内，如果没有新型替代原料的出现，这几个行业的排放量估计会持续上升，是不能忽视的排放源。

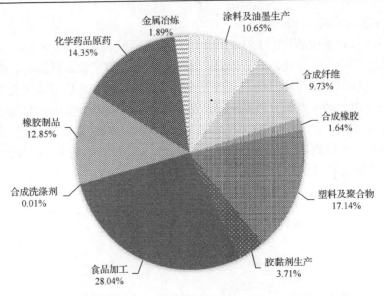

图 2.9　2014 年以 VOCs 为原料的工艺过程各行业排放量占比

(4) 含 VOCs 产品的使用和排放

这一环节的排放源涉及较广,包含了 15 个行业,主要是含 VOCs 产品的使用,如涂装、喷涂、印染、有机溶剂使用的工艺过程。2014 年该环节排放量为 1051.73 万吨,各个行业的排放占比如图 2.10 所示。喷涂行业的排放量最大,共约 387.69

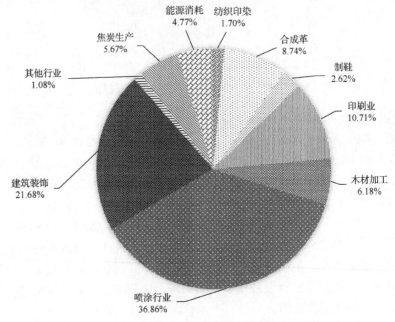

图 2.10　2014 年含 VOCs 产品的使用和排放环节各行业排放量占比

万吨，约占这个环节的 36.86%，喷涂行业中排放贡献最大的是机械设备生产行业，约排放 219.82 万吨，主要来自于金属制品、通用设备及专用设备、电气机械及器材、仪器仪表文化办公机械等生产过程中喷涂工序的 VOCs 挥发。其他喷涂行业，如家具生产行业、交通运输设备制造业和电子制造业的排放量分别为 65.00 万吨、47.22 万吨、55.65 万吨。另外，印刷业和建筑装饰行业的 VOCs 排放量也相当可观，分别达到 112.64 万吨和 227.69 万吨，占此环节排放量的 10.71% 和 21.68%，其高 VOCs 排放量主要是由于这些行业使用的油墨、涂料等材料的 VOCs 含量较高。印刷和包装印刷、建筑装饰与第一环节的石油加工行业，以及第二环节的油品储运行业，是全国排放贡献最大的四个重点行业。皮革制造、制鞋、纺织印染、能源消耗、木材加工和焦炭生产行业的 VOCs 排放贡献在 2.62%～8.74% 之间。剩余造纸和纸制品、服装干洗和废物处理行业的排放占比非常小，总共约占 1.08%。

2.2.4　重点行业 VOCs 排放特征

本节对 25 个 VOCs 排放重点行业从 VOCs 排放环节、排放物种和排放因子法建议 VOCs 排放因子三个方面进行阐述，其中石油化工和包装印刷行业应《挥发性有机物排污收费试点办法》要求，给出了适合企业的具体核算的办法；其他行业均给出了应用排放因子法行业建议的排放因子。

1. 石油化工

石油化工行业主要包括原油加工及石油制品制造、有机化学原料制造、初级形态塑料及合成树脂制造、合成橡胶制造、合成纤维单(聚合)体制造等行业、仓储业(表 2.5)。

表 2.5　石油化工业细分行业类别

行业	行业类别 [a]		说明
	代码	类别名称	
石油化工	C2511	原油加工及石油制品制造	指从天然原油、人造原油中提炼液态或气态燃料以及石油制品的生产活动
	C2614	有机化学原料制造	指以石油馏分、天然气等为原料，生产有机化学品的工业
	C2651	初级形态塑料及合成树脂制造	包括通用塑料、工程塑料、功能高分子塑料的制造
	C2652	合成橡胶制造	指人造橡胶或合成橡胶及高分子弹性体的生产活动
	C2653	合成纤维单(聚合)体制造	指以石油、天然气、煤等为主要原料，用有机合成的方法制成合成纤维单体或聚合体的生产活动
	G5990	仓储业	指含汽油、柴油等挥发性有机液体化学品的储存活动

a. 行业分类依据为《国民经济行业分类》(GB/T 4754—2011)

(1) VOCs 排放环节

石油化工过程的 VOCs 产生排放包括工艺过程的点源排放和无组织逸散排放两种类型。点源排放如一些工艺过程装置的排气。无组织的排放则可能在整个工厂的各个部位出现，且不一定与某一特定的生产过程与装置有直接的关系，如阀门、法兰、泵、空压机密封、冷却塔、储槽、储罐和废水处理厂等。无组织排放还包括泄漏、洒出的有机物的挥发。VOCs 的排放主要包括以下环节：①设备动静密封点泄漏；②有机液体储存与调和挥发损失；③有机液体装卸挥发损失；④废水集输、储存、处理处置过程逸散；⑤燃烧烟气排放；⑥工艺有组织排放；⑦工艺无组织排放；⑧采样过程排放；⑨火炬排放；⑩非正常工况(含开停工及维修)排放；⑪冷却塔、循环水冷却系统释放；⑫事故排放。

目前，我国的石油化工行业的 VOCs 排放以无组织排放为主，表现为生产区域中比较严重的异味。

(2) VOCs 种类

在生产过程中，不同的生产工艺及装置生产种类不同的 VOCs，存在着不同程度的有机污染物排放到大气中的问题。表 2.6 以一些典型的工业生产 VOCs 的工艺装置在生产时排放的主要有机污染物作为例子加以说明。

表 2.6　典型工业生产 VOCs 工艺装置主要排放的有机污染物

主要排放的污染物	工艺排气设施
丙烯腈	丙烯的氨氧化装置；其他产生或使用丙烯腈的工艺单元
环氧乙烷	环氧乙烷/乙二醇装置
1,3-丁二烯	丁二烯抽提装置，顺丁橡胶装置，丁苯橡胶装置
1,2-二氯乙烷	氯乙烯装置
苯	芳烃抽提装置，苯乙烯装置，苯酚、丙酮装置
氯乙烯	氯乙烯装置，聚氯乙烯装置
甲苯	芳烃抽提装置，苯乙烯装置
二甲苯	芳烃抽提装置，二甲苯制备装置，PIA/PTA 装置

(3) VOCs 排放量计算方法

在目前现有的工作条件基础上，建议通过生产规模和一些典型装置和设施的数量统计，结合企业的技术管理水平，参照国外和国内的一些工作经验进行估算。

企业某个核算周期(以年计)VOCs 排放量为

$$E_{石化} = \sum_{m=1}^{11} E_m \tag{2.7}$$

式中：E_m 为石化行业各源项污染源 VOCs 排放量，kg/a。

各源项污染源的 VOCs 排放量应为该源项每一种污染物排放量的加和，见式(2.8)：

$$E_m = \sum_{i=1}^{n} E_i \tag{2.8}$$

式中：E_i 为某源项污染源排放的污染物 i 的排放量，kg/a。

$$E_i = \sum_{n=1}^{N} \left(E_{排放源n,i} \times \frac{WF_i}{WF_{VOCs}} \right) \tag{2.9}$$

式中：E_i 为污染物 i 的排放量，kg/a；$E_{排放源n,i}$ 含污染物 i 的第 n 个排放源的 VOCs 排放量，kg/a；N 为含污染物 i 的排放源总数；WF_i 为流经或储存于排放源的物料中污染物 i 的平均质量分数；WF_{VOCs} 为流经或储存于排放源的物料中 VOCs 的平均质量分数。

进入气相的 VOCs，可按以下方法进行核算：VOCs 排放量=废气处理设施未投用的排放量+废气处理设施投用但未收集的排放量+废气处理设施投用收集后未去除的排放量=VOCs 产生量总量–废气处理设施投用收集且去除的量。

2. 包装印刷

包装印刷指根据一定的商品属性、形态，采用一定的包装材料，经过对商品包装的造型结构艺术和图案文字的设计与安排来装饰美化商品的印刷。

(1) VOCs 排放环节

印刷工艺一般包括油墨的调制、印色和产品烘干三个环节。油墨调制过程中兑入大量的有机溶剂，其中部分挥发到空气中；印色后产品进行烘干，产生较高浓度的有机废气(3000～4000 mg/m³)，通过排风机进行收集处理后排放；印刷车间内无组织排放的部分通过车间排风系统排出，有机物浓度可达 200～1000 mg/m³，由于通常达不到排放标准，所以需要进行净化处理。

(2) VOCs 种类

排放有机气体种类根据不同的印刷工艺有所区别，通常包括苯系物、醇(醚)类、酯类和酮类等(表 2.7)。

表 2.7　典型工业生产 VOCs 工艺装置主要排放的有机污染物

污染物类别	组分名称
苯系物	苯、甲苯、二甲苯(间二甲苯、对二甲苯、邻二甲苯)
醇(醚)类	甲醇、乙醇、正丙醇、异丙醇、丁醇、丙二醇甲醚、丙二醇乙醚
酯类	乙酸乙酯、乙酸正丙酯、乙酸丁酯
酮类	丙酮、丁酮、甲基异丁基酮等

(3) VOCs 排放量计算方法

包装印刷企业 VOCs 排放量采用物料衡算法,方法参考《挥发性有机物排污收费试点办法》中包装印刷行业 VOCs 排放量计算方法,其计算公式如下:核算期 VOCs 排放量(kg)=核算期投用油墨中 VOCs 的量(kg)+核算期投用胶黏剂中 VOCs 的量(kg)+核算期投用涂布液中 VOCs 的量(kg)+核算期投用润版液中 VOCs 的量(kg)+核算期投用洗车水中 VOCs 的量(kg)+稀释剂使用量(kg)−核算期 VOCs 去除量(kg)−核算期 VOCs 回收量(kg)。

1) 投用油墨、胶黏剂、涂布液、润版液、洗车水中 VOCs 的量计算方法。核算期投用油墨(胶黏剂、涂布液、润版液、洗车水)中 VOCs 的量(kg)=核算期各类油墨(胶黏剂、涂布液、润版液、洗车水)的使用量(kg)×各类油墨(胶黏剂、涂布液、润版液、洗车水)的 VOCs 含量(%)。式中,核算期企业各类油墨(胶黏剂、涂布液、润版液、洗车水)使用量以购买发票等结算凭证为核定依据;各类油墨(胶黏剂、涂布液、润版液、洗车水)的 VOCs 含量优先以油墨(胶黏剂、涂布液、润版液、洗车水)供货商提供的质检报告等为核定依据。

无法获得 VOCs 含量数据的,可按以下系数取值:①油墨:塑料里印油墨白色 65%、白色以外的色墨 70%,塑料表印油墨 60%,纸质凹版印刷油墨 60%,柔版印刷油墨 60%,丝网印刷油墨 45%,金属印刷油墨 45%,商业轮转印刷油墨 30%,单张纸印刷油墨 5%;②胶黏剂:30%;③涂布液:40%;④润版液:20%;⑤洗车水:17%。

2) 稀释剂使用量计算方法。核算期企业投入稀释剂的量以购买发票等结算凭证为核定依据。

3) VOCs 去除量计算方法。VOCs 去除量为核算期企业各工段 VOCs 去除量之和。鼓励企业通过监测法进行核算,无监测数据的统一采用去除率计算方法进行核算。若企业某工段未安装任何处理装置,则其 VOCs 去除量为 0。

A. 监测法

核算期某处理装置 VOCs 去除量(kg)=[核算期该处理装置进口平均浓度(mg/m³)−核算期该处理装置出口平均浓度(mg/m³)]×核算期该处理装置排风量

$(m^3/h) \times$ 核算期该处理装置运行时间$(h) \times 10^{-6}$

式中：处理装置进口、出口平均浓度按照企业在线监控数据、环保部门监督性监测数据、第三方监测数据或环保部门同时验收监测数据取值。

B. 去除率计算方法

核算期某工段 VOCs 去除量(kg)=[核算期该工段油墨中 VOCs 的量(kg)+核算期该工段胶黏剂中 VOCs 的量(kg)+核算期该工段其他有机溶剂使用量(kg)]$\times 30\%$

4) VOCs 回收量计算方法。VOCs 回收量为核算期企业回收的各种废有机溶剂量之和，以企业委托的有资质危险废物处理公司出具发票、企业废有机溶剂回收利用技术改造项目相关报告等为核算依据。

5) 其他说明。VOCs 处理装置的治理措施包括直接燃烧法、催化燃烧法、蓄热式燃烧、蓄热式催化燃烧、固定床活性炭吸附、流化床吸附、转轮浓缩+焚烧、生物处理、低温等离子体、冷凝回收等。核算期内现有企业 VOCs 处理装置未按照治理工程的设计要求定期更换活性炭或者催化剂的，视为未安装任何处理装置，VOCs 去除量为 0。

3. 涂料生产

(1) VOCs 排放环节

涂料的生产包括称量、混合、研磨(粉碎)、着色、稀释及包装这些物理过程。颜料的干燥、使用的溶剂类型及混合温度是影响涂料制造过程中污染物排放的首要因素。即使在有良好控制手段的生产条件下，仍有 1%～2%的溶剂损失。

清漆的制造同样包括混合与掺拌的过程，同时也存在由热引发的化学反应。清漆在 93～340℃的温度条件下，在敞开或封闭的锅炉中经 4～16 h 的蒸煮而制成。这一过程 VOCs 的产生量取决于蒸煮温度与次数、使用的溶剂、容器的密封程度及所采取的污染控制手段。清漆蒸煮过程中产生的 VOCs 占原材料的 1%～6%。

(2) VOCs 种类

生产涂料过程中向大气排放的污染物质与涂料使用的有机溶剂种类有关，因此，有机污染物成分主要为涂料中的有机溶剂(表 2.8)。

(3) 建议的 VOCs 排放因子

在 EPA、EEA 和《珠江三角洲地区空气污染物排放清单编制手册》的基础上，结合我国涂料生产的实际情况，提出建议的涂料生产过程中 VOCs 排放因子，如表 2.9 所示。

表 2.8　涂料及其使用的有机溶剂

涂料类型	所使用的有机溶剂
醇酸树脂涂料	二甲苯、松香水、松节油
环氧树脂涂料	丙酮、丁酮、乙基(丁基)熔纤剂、甲苯
沥青涂料	重质苯、煤油、二氯(三氯)甲烷
酚醛树脂涂料	丁醇、醇酸丁酯、甲苯
聚氯酯树脂涂料	二甲苯、环己酮、乙酸丁酯、丁酮
有机硅树脂涂料	甲苯、丁醇、乙酸丁酯、丙酮、丁酮
硝基纤维素涂料	乙酸丁酯(乙酯、戊酯)、丙酮、乙醇、丁醇、二丙酮醇、甲苯、苯
过氯乙烯涂料	乙酸丁酯、丙酮、丁酮、甲基异丁基酮、二甲苯、苯
聚酯树脂涂料	甲基异丁基酮、150 号及 200 号溶剂油
氨基树脂涂料	二甲苯、丁醇
丙烯酸树脂涂料	二甲苯、丁醇、乙二醇、丙酮、丁酮
水性涂料	乙二醇醚及其酯类、丙二醇醚及其酯类

表 2.9　涂料生产过程中 VOCs 的排放因子

涂料种类	VOCs/(kg/t 产品)
建筑涂料	12～15
汽车涂料	5～10
木器涂料	14～18
卷材涂料	10～14
粉末涂料	5～8
防腐涂料	20～22
其他涂料	10～15

4. 油墨生产

(1) VOCs 排放环节

油墨生产过程 VOCs 的产生环节为搅拌、研磨过程、包装过程中有机溶剂的挥发，以及清洗生产设备时产生的含有机溶剂的废洗液，固体废物为擦洗设备用的抹布，以及废弃墨筒。

(2) VOCs 种类

油墨生产过程中 VOCs 的排放来源主要为溶剂，溶剂主要种类为芳香烃类、醇类、酯类、酮类。因此，该行业主要的 VOCs 污染物种类有苯、甲苯、二甲苯、乙醇、异丙醇、正丁醇、丙酮、丁酮、环己酮、乙酸乙酯、乙酸正丙酯、乙酸异丙酯、乙酸丁酯、乙酸戊酯、乙二醇醚、石油系烷烃类、缩醇类、松节油、松香水等。

(3)建议的 VOCs 排放因子

根据英国进行的"全国 VOCs 排放清单"研究[①]，溶剂型油墨生产过程中排放VOCs 的排放因子为 0.0300 kt/kt 产品。

5. 合成材料

(1)VOCs 排放环节

合成橡胶产生的 VOCs 及恶臭物质主要有胶料裂解产生的烷烃、烯烃、芳香烃、3,4-苯并(a)芘、甲苯、二甲苯。

合成树脂 VOCs 排放源见表 2.10。

表 2.10　合成树脂行业 VOCs 排放源分布及其特征

排放源	基本排放情况	原因	排放特点
溶胶	有排放，主要排放源	加入单体和溶剂	无组织，连续
聚合	有排放，主要排放源	高温加热生成物	无组织，连续
脱挥	有排放，非主要排放源	脱除剩余溶剂和单体	无组织，间歇
溶剂及单体回收	有排放，非主要排放源	溶剂回收	不定，间歇
造粒干燥	有排放，非主要排放源	聚合物添加剂、溶剂、单体挥发	无组织，连续
掺混包装	有排放，非主要排放源	聚合物表面挥发	无组织，连续
库存	有排放，非主要排放源	聚合物添加剂、溶剂、单体挥发	无组织，连续

合成纤维 VOCs 排放源见表 2.11。纤维制品聚合过程中的合成单体残留的持续释放可能导致潜在的环境和健康危害，尽管其在纺织品中的残留会在纺织品加工时的洗涤、漂染等处理过程中被除去，纺织品中这些挥发性有机物(VOCs)导致的环境问题仍然不容忽视。

表 2.11　合成纤维 VOCs 排放源及其排放特征

污染源	基本排放情况	原因	排放特点
单体合成	有排放	各种溶剂在高温下合成单体	无组织，间歇
单体聚合	有排放，主要排放步骤	各种单体在高温条件下形成聚合物	无组织，间歇
纺成纤维	有排放，较主要排放步骤	聚合物纺丝成型	无组织，间歇
堆放	有排放，较主要排放步骤	成品表面挥发	无组织，连续

---

① 来源：http://www.naei.org.uk/data_warehouse.php

(2) VOCs 种类

橡胶和塑料行业是有机溶剂使用的大户，占全国溶剂使用总量的 8%。合成纤维产生过程中主要产生的 VOCs 及恶臭物质主要有甲醛、苯、硫化氢等硫化物。

(3) 建议的 VOCs 排放因子

根据美国 EPA 相关文件规定，高分子合成行业各产品生产过程中的 VOCs 排放因子如表 2.12 所示。

表 2.12　高分子合成行业 VOCs 排放因子

产品种类	排放因子
塑料(以聚乙烯为代表)	8.5 kg/t
橡胶制品	310.719 kg/个轮胎
合成纤维	2.75 kg/t

6. 胶黏剂生产

(1) VOCs 排放环节

1) 三醛胶的生产工艺。尿醛树脂生产过程废气主要来自于投料、pH 调节及真空泵排气。其中 pH 调节是生产过程最为复杂的操作环节，整个操作过程进行到约 1/3 时，取样口处于开启装料状态，加上分批多次投料，操作时有甲醛逸出。

2) 合成胶黏剂(溶剂型胶黏剂与密封剂、压敏型胶黏剂、反应型胶黏剂与密封剂、水性胶黏剂与密封剂)生产工艺过程排放 VOCs 主要来自投料、反应釜、真空泵间断排气。

(2) VOCs 种类

1) 三醛胶生产排放的 VOCs 主要为甲醛。

2) 各种合成胶黏剂与密封剂排放的 VOCs 物种：①溶剂型氯丁橡胶胶黏剂，主要为甲苯、二甲苯、四氯化碳和丁酮。②反应型聚氨酯胶黏剂采用的溶剂通常包括酮类(如甲乙酮、丙酮)、芳香烃(甲苯)、二甲基甲酰胺、四氢呋喃等，排放污染物除了上述 VOCs，还有原料如己二醇、苯酚、甲醛等，视胶的类别而定。③压敏型胶黏剂：甲苯、120#汽油、乙酸乙酯等。④水性胶黏剂与密封剂：酯类及醇类。

(3) 建议的 VOCs 排放因子

由于胶黏剂生产行业产品种类众多，但产品主要可以分为三醛胶、水性胶黏剂与密封剂、溶剂型胶黏剂与密封剂、反应型胶黏剂与密封剂、压敏型胶黏剂与密封剂、热熔型胶黏剂与密封剂，其中前五类产品在生产过程中使用了有机溶剂，因此主要对这几类产品生产过程中的 VOCs 排放量进行估算。采用排放因子法估算地区/城市的胶黏剂行业的 VOCs 排放量。

根据工厂生产的废气监测经验数据，三醛胶及一般胶黏剂(溶剂型、反应型、压敏型)的 VOCs 排放因子为 0.005～0.008 t/t 产品，水性胶黏剂为 0.0005 t/t 产品，故取排放因子见表 2.13。

表 2.13　胶黏剂生产过程的排放因子

胶黏剂种类	排放因子/(t/t 产品)
三醛胶及一般胶黏剂	0.008
水性胶黏剂	0.0005

7. 食品饮料生产

(1) VOCs 排放环节

A. 食用植物油加工

VOCs 的产生环节主要在有机溶剂的浸出工序和粕处理尾气。有机溶剂去向有以下五个方面：①粕中残留：从浸出器卸出的粕中含有 25%～35%的溶剂。通常采用加热以蒸脱溶剂使这些溶剂得以回收。②混合油中残留：从浸出器泵出的混合油(油脂与溶剂组成的溶液)，经过蒸发和汽提处理，使油脂与溶剂分离。把毛油中残留溶剂蒸馏出去。再通过溶剂蒸气的冷凝和冷却，回收蒸气中的有机溶剂。③废水中溶剂的回收：处理水中夹杂有大量粕屑时，对呈乳化状态的一部分废水，应送入废水蒸煮罐，用蒸汽加热到 92℃以上，但不超过 98℃，使其中所含的溶剂蒸发，再经冷凝器回收。④自由气体中溶剂的回收：空气可以随着投料进入浸出器，并进入整个浸出设备系统与溶剂蒸气混合，这部分空气因不能冷凝成液体，故称为"自由气体"。自由气体长期积聚会增大系统内的压力而影响生产的顺利进行，因此要从系统中及时排出自由气体，但这部分空气中含有大量溶剂蒸气，在排出前需将其中所含的溶剂回收。⑤跑冒滴漏消耗的溶剂：当浸出系统在正压下运行时，设备的人孔、手孔、管道法兰、视镜、设备的转动部位如轴封等处密封不良时，会有溶剂外泄，在开车期间由于设备故障、堵料等原因打开设备维修，也会造成溶剂大量外泄。因此保证系统负压，较高的设备完好率是减少跑冒滴漏的关键。

B. 酒精、白酒、黄酒酿造

美国 EPA 对白酒(威士忌)生产工艺 VOCs 的描述为：威士忌生产的主要 VOCs 排放为乙醇，发生在老化/仓储(发酵阶段后期)阶段。除了乙醇，其他挥发性有机物，包括乙醛、乙酸乙酯、甘油、杂醇油、糠醛，此外，在发酵阶段还有少量的异丙醇、乙酸乙酯、异丁醇、异戊醇产生。

欧美白酒生产工艺不同，其酿制经八道工序：将大麦浸水发芽、烘干、粉碎麦芽、入槽加水糖化、入桶加入酵母发酵、蒸馏两次、陈酿、混合。我国白酒工业的白酒生产工艺相对而言比较复杂，并且一般多采用高温蒸煮后发酵。各种香型白酒的挥发性有机物种类很多，可达上百种，主要是乙醇、己酸、己酸乙酯、己酸酯、糠醛、苯乙醇、苯甲醛、丙酸乙酯、异丁酸乙酯、丁二醇、正丙醇、异丁醇、异戊醇、异戊酸等。从生产工序看，这些挥发性有机物主要来源于发酵过程和蒸发损失。

C. 啤酒酿造

啤酒的发酵发生在密封或露天的反应罐中。啤酒发酵过程中产生大量 CO_2，因此企业要对 CO_2 进行回收，同时使之重新利用或者去除二氧化碳中的有机杂质。其中，有机杂质主要通过活性炭吸附装置去除。

乙醇是啤酒制造过程中最为主要的 VOCs，此外，其他的 VOCs，如乙醛、乙酸乙酯会有少量排放。啤酒生产过程潜在的 VOCs 排放源包括：粉碎、糖化工艺，发酵罐，其他储存罐和包装过程。

D. 葡萄酒酿造

葡萄酒发酵过程中主要排放的气体是 CO_2 和乙醇，乙醛、甲醇、丙醇、正丁醇、仲丁醇、异丁醇、异戊醇、硫化氢有少量排放。此外，还有大量其他化合物在发酵和陈酿过程中产生，这些物质包括各种高级醇、高级酸、单萜、醛和酮、有机硫化物等。在其他过程，如陈酿过程、装瓶过程、葡萄酒筛选过程，也会逸散一些乙醇到空气中。

(2) VOCs 种类

植物油生产过程中产生的 VOCs 主要为浸出溶剂和酯类等挥发性有机物。浸出溶剂的主要成分多为己烷、环己烷、环戊烷、庚烷、戊烷等烃类物质，其中最重要的气体污染物为己烷。

酒类酿造排放的 VOCs 主要是乙醇、丙醇、丁醇、异戊醇、乙醛、乙酸乙酯、异戊酸、己酸、己酸乙酯、己酸酯、糠醛、苯乙醇、苯甲醛、丙酸乙酯、异丁酸乙酯、丁二醇等。

酱油、醋等调味品、发酵品制造排放的 VOCs 主要为醇类和酯类物质。酱油的香气成分主要为乙醇、乙酸乙酯、乳酸乙酯、正丁醇、异戊醇、3-甲硫基-1-丙醇、糠醇、β-苯乙醇、4-乙基愈创木酚和 2-乙酰基吡咯等。醋的香气主要成分为双乙酰、异戊醛、4-乙基愈创木酚、乳酸乙酯、β-苯乙醇、乙酸异戊酯、异丁醇、丁酸、正丁醇和戊酸等。

(3) 建议的 VOCs 排放因子

A. 食用植物油加工行业

食用植物油(豆油、菜籽油、花生油、棉籽油等)加工业的 VOCs 排放来源于有机溶剂萃取浸出工艺，VOCs 的去向为毛油、粕、废水、自由气体回收及尾气排放及生产过程中有机溶剂跑、冒、滴、漏。目前，该行业几乎全部实现对有机溶剂的回收，并且企业内部有考核指标——溶耗指标(kg/t 原料)，对各去向的有机溶剂有生产统计数据。因此，建议通过选取典型、有代表性的生产企业进行调研，获得符合行业实际情况的有机溶剂排放因子，采用排放因子法估算地区/城市的食用植物油加工行业的 VOCs 排放量。

建议的排放因子为 0.62 kg/t 原料(原料指植物油原料，如大豆、菜籽、花生等)。

B. 酒精、黄酒、白酒工业

酒精、黄酒、白酒主要是以玉米、小麦、薯类、稻米、高粱等淀粉质原料，使用糖蜜、曲、酒母等作糖化剂，经蒸煮、糖化、发酵及蒸馏等工艺制造的产品。生产过程排放的主要污染物为乙醇、杂醇类、酯类等 VOCs，排放环节在蒸煮、发酵、陈酿、CO_2 气体回收等过程。建议根据这几类酒品生产的原料不同，对各类原料(玉米、小麦、薯类)的典型、有代表性的酒生产企业进行调研，通过物料衡算的方法获得符合我国实际情况的排放数据，整理出各类酒品生产过程中的 VOCs 排放因子，采用排放因子法估算地区/城市的酒精、白酒、黄酒行业的 VOCs 排放量。建议的排放因子来源于美国 EPA 关于蒸馏酒生产过程中的排放因子，见表 2.14。

表 2.14　蒸馏酒生产排放因子[a](等级 e)

排放源	乙醇	乙酸乙酯	异戊醇	异丁醇
谷物糖化	—	—	—	—
发酵仓	14.2[b]	0.046[b]	0.013[b]	0.004[b]
蒸馏	—	—	—	—
老化(陈酿)-蒸发损失[c]	6.9[d]	—	—	—
混合、装瓶	—	—	—	—

a. 指未经控制处理的排放因子

b. 单位为磅/1000 蒲式耳原料。1 蒲式耳=27.2154 kg=60 磅[1 kg=2.2 磅(lb)]

c. 在老化过程中的蒸发损失

d. 单位为磅/(桶·年)。1 桶=53 加仑，1 加仑=3.785 L

单位换算后的排放因子为：①在发酵仓发酵过程，总 VOCs 排放因子 EF_1 为 0.167 kg/t 原料(谷物)；②在发酵阶段后期，白酒、黄酒生产蒸发损失 EF_2 为 0.0157 t/kL。

VOCs 排放量估算公式为

VOCs 排放总量=发酵仓阶段 VOCs 排放量+发酵阶段后期陈酿阶段的 VOCs 排放量= EF_1×粮食原料消耗量(t)×(1−控制因子)+ EF_2×酒品产量(kL)×(1−控制因子)

式中：EF(emission factor)为排放因子；EF_1 为发酵仓阶段 VOCs 排放因子；EF_2

为发酵阶段后期陈酿阶段 VOCs 排放因子；控制因子指污染控制设施的平均去除率。

C. 啤酒工业

排放量估算参考美国 EPA 啤酒工业的排放因子进行计算。经单位换算后：总VOCs 排放因子为 0.0042744 kg/L=0.0042744 t/kL（不计表 2.15 第 3、4、6、8、9、10 序号单元过程）。

表 2.15　啤酒生产过程排放因子（美国 EPA）

序号	操作单元	CO	CO_2	VOCs	H_2S
1	活性炭再生	ND	ND	0.035	ND
2	老化罐加料	ND	26	0.57	ND
3	碎瓶机	ND	ND	0.48	ND
4	水喷型碎瓶机	ND	ND	0.13	ND
5	装瓶线	ND	ND	17	ND
6	洗瓶机	ND	ND	0.2	ND
7	糖化锅	ND	ND	0.64	ND
8	酿造谷物烘干机-天然气点火	ND	840	0.73	ND
9	酿造谷物烘干机-流体加热	0.22	53	0.73	ND
10	带气动运送的罐压碎	ND	ND	0.088	ND
11	发酵罐投料线	ND	ND	14	ND
12	谷物炊具	ND	ND	0.0075	ND
13	发酵罐通风孔：密封发酵	ND	2100	2	0.015
14	热麦芽汁沉淀槽	ND	ND	0.075	ND
15	装箱线	ND	ND	0.69	ND
16	麦芽汁过滤槽	ND	46	0.0055	ND
17	糊化锅	ND	ND	0.054	ND
18	露天麦芽汁冷却器	ND	ND	0.022	ND
19	消毒过的瓶加料线	ND	4300	40	ND
20	消毒过的罐加料线	ND	1900	35	ND
21	废残渣装卸	ND	ND	0.25	ND
22	废啤酒储存罐	ND	ND	ND	ND

注：①除非特指，排放因子单位是磅污染物/1000 桶，1 桶为 31 美制加仑，1 加仑=3.785 L

②ND 表示未探测出

③碎瓶机、水喷型碎瓶机过程排放因子单位是每压碎 1 批瓶子产生 1 桶污染物。压碎机平均每天压碎 34 次

④洗瓶机排放因子单位是每洗 1000 箱瓶子产生 1 桶污染物

⑤酿造谷物烘干机-天然气点火、酿造谷物烘干机-流体加热过程的排放因子单位是 1 桶污染物/吨干谷物

⑥带气动运送的罐压碎过程排放因子单位是每重新获得 1 加仑啤酒产生 1 桶污染物

VOCs 排放量估算公式为

VOCs 排放总量＝∑[单元工艺过程获得的 VOCs 排放因子×活动强度×(1–控制因子)]

式中：建议的排放因子为 0.0042744 t/kL；活动强度为啤酒产量，kL；控制因子指污染控制设施的平均去除率。

D. 葡萄酒工业

葡萄酒的排放量估算参考美国 EPA 啤酒工业的排放因子进行计算。经单位换算后：

红葡萄酒生产过程 VOCs 排放因子=4.6 lb/1000 加仑= 0.0005524 t/kL

白葡萄酒生产过程 VOCs 排放因子=1.8 lb/1000 加仑=0.0002164 t/kL

VOCs 排放量估算公式为

VOCs 排放总量＝∑[不同葡萄酒排放因子×活动强度×(1–控制因子)]

式中：建议的排放因子，红葡萄酒为 0.0005524 t/kL，白葡萄酒为 0.0002164 t/kL；活动强度为啤酒产量，kL；控制因子指污染控制设施的平均去除率。

8. 日用品生产

(1) VOCs 排放环节

肥皂生产过程中产生的大气污染主要为臭气。液体原料的储存、处理及硫化物都是臭气的来源。通风管、真空排气、原料和产品的储存，以及生产废气都是潜在的臭味发生源。在清洁剂的生产工艺中，喷雾塔中含有两类空气污染物：一是清洁剂细颗粒；二是塔内的高温段中由于汽化而产生的有机物。

(2) VOCs 种类

日用化工产品生产过程中排放的 VOCs 种类见表 2.16。

表 2.16　日用化工产品生产过程中排放的 VOCs 种类

产品类型	主要污染物种类
肥皂	椰子油、菜籽油、柏油等脂肪酸
合成洗涤剂	低碳烷基苯等表面活性剂
化妆品	酒精、甘油等
香精香料	乙酰乙酸乙酯、乙二醇、乙醇、甘油、芳香醛、醚类等

(3) 建议的 VOCs 排放因子

由于该行业产品种类繁多，且生产工艺复杂多样，建议通过物料平衡法对 VOCs 排放量进行估算(表 2.17)。

表 2.17　日用化工产品生产建议的排放因子[a]

产品种类	排放因子/(t/t)
肥(香)皂	0.01
合成洗涤剂	0.01
化妆品	0.01
香精香料	0.01

a. 英国国家大气排放清单中规定的废气溶胶类日常用品排放因子

9. 医药化工

(1) VOCs 排放环节

由于原料药产品品种繁多，不同的原料药生产工艺各不相同。以较具代表性的原料药车间为例，其生产过程中排放主要途径有离心结晶、真空泵出口及干燥箱排气。另外，在溶剂的运输、转运、储存等过程中有一部分 VOCs 无法集中收集，形成无组织排放。根据生产工艺，有机废气的排放量约占投入溶剂总量的 10%。排放的废气中有机物的总浓度较高，高浓度排放时可高达 100 g/m^3，低的时候为 $1000 \sim 2000$ mg/m^3，对厂区及周边环境造成了较大的污染，环境需要进行有效的治理，以达到国家规定的排放标准。

(2) VOCs 种类

排放有机气体种类根据不同的印刷工艺有所区别，通常包括苯系物、醇类、酯类和酮类等。以台州市医药产业为例，截至 2009 年，基地椒江外沙岩头区块内共有 34 家医化企业，临海区块现入园企业已有 24 家，黄岩区块主要医化企业 18 家，共有医化企业 76 家。主要企业的主要产品、大气污染物情况如下所示。

烃类：苯、甲苯、二甲苯(间二甲苯、对二甲苯、邻二甲苯)、二氯苯、苯胺、苯胺类、对(间)甲苯酚、硝基苯类、二氯甲烷、氯仿、环己烷等；

醇类：甲醇、乙醇、正丙醇、异丙醇、丁醇、丙二醇乙醚、氯代丙二醇等；

酯类：乙酸乙酯、乙酸正丙酯、正丙酯、乙酸丁酯等；

酮类：丙酮、丁酮、甲基异丁基酮等；

其他：DMF、四氢呋喃、甲醛、叔丁胺、三乙胺、吡啶、石油醚、溶剂油、乙腈等。

(3) 建议的 VOCs 排放因子

根据台州椒江地区有机合成原料药 VOCs 排放总量，估计全国总排放量约为 30 万吨。

10. 轮胎制造

(1) VOCs 排放环节

轮胎的生产过程如下：橡胶与配合剂混炼后经压出制成胎面；帘布经压延、

裁断、贴合制成帘布筒或帘布卷；钢丝经合股、包胶后成型为胎圈；然后将所有半成品在成型机上组合成胎坯，在硫化机的金属模型中，经硫化而制成轮胎成品。

（2）VOCs 种类

轮胎企业的废气：挥发性有机物，碳颗粒污染。主要产生 6～8 个碳的挥发性有机物，如甲苯、二甲苯、三甲苯等。

（3）建议的 VOCs 排放因子

轮胎制造行业 VOCs 排放量通过排放因子法进行估算（表 2.18）。

表 2.18　我国轮胎制造行业建议的排放因子[4]

产品种类	排放因子/(kg/条)
轮胎	0.28

11. 黑色和有色金属冶炼

（1）VOCs 排放环节

金属冶炼在 VOCs 排放源中所占比例较小，国内研究者一般也都将其在 VOCs 排放清单中忽略。另外，金属冶炼中主要是钢铁冶炼，其他金属的比例很小，所以，此处集中探讨钢铁行业的 VOCs 排放情况。

台湾学者 Tsai Jiun-Horng 等研究了综合性钢铁厂四个主要生产环节(炼焦、烧结、热轧、冷轧)的 VOCs 排放特征，发现这些环节的主要 VOCs 组分是芳香类化合物和烷烯烃，甲苯、苯、三甲基苯、异戊烷、丁烯、乙苯等组分是含量最高的 VOCs 组分。

（2）VOCs 种类

钢铁工业不同过程及主要污染物排放见表 2.19。

表 2.19　钢铁工业不同过程及主要污染物排放

综合性钢铁厂	
烧结	CO_2、CO、PM、VOCs、NO_x、二噁英、呋喃
炼焦	CO_2、VOCs、NO_x、SO_2、CO、PM、苯、PAHs
炼铁	CO、CO_2、SO_2、VOCs、NO_x、PM
炼钢	CO_2、CO、PM、NO_x
锅炉	CO_2、CO、PM、NO_x
非综合性钢铁厂	
炼钢(电弧炉)	CO_2、CO、NO_x、PM、二噁英、呋喃
所有钢铁厂	
热轧	CO_2、CO、NO_x、PM、VOCs
冷轧	VOCs
精整加工	CO_2、NO_x

(3) 建议的 VOCs 排放因子

美国环境保护局的排放因子库 AP-42 给出了钢铁行业的炼焦、烧结等环节的排放因子，台湾学者也做了排放因子方面的研究，研究结果对比列于表 2.20。

表 2.20　钢铁行业 VOCs 排放因子对比 (g/t 产品)

来源	炼焦	烧结	热轧	冷轧	总计
台湾学者 [a]	62	213	20	63	—
US EPA	47	68-566	—	—	—

a. Tsai Jiun-Horng, Lin Kuo-Hsiung, et al. Volatile organic compound constituents from an integrated iron and steel facility. Journal of Hazardous Materials, 2008, 157: 569-578

由于缺乏钢铁工业各个环节详细的 VOCs 排放因子，本书借用 Tsai Jiun-Horng 的钢铁工业排放因子来估算。

12. 纺织印染

(1) VOCs 排放环节

纺织品涂料印花是 VOCs 应用量较大的工艺，原来使用的糊状合成增稠剂中矿物油的含量达 35%~65%，VOCs 量大大超过法规允许的限量。为增加纺织品防腐和耐磨能力而进行的浆纱工序，包括上浆和烘干过程都会产生 VOCs。在纺织印染工业加工过程中机械作用和化学作用去除的短纤、绒絮过程、染整、干燥过程会产生苯类和醇类等易挥发物，以及染料粉尘和气味等，对大气造成污染。在定型机加工过程中排放出大量废气，废气中含有烟尘、油渍、挥发的染料助剂等有害成分。

(2) VOCs 种类

纺织印染行业不同工序产业的 VOCs 种类见表 2.21。

表 2.21　纺织印染行业不同工序产生的 VOCs 种类

工序过程	VOCs 种类	工序过程	VOCs 种类
印染	苯类、醇类	免烫整理	游离甲醛
干燥	苯类、醇类	焙烘、储存	游离甲醛

(3) 建议的 VOCs 排放因子

纺织印染行业生产建议的 VOCs 排放因子见表 2.22。

表 2.22　纺织印染行业生产建议的 VOCs 排放因子

种类	排放因子
纱[a]	10 kg/t 产品
布[a]	2.2 g/m 产品
染料和染料助剂[b]	98 kg/t

a. 数据来源于 Klimont Z, Streetd D G, Gupta S, et al. Anthropogenic emissions of non-methane volatile organic compounds in China. Atmospheric Environment, 2002, 36: 1309-1322

b. 数据来源于台湾 SCC4-02-012-01

13. 塑料制品制造

（1）VOCs 排放环节

塑料制品生产环节主要包括三个部分：①原料准备；②塑料的制造；③塑料制品的制造。塑料制品的三个主要生产工艺环节均会产生 VOCs，原料准备环节中树脂的制造会产生 VOCs，塑料的制造过程中，由于助剂的添加会导致 VOCs 的产生，塑料成型加工过程同样会产生 VOCs。

（2）VOCs 种类

塑料制品生产过程排放的 VOCs 主要来源于反应过程的原料或单体、溶剂或其他挥发性液体，醇酸树脂生产中放出升华的固体，如邻苯二甲酸酐等，产生的主要工艺过程包括压塑、发泡成型等，产生的 VOCs 污染物与助剂的种类有关，常见的污染物有苯系物、烯烃类、醛类、酯类等。

（3）建议的 VOCs 排放因子

A. 塑料生产过程的 VOCs 排放因子

根据《珠江三角洲地区空气污染物排放清单编制手册》，列出与塑料生产相关的 VOCs 排放因子如表 2.23 和表 2.24 所示。

表 2.23　聚乙烯生产过程的 VOCs 排放因子

过程	排放因子 /(kg/t)	参考资料
聚乙烯的生产	2(新装置)	联合国欧洲经济委员会(UN ECE)，1990
	10(旧装置)	联合国欧洲经济委员会(UN ECE)，1990
低密度聚乙烯的生产	3	联合国欧洲经济委员会(UN ECE)，1990
	2	化学情报(Cheminform)，1993
线型低密度聚乙烯的生产	2	化学情报(Cheminform)，1993
高密度聚乙烯的生产	6.4	联合国欧洲经济委员会(UN ECE)，1990
	5	化学情报(Cheminform)，1993

表 2.24　塑料生产中的无控制排放因子

塑料种类	NMVOCs/(kg/t)
聚氯乙烯	8.5
聚苯乙烯	0.6~2.5(间歇法) 0.21(连续法，使用真空泵) 3.34(连续法，使用蒸汽喷嘴) 5.37(原位法)
聚丙烯	0.35

选取塑料生产过程的 VOCs 排放因子如表 2.25 所示。

表 2.25　塑料生产过程 VOCs 排放因子

塑料种类	排放因子/(kg/t)	备注
聚乙烯	4.3	各种生产工艺及产品的排放因子取平均
聚氯乙烯	8.5	
聚苯乙烯	2.3	各种生产工艺及产品的排放因子取平均
聚丙烯	0.35	
ABS 树脂	3.9	前四种塑料生产的排放因子取平均

注：确定排放因子的依据为《珠江三角洲地区空气污染物排放清单编制手册》

B. 塑料制品生产过程的 VOCs 排放因子

考虑到塑料制品成型工艺的高温条件，塑料助剂均转化为液体，其 VOCs 挥发量大大增加，确定塑料制品生产过程中使用塑料助剂的平均 VOCs 排放因子为 2%。

此外，塑料用合成树脂在经过塑料初次加工后，其 VOCs 含量有所降低。因此，在塑料制品成型加工过程中，VOCs 的挥发量应低于初次加工的挥发量，确定塑料二次加工的平均挥发系数为 0.2%。

14. 皮革、毛皮、羽毛(绒)及其制品

(1) VOCs 排放环节

制革是将动物生物质加工成适合各种用途的皮革产品的过程。制革工艺过程一般分为四大工段：鞣前准备工段、鞣制工段、湿态染整工段和干态整饰工段。各工段都会产生不同程度的 VOCs 污染。

(2) VOCs 种类

制革生产是个复杂的化学处理和机械加工过程，会使用大量的化工原料。造成制革厂排放废气的成分极为复杂，如二氧化硫、硫化氢、氨、铬酸气、甲酸、有机粉尘、甲醛和有机溶剂。含硫污水处理过程会释放废气，动力锅炉的烟尘也会污染大气。

（3）建议的 VOCs 排放因子

A. 皮革生产加工成其他产品过程 VOCs 估算

在该行业脱脂、涂层等生产环节的 VOCs 排放量忽略不计。加工过程主要的污染物为胶黏剂等含 VOCs 产品的使用，建议的排放因子见表 2.26。

表 2.26　胶黏剂涂装过程 VOCs 排放因子

污染源	VOCs 排放因子/(kg/kg)
胶黏剂涂装过程	0.0900

资料来源：欧洲环境保护署(EEA)

B. 制革过程的污染物排放因子

根据欧盟的有关资料统计和《皮革制造中的环境和生态问题及制革清洁生产技术(Ⅱ)》资料显示，生产 1 t 成品皮，排放废水 60～200 t，挥发性有机溶剂 160 kg，污泥 400～600 kg。为便于计算，假设平均生产 1 t 成品皮，排放 VOCs 160 kg。

15. 制鞋

（1）VOCs 排放环节

在制鞋工艺的各项工序中，产生挥发性有机物污染的工序主要有：

1）鞋面商标印刷油墨挥发。油墨的主要成分是色料，其稀释剂一般为苯类、烷烃类和酮类，在油印干燥过程中有机溶剂成分挥发进入周围环境。

2）鞋面材料高频压型。皮革高频压型产生挥发性有机物，主要属于恶臭气体范畴。

3）鞋底材料 EVA、MD 发泡过程，TPR、PVC 注塑加热。鞋底材料 EVA、MD 发泡过程，TPR、PVC 注塑加热产生挥发性有机物，属于高分子聚合物受热降解，释放出单体低聚物的过程。降解量与温度、加热时间相关，挥发性有机物的主要成分为单体低聚物烯烃等。

4）鞋底喷漆。鞋底喷漆过程一般采用溶剂型油漆，有机成分芳香族树脂与苯溶剂混合用于 PVC、塑料、橡胶等材质的喷漆，在使用过程中苯溶剂全部挥发进入大气。

5）鞋底中底贴合、鞋面鞋底粘胶成型。鞋底中底贴合、鞋面鞋底粘胶成型过程使用胶黏剂。最早用于粘外底的胶黏剂是硝化纤维素胶，随着合成新材料应用于鞋类，橡胶型胶黏剂得到了广泛应用。无论是氯丁胶，还是聚氨酯胶，基本上都是溶剂型的。最初胶黏剂的溶剂是苯，溶解性极佳，胶黏剂的性能也较容易控制，但苯的毒性相当大。后来改用甲苯，毒性虽然比苯小，但仍会污染环境和毒害操作者。同时，聚氨酯胶黏剂还用酮类、酯类作溶剂。由于胶黏剂中有机溶剂含量较高，所以是制鞋过程中挥发性有机物排放最多、污染最为严重的一个环节。表 2.27 为不同类型的鞋所使用的胶黏剂类型及胶黏剂中常用有机溶剂。

6) 清洗。制鞋业清洗工序中也需要使用溶剂，有机溶剂中主要含有苯、甲苯、丙酮、丁酮等，具有挥发性和水溶性，会对环境产生一定的污染。

表 2.27　鞋使用胶黏剂中常用有机溶剂

类别	胶黏剂类型	所使用有机溶剂
皮鞋	氯丁橡胶	混合溶剂：甲苯、120#汽油、环己烷、乙酸乙酯、正己烷等
	聚氨酯(PU)	乙酸乙酯、丁酮、甲苯、四氢呋喃等
	聚酯类	乙酸乙酯、1,4-丁二醇等
	聚酰胺(PA)类	多以水为溶剂，较少用到有机溶剂，如丙酮、丁酮等
旅游鞋	热塑性丁苯橡胶(SBS)	甲苯、二氯乙烷、三氯甲烷、四氯化碳、乙酸乙酯、环己烷、丁酮、正己烷、石油醚、溶剂汽油、丙酮、异丙醇等，多采用二元或者多元混合溶剂
	聚氨酯(PU)	乙酸乙酯、己二酸、丁酮、1,4-丁二醇、丙酮等
胶鞋	天然橡胶	苯、甲苯、120#溶剂汽油
	丁腈橡胶	丙酮、丁酮、甲基异丁酮、乙酸乙酯、乙酸丁酯等或混合溶剂
	其他橡胶	苯、甲苯、二甲苯、环己酮、二氯乙烷、正己烷、异丙醇、汽油类等
塑料鞋	乙烯-乙酸乙烯(EVA)热熔胶	热熔胶没有用到有机溶剂
	聚乙酸乙烯(PVAc)	多为水性溶剂，偶尔会用到乙醇、丙烯酸丁酯、苯乙烯、丙酮、乙醇等
	氯乙烯类	乙酸乙酯、丙酮、环己酮、甲乙酮、丁酮、2-丁酮、四氢呋喃、二氯乙烷、三氯甲烷等
	其他塑料鞋粘接用胶黏剂	环己烷、氯仿、甲苯、汽油、苯乙烯、甲基丙烯酸甲酯等
布鞋	淀粉类	多以水为溶剂，很少用到有机溶剂
	聚乙烯醇类	多以水为溶剂，很少用到有机溶剂
	纤维素类	多以水为溶剂，很少用到有机溶剂
	蛋白质类	多以水为溶剂，很少用到有机溶剂

(2) VOCs 种类

制鞋过程中最大的 VOCs 排放来源于胶黏剂的使用。平均每双鞋在制造过程中的 VOCs 排放量为 15 g/双。2012 年我国的鞋类产量约为 146 亿双。因此，我国制鞋行业的 VOCs 排放量约为 21.9 万吨。

（3）建议的 VOCs 排放因子

制鞋行业 VOCs 排放因子见表 2.28。

表 2.28　制鞋行业 VOCs 排放因子

污染源	VOCs 排放因子/(kg/kg)
制鞋	0.67

资料来源：杨利娴. 我国工业源 VOCs 排放时空分布特征与控制策略研究[D]. 广州：华南理工大学，2012

16. 造纸及纸制品

（1）VOCs 排放环节

磨浆之后，浆料进入旋风分离器中将纤维与蒸汽分离，除了旧式磨石磨木浆厂外，一般将蒸汽送入冷凝器中进行热回收。某些有机物会部分存在于冷凝水中，部分散发到大气中（表 2.29）。挥发的有机物是甲醇和萜烯。

表 2.29　造纸机大污染物散发量

纸料种类	散发量/(kg/t 纸)	
	甲醇	挥发性有机物(Method 25A, 以碳表示)
本色硫酸盐浆	0.409~0.681	0.227
漂白硫酸盐浆	0.018~0.045	0.318
漂白硫酸盐浆和机械浆	0.009~0.023	0.136~0.545
半化学浆和废纸浆	0.136	0.182
废纸浆（不脱墨）	0.009~0.091	0.091~0.363
废纸浆（脱墨）	0.0045~0.136	0.091~0.182
商品漂白化学浆	0.014	0.136
预热机械浆(TMP)	0.018	0.091

（2）VOCs 种类

硫酸盐法制浆过程产生的气体排入大气形成独特的硫酸盐浆厂的臭味。臭气的主要成分为硫化氢(H_2S)、甲硫醇(CH_3SH)、甲硫醚(CH_3SCH_3)、二甲二硫醚(CH_3SSCH_3)等，统称为总还原硫(TRS)。

（3）建议的 VOCs 排放因子

表 2.30 给出了简化法估算硫酸盐法制浆生产中污染物排放多的粗放排放因子。该资料不包括石灰窑、废水处理或燃料燃烧所引起的排放。

表 2.30　硫酸盐法制浆的 VOCs 排放因子

排放源	单位	VOCs
工艺排放	kg/ADt	3.9

注：ADt 表示风干浆的吨数

有关各类别制浆造纸法生产过程详细的 VOCs 排放因子见表 2.31～表 2.33。

1) 酸性亚硫酸盐法。回收炉是挥发性有机物的排放源。漂白过程也可能放出少量的 VOCs(表 2.31)。

表 2.31　亚硫酸盐制浆过程的 VOCs 排放因子(CORINAIR 2003)

排放源	VOCs 排放因子/(kg/t 风干浆)
制造厂	0[a]
蒸煮器/泄料池/出料槽	可忽略[b]
其他排放源	可忽略[b]
回收系统	1.8[c]

a. 基于硫酸装置的 VOCs 批量

b. 基于美国专门针对氨水蒸煮器/泄料池/出料槽的州文件中的资料,但其他蒸煮器/泄料池/出料槽的情形应该与之相似

c. 基于 NCASI(造纸工业空气和河流改善国家委员会)的资料。这些资料对应的是 MgO 法,但任何制造厂的排放水平应与之相似。由于没有更好的资讯,这些资料只是相似值

2) 中性亚硫酸盐半化学法。报道称流化床反应器是挥发性有机物的一个次要排放源。漂白装置也可能是 VOCs 的次要排放源(表 2.32)。

表 2.32　中性亚硫酸盐半制浆过程中的 VOCs 排放因子(CORINAIR 2003)

排放源	VOCs 排放因子/(kg/t 干纸浆)
硫燃烧炉/吸收器	0[a]
流化床反应器	0.1[b]
漂白装置	0.05[c]

a. 无明显的 VOCs 排放

b. 资料来源于硫酸盐法浆厂的制浆过程

c. 基于碳的资料。范围：0.004～0.14 kg/t 干纸浆。从 13 个排放源的 1～11 排气口的实验得来。未指定纸浆的类型。这里的 VOCs 指的是 NMVOC(非甲烷挥发性有机物)(NCASI,1993)

3) 硫酸盐制浆法。该法各项生产环节产生较多的 VOCs(表 2.33)。

17. 木材加工

(1) VOCs 排放环节

木材工业加工过程中存在着大量的 VOCs 挥发,如制材、干燥、制胶、人造板的热压、油漆等。在人造板生产中,胶黏剂是必不可少的重要材料。生产过程中产生的污染物多是由胶黏剂的使用带来的。污染物的种类与制作胶黏剂的主要原料及其他辅料有关。木材胶黏剂中应用最多的是热固性合成有机树脂胶。目前在我国应用最多的是脲醛树脂胶、酚醛树脂胶、三聚氰胺甲醛树脂胶。其中脲醛树脂胶使用率最高,占总用胶量的 90%。人造板制造工业中伴随着脲醛树脂胶的

使用，存在于树脂胶中的游离态的甲醛在生产工艺中存在并通过生产设施排放到大气中。

表 2.33　硫酸盐制浆法的 VOCs 排放因子

排放源和相应描述	单位 [a]	VOCs [a]
蒸煮	kg/ADt	0.6 [b] 0 [c]
选择		
用净冷凝液	kg/ADt	0.045 [d] 0.001~0.085 [d] 0.025 [b]
用脏冷凝液	kg/ADt	0.49 [d] 0.45~0.52 [d] 0.2 [b]
漂白	kg/ADt	0.05 [d] 0.004~0.2 [d]
不凝气体		
收集而不燃烧	kg/ADt	0.5 [d]
松节油生产	kg/ADt	0.25 [b] 0.05 [c]
秧脱木素反应器	kg/ADt	0.041 [d] 0.016~0.075 [d]
妥尔油回收	kg/t TO	2.0 [d] 0.1~4.9 [d]
化学品回收		
蒸发		0.05 [b]
黑液氧化	kg/ADt	0.17 [d] 0.12~0.22 [d]
回收炉		
无直接接触蒸发器	kg/ADt	0.14 [d] 0~0.8 [d]
有直接接触蒸发器	kg/ADt	0.53 [d] 0.005~1.13 [d] 1.5 [b]
用净冷凝液	kg/t BLS	0.031 [d] 1×10^{-5}~0.107 [d] 0.01 [b]
用污冷凝液	kg/t BLS	0.88 [d] 0.72~1.2 [d] 0.15 [b]

　　a. ADt 表示风干浆的吨数，BLS 表示黑液无体物，TO 表示妥尔油。VOCs 指的是包括还原态硫化合物在内的总气态非甲烷有机物(TGNMO)

　　b. 数据来源于美国 EPA，单位以硫表示

　　c. 数据来源于 Stanley(斯坦利工业顾问有限公司)，1991

　　d. 数据来源于 NCASI，1993

(2) VOCs 种类

木材加工行业产生的挥发性有机物主要为甲醛、甲苯、二甲苯、漆雾及非甲烷总烃。

(3) 建议的 VOCs 排放因子

木材加工过程产生的 VOCs 大多是由胶黏剂的使用产生的。胶黏剂的排放因子建议取为 0.09 kg/kg 消耗量。

18. 家具制造

(1) VOCs 排放环节

家具行业中，产量产值占主要比重的有木制家具、金属家具、软体家具、塑料家具、玻璃家具(其中前三者产量占家具总产量的 94.63%)。

涂装工艺是家具制造过程中产生 VOCs 的主要工序，是指将涂料或胶黏剂应用到家具某一表面的操作过程，包括干燥过程。涂装相同面积时，使用油性涂料产生的 VOCs 最多，水性涂料次之，粉末涂料最少。常用涂装技术包括喷涂、刷涂、辊涂、淋涂及浸涂等。涂装相同面积时，空气喷涂技术产生的 VOCs 最多，静电喷涂和刷涂等工艺产生的 VOCs 较少。

金属家具所使用的涂料类型主要包括水性涂料和固体粉末涂料，VOCs 排放量少；软体家具制造过程中排放的 VOCs 主要来源于胶水的使用，VOCs 产生量较少；木器家具制造过程多数使用油性涂料，而且在制作工艺中需要进行多次喷底漆和面漆操作，使用涂料种类多样、用量大，VOCs 排放种类与排放量占家具制造行业排放 VOCs 的绝大部分。

(2) VOCs 种类

不同家具制造企业排放的 VOCs 主要来源几乎相同，均来自涂料的使用过程，即涂料中有机溶剂的挥发过程。排放过程中形成的 VOCs 种类较多，主要有苯、甲苯、二甲苯、乙酸丁酯、甲醛、苯酚、酮类及醇类等，具体见表 2.34。

表 2.34　木器家具涂料品种、所占比例及主要污染物

项目 涂料种类	约占家具涂料 比例/%	产生的 VOCs
聚氨酯涂料	70	二甲苯、乙酸丁酯、环己酮等
硝基涂料	20	甲苯、乙醇、丁醇、乙酸丁酯、乙酸乙酯、丙酮等
聚酯漆 光固化涂料 水性涂料 其他涂料	10	聚酯漆中所含部分溶剂涂饰后与不饱和聚酯发生共聚反应,共同成膜基本无 VOCs 挥发;光固化涂料 100%固体成分,几乎不产生 VOCs;水性涂料属于环保型涂料,几乎不产生 VOCs

(3)建议的 VOCs 排放因子

A. 木器家具

对于木器家具生产 VOCs 的排放量可采用下述式子进行初步估算：

单位排放量＝[1×涂料 A 所占比例×VOCs 所占涂料比例＋稀释剂加入比例＋
1×涂料 B 所占比例×(VOCs 所占涂料比例＋稀释剂加入比例)＋…]×0.7 kg/kg
涂料

目前国内木器家具生产中 90%以上使用溶剂型涂料，水性涂料等环保涂料仅占约 10%。一般溶剂型涂料中 VOCs 占涂料总量的 65%～75%(湿重)，使用过程中需加入一定量的稀释剂，聚氨酯涂料加入稀释剂(以二甲苯及甲基与酮或酯的混合溶剂作稀释剂)量约为涂料量的 10%，硝基涂料加入稀释剂(以酯类、醇类、酮类及苯类等混合溶剂作稀释剂)量约为涂料量的 50%。根据我国《环境标志产品技术要求　水性涂料》规定水性涂料中 VOCs 含量≤250 g/L，以水性涂料中 VOCs占涂料总量的 25%计，溶剂型涂料 VOCs 含量占涂料总量的 70%计，假定环保涂料全部为水性涂料，计算结果表明我国木器家具生产 VOCs 排放量约为 0.725 kg/kg涂料(美国 EPA 公布的数据是在喷漆过程中 VOCs 排放量为 0.77 kg/kg 涂料)。

B. 金属家具

对于我国金属家具生产 VOCs 排放因子的计算，可以借鉴美国 EPA 公布的金属家具生产 VOCs 排放因子(表 2.35)。

表 2.35　金属家具制造行业 VOCs 排放因子(美国)

工厂规模及控制技术	VOCs 排放因子		
	kg/m^2	kg/a	kg/a
小型			
无控制排放	0.064	2875	1.44
65%高固分涂料	0.0019	835	0.42
水性涂料	0.012	520	0.26
中型			
无控制排放	0.064	49815	2490
65%高固分涂料	0.0019	14445	722
水性涂料	0.012	8970	448
大型			
无控制排放	0.064	255450	12774
65%高固分涂料	0.0019	74080	3704
水性涂料	0.012	46000	2300

资料来源：美国 EPA. AP-42

19. 金属制品制造、通用设备及专用设备制造、电气机械及器材、仪器仪表文化办公机械制造

(1) VOCs 排放环节

在金属制品制造过程中，一定会产生一定量的污染物，一般是一些固体残余物、液体污染物和气态污染物。表 2.36 为金属制造行业中的工艺活动中所排放的污染物。

表 2.36　金属制造行业中的工艺活动中所排放的污染物

工艺	部门活动	污染物
成键	金属铸造	金属废料、型砂、挥发性有机化合物
润换	切削的使用	含油废水
成型	成型、切割、修整	金属废料、挥发性有机溶剂
清洗	溶剂、酸、碱、乳化剂	废酸、含金属离子的废水、挥发性有机物
表面处理	电镀、阳极氧化、涂层	电镀液、含金属离子的废水、挥发性有机物

以集装箱生产为例，集装箱制造业有机废气主要来源于油漆喷涂烘干过程，即喷底漆、烘干、二次喷底漆、二次底漆烘干、三次喷底漆、三次烘干、喷面漆、面漆烘干和喷底面沥青漆。集装箱制造业有机废气排放具有以下特点：有害物质主要是甲苯、二甲苯等，有害物质含量低、流量大，主要漆房流量在 10 万~12 万 m^3/h 以上，甲苯、二甲苯等含量在 500 mg/m^3 左右，治理难度较大。以 1 条集装箱生产线计算，喷洒漆风量 60 万~70 万 m^3/h，喷漆废气中的挥发性有机物浓度波动范围为 400~2000 mg/m^3。

生产过程中排放 VOCs 的主要环节在表面涂装上，在喷涂区、闪蒸区内和烘炉内会释放涂层内有机溶剂挥发所产生的 VOCs。对排放率能够产生影响的因素包括使用的涂层体积、涂层中的固体含量、涂层的 VOCs 含量和 VOCs 密度。所使用的涂层面积与另外三个参数有关：涂层的面积、涂层的厚度和喷涂效率。

另外，在机械、电器、仪表的装配方面，也会使用到胶黏剂及密封剂。

(2) VOCs 种类

喷涂过程中向大气排放的污染物质与涂料的种类有关，根据有机溶剂的特性，有机污染物成分可能为苯、甲苯、二甲苯、甲醇、乙醇、异丙醇、正丁醇、丙酮、异丁酮、环己酮、异佛尔酮、DBE(二元酸酯混合物)、乙酸酯类、环己烷、丙二醇类、乙二醇类、二乙二醇类、正丙醇、二丙二醇甲醚、丙二醇甲醚、丙二醇苯醚、乙二醇苯醚。

集装箱喷涂底漆一般为环氧富锌底漆，防锈漆为氯化橡胶底漆或环氧底漆，内面漆为氯化橡胶、乙烯类面漆，外面漆为丙烯酸、聚氨酯、乙烯共聚体，箱底

漆为沥青漆。

家电制造业使用多种涂层配方。最普遍的涂层类型中包括环氧树脂、环氧/丙烯酸树脂、丙烯酸树脂和聚酯涂料等。液态涂层可能使用有机溶剂或者水作为其涂料固体的主要载体。因此，在家电制造过程所排放的 VOCs 成分主要为二甲苯、丁醇等醇类、丙酮、丁酮等。

(3)建议的 VOCs 排放因子

1)集装箱制造业。通过以下公式进行排放量估算(表 2.37)：

VOC 排放总量=排放因子(kg VOCs/TEU)×集装箱产量

表 2.37　集装箱制造业 VOCs 排放因子

控制类型	削减量/%	排放因子/(kg/TEU)
无控制	—	67
水性和粉末涂料	60～90	6.7～26.8
末端控制措施：焚烧或碳吸附	90	6.7

注：TEU 表示一台标准集装箱

2)金属制品制造业。测算公式：污染物排放总量=排放因子×活动强度×控制因子。式中，排放因子定义为工业生产活动，每单位生产量(或能源、原料消耗量、时间等)所排放出污染物之平均量；活动强度指单位时间之生产量或能源消耗量的大小；控制因子为污染控制设备或措施的削减效率。建议的排放因子如表 2.38 所示。

表 2.38　台湾表面涂装业挥发性有机化合物排放因子

涂料种类	排放因子/(kg VOCs/t 涂料)
水泥漆及塑胶漆	0～100
调和漆及磁漆	400～600
喷漆及木器漆	680～850
烤漆	550～650
防锈漆	550～650
船舶漆	500～650
环氧树脂漆	250～500
水性电着漆	100～150
绝缘漆	600～900
车辆金属漆	570～740
其他	500

注：胶黏剂的排放因子建议取为 0.13 kg/kg 消耗量

资料来源：台湾油漆涂料工业同业公会

20. 交通运输设备制造、修理与维护

(1) VOCs 排放环节

A. 汽车制造业

汽车喷涂是最典型的现代工业涂装的代表，涂装车间是交通运输设备制造厂的最大污染源和能耗大户。涂装使用的涂料大部分含有有机溶剂，在涂料施工和固化过程中也需要大量溶剂稀释，其中的 VOCs 在喷漆、烘干、流平等生产过程中会释放出来，排放到大气环境中。

有机气态污染物主要产生于电泳底漆、中涂和面漆的喷涂及烘干过程和塑料件加工的涂漆工序。在中涂和面漆喷漆过程中，80%~90%的 VOCs 是在喷漆室和流平室排放的，10%~20%的 VOCs 是随车身涂膜在烘干室中排放的。汽车涂装产生的有机废气的特点是大风量、中低浓度。

汽车涂装主要工艺流程及各环节排放污染物种类如图 2.11 所示。

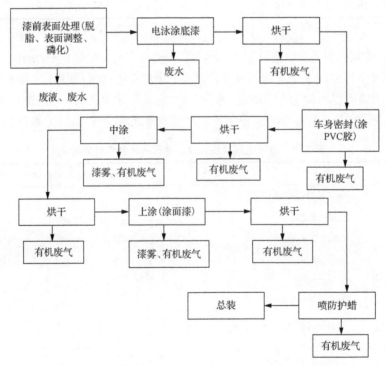

图 2.11　汽车涂装主要工艺流程及各排放环节

B. 船舶制造业

船舶表面涂装处理主要包括清洗、涂刷和工具清洗三个阶段。清洗阶段主要包括水洗、喷砂、打磨等工序，有清洗废水、含尘废气和固体废渣产生，无有机废气排放；涂刷阶段虽然可以采用无气喷枪，但根据对江浙地区造船企业涂装现状的调查，目前 60% 的企业仍采用传统的涂刷，施工中有大量 VOCs 排放；涂装工具通常需用油漆供应商提供的溶剂进行清洗。挥发性有机物（VOCs）存在于这些涂料和清洗溶剂中。

(2) VOCs 种类

1) 汽车制造业。汽车中应用于涂装过程的各涂层的油漆由下至上分为底漆、中漆、面漆、修补漆。调研结果显示，国内汽车制造企业所使用的稀释溶剂主要是芳香烃类溶剂、醇类溶剂和酯类溶剂，成分包括二甲苯、异丙醇、三甲苯、四甲苯、正丁醇、乙酸乙酯、乙酸异丁酯、高沸点石脑油等。因此，在汽车涂装过程中 VOCs 污染物的种类主要是苯系物（甲苯、二甲苯等）、乙酸乙酯等酯类、丙酮等酮类及醇类污染物。

2) 船舶制造业。船用涂料的种类较多，通常按涂覆位置可分为干舷和上层建筑、舱内壁（货舱、压载舱）、露天甲板、水线下船体（如平底船）、水线上船体和其他设施等不同位置用漆。不同类型涂料的成分有所差别，但其主要成分均是难挥发的漆料和易挥发的溶剂。涂料中的溶剂主要起到承载色素和表面附着作用，同时这类溶剂也可用于涂刷设备的清洗。漆料中通常含有铬、二氧化钛、铅、铜、三丁基锡等有毒有害成分，有机溶剂中主要含有甲苯、乙苯、二甲苯、2-丁酮、乙二醇、正己烷和丙酮等，其中二甲苯、酮类和甲苯是最常用组分。在某些纯溶剂和溶剂型涂料中 VOCs 含量可达 800 g/L，在某些稀料中可能低至 100 g/L。这些挥发性有机物在涂装、漆膜干燥和清洗过程中，通过物理化学过程和环境动力作用扩散到空气中。

(3) 建议的 VOCs 排放因子

A. 汽车制造业

方法一是根据涂料消费量与相应排放因子进行估算（表 2.39）。

VOCs 排放总量=排放因子（g/kg 涂料）×涂料消耗量

表 2.39　汽车制造涂料使用 VOCs 排放因子

控制措施	削减效率/%	排放因子/(g/kg 涂料)
无控制	—	636
涂料类型控制	30	445

注：以每千克涂料（包括稀释剂和清洗剂）的排放给出排放因子

方法二是根据汽车产量与相应排放因子进行估算。

VOCs 排放总量=排放因子（kg/辆）×汽车产量（辆/年）

表 2.40 以小型汽车（表面积为 65 m²）与大型汽车（表面积为 120 m²）为例，计算出不同工艺下 VOCs 排放因子，这些排放因子是用于基本的无控制过程。

表 2.40　汽车制造中涂料使用的排放因子

不同工艺				VOCs 排出量/(g/m²)	VOCs 排放因子/(kg/辆车)	
电泳	中涂	底色漆	罩光清漆		65 m²	120 m²
CED	溶剂型	溶剂型	单组分溶剂型	120	7.8	14.4
CED	溶剂型	水性	双组分溶剂型	40	2.6	4.8
CED	水性	水性	双组分溶剂型	34	2.21	4.08
CED	水性	水性	水性	28	1.82	3.36
CED	粉末	水性	粉末	20	1.3	2.4

B. 汽车维修业

VOCs 排放总量=排放因子(g/kg 涂料)×汽车维修涂料消耗量

汽车维修过程 VOCs 排放因子见表 2.41。

表 2.41　汽车维修过程 VOCs 排放因子

控制类型	削减效率/%	排放因子/(g/kg 涂料)
无控制措施	—	700
涂料类型控制	5	665
工艺类型控制(包括冲洗用喷枪和 HVLP 喷枪)	45	385
涂料和工艺类型控制(包括冲洗用喷枪和 HVLP 喷枪及使用低溶剂含量涂料)	60~76	168~280

注：以每千克涂料(包括稀释剂和清洗剂)的排放给出排放因子

C. 船舶制造业

VOC 排放总量=排放因子(吨/万载重吨)×船舶产量(万载重吨)

船舶制造过程 VOCs 排放因子见表 2.42。

表 2.42　船舶制造过程 VOCs 排放因子

控制措施	削减效率/%	排放因子/(吨/万载重吨)
无控制	—	85
改进转换效率	55	46.75

D. 船舶维修业

VOCs 排放总量=排放因子(g/kg 涂料)×修补船舶涂料消耗量

船舶维修过程 VOCs 排放因子见表 2.43。

表 2.43　船舶维修过程 VOCs 排放因子

控制类型	削减效率/%	排放因子/(g/kg 涂料)
无控制	—	750
改进转换效率	55	338

注：以每千克涂料(包括稀释剂和清洗剂)的排放给出的排放因子

E. 飞机制造维修业

估算方法：VOCs 排放总量=排放因子(kg/架)×飞机数量

飞机制造维修 VOCs 排放因子见表 2.44。

表 2.44　飞机制造维修 VOCs 排放因子

控制类型	削减效率/%	排放因子/(kg/架)
无控制	—	681

21. 通信设备、计算机及其他电子设备制造

(1) VOCs 排放环节

在电子终端产品制造中，VOCs 的主要来源包括电路板清洗剂有机废气(使用有机溶剂型清洗剂)、电路板三防喷漆废气、机壳(机箱)喷漆废气、机壳注塑废气。这些废气均来自工位上的局部排风系统，特点是排风量大、浓度低。此外，在电子焊接作业的回流焊炉、波峰焊炉及手工焊中还会产生焊锡烟气(Sn、Pb)。

(2) VOCs 种类

电子终端产品制造业可能产生的污染源、产生污染物的工序和主要污染物分析见表 2.45。

表 2.45　电子终端产品生产中废气污染源与主要污染物分析表

产生的工序	污染源	主要污染物
电路板清洗机	有机废气	三氯乙烯、二氯甲烷、丙酮、乙醇、异丙醇等
喷漆室、烘干室	喷漆废气	漆雾、二甲苯、甲苯、苯、环己酮、乙酸丁酯等
注塑机	注塑废气	ABS 塑料、聚乙烯、聚苯乙烯、尼龙等，以颗粒物形式排放几乎全部回收，不产生 VOCs
固化室	喷塑废气	环氧树脂、聚氨酯树脂类、胺类等，产生 VOCs 极少
回流焊/波峰焊/手工焊	焊锡烟气	Sn、Pb 及其化合物

半导体集成电路生产中产生的污染源、产生污染物的工序和主要污染物分析见表 2.46 和表 2.47。

表 2.46　半导体生产中废气污染源与主要污染物分析表

产生的工序	污染源	主要污染物
外延工序	有毒废气	SiH_4、$SiHCl_3$、SiH_2Cl_2、$SiCl_4$、AsH_3、B_2H_6、PH_3、HCl、H_2 等
清洗工序	酸碱废气	H_2SO_4、H_2O_2、HNO_3、HCl、HF、H_3PO_4、NH_4F、NH_4OH 等
光刻、显影工序	有机废气 酸碱废气	异丙醇、丙酮、环戊酮、乙酸丁酯、苯、甲苯、二甲苯、甲基乙基酮、四氢呋喃、Cl_2、BCl_3、C_2F_6、C_3F_8、CF_4、SF_6、HF、HCl、NO、C_3H_8、HBr、H_2S 等
化学机械抛光	酸碱废气	NH_4OH、NH_4Cl、NH_3、KOH、有机酸盐等
化学气相沉淀	有毒废气 酸碱废气	SiH_4、SiH_2Cl_2、$SiCl_4$、SiF_4、CF_4、B_2H_6、PH_3、NF_3、HCl、HF、NH_3 等
扩散、离子注入	有毒废气	BF_3、AsH_3、PH_3、H_2、SiH_4、SiH_2Cl_2、BBr_3、BCl_3、B_2H_6 等

表 2.47　废气污染源与主要污染物分析表

	产生的工序	污染源	主要污染物
阵列工程	清洗	有机废气	四甲基氢氧化铵、甲基吡咯烷酮等
	化学气相沉积	酸性废气	SiH_4、PH_3、H_2、NF_3、NH_3、HF
	光刻	有机废气 碱性废气	醇类(单甲基醚丙二醇、异丙醇等)、酯类(丙二醇甲醚乙酸酯等)等
	光刻胶剥离	高沸点有机废气	二甲亚砜、乙醇胺等，剥离液产生的污染物中，高沸点有机废气含量小于2%，有机废水为98%，VOCs产生量少
	刻蚀	酸性废气 有毒废气	SF_6、Cl_2、CF_4、HF、SO_x、HCl、CO_2、H_3PO_4、CH_3COOH、HNO_3、草酸等
彩膜工程	BM 膜涂光刻胶	有机废气 酸性废气 碱性废气	醇类(单甲基醚丙二醇、异丙醇等)、酯类(丙二醇甲醚乙酸酯等)、硝酸、氢氧化钾等
	R/G/B 膜涂膜刻胶		
	保护膜生成		
	MVA 膜、PS 膜生成		
成盒工程	清洗	有机废气	*N*-甲基 2-四氢吡咯酮、丙酮等

　　LED 生产过程中产生 VOCs 的种类主要有三氯乙烯、丙二醇醚酯、异丙醇、丙酮、丁酮等，具体见表 2.48。

表 2.48　LED 生产中废气污染源与主要污染物分析表

产生的工序	污染源	主要污染物
基片处理	有机废气 酸性废气	三氯乙烯、硫酸、硝酸、氢氟酸等
外延工艺	有毒废气	氨(NH_3)、砷烷(AsH_3)、磷烷(PH_3)
光刻	有机废气	乙醇、丙酮、异丙醇、单甲基醚丙二醇、丙二醇甲醚乙酸酯、四甲基氢氧化铵等

印制电路板生产工艺中可能产生的污染源、产生污染物的工序和主要污染物分析见表 2.49。

表 2.49　印制电路板生产中废气污染源与主要污染物分析表

产生的工序		污染源	主要污染物
蚀刻工序	酸性蚀刻	酸性废气	H_2SO_4、SO_2、HCl、NO_x、HCN
	碱性蚀刻	碱性废气	NH_3
贴膜、烘干、沉铜、印刷等工序		有机废气	甲醛、醇类(乙醇、异丙醇、丁醇、丙醇)、酮类(丁酮)、酯类(乙酸乙酯、乙酸丁酯)、苯、甲苯、二甲苯等
喷锡工序		喷锡废气	松香
开料、磨板、钻孔、产品成型等工序		粉尘废气	Cu 等金属粉尘及其他无机粉尘

(3)建议的 VOCs 排放因子

根据生产过程中消耗的原辅材料量来估算 VOCs 排放量。

22. 建筑装修

(1)VOCs 排放环节

建筑装修过程 VOCs 主要是由在建筑涂料使用过程中有机溶剂的挥发所产生的。

(2)VOCs 种类

室内空气中主要的 VOCs 源见表 2.50。

表 2.50　室内空气中主要的 VOCs 源

化合物	固体材料	湿式材料
乙醛	地板材料, HVAC 系统, 木质材料	
苯	家具, 木质材料	油漆和涂料
四氯化碳		杀虫剂
氯仿		杀虫剂
乙苯	家具, 地板材料, 绝缘材料, 机器	油漆和涂料
甲醛	地板材料, 家具, HVAC 系统, 绝缘材料, 混合材料, 墙面和顶棚材料, 木质材料	油漆和涂料
二氯甲烷	家具	
萘		杀虫剂
对二氯苯	地板材料	杀虫剂
苯乙烯	地板材料, 绝缘材料, 木质材料	油漆和涂料
四氯乙烯	密封剂, 混杂材料	
甲苯	地板材料, 家具, 墙面和顶棚材料, 木质材料	胶黏剂、密封剂
三氯乙烯	家具	油漆和涂料
(邻、间、对)二甲苯	地板材料, 家具, 墙面和顶棚材料	油漆和涂料

(3)建议的 VOCs 排放因子

根据文献[12]，我国建筑装修实际施工过程中，每千克水性建筑涂料用于建筑内墙涂料可产生 0.18 kg VOCs，用于建筑其他涂料可产生 0.3 kg VOCs，假设每千克水性建筑涂料平均排放 0.24 kg VOCs，每千克油性建筑涂料产生 VOCs 量为 0.62 kg。

建筑装修施工过程的 VOCs 排放因子见表 2.51。胶黏剂的排放因子建议取为 0.13 kg/kg 消耗量。

表 2.51　建筑装修施工过程的 VOCs 排放因子

产品种类	排放因子/(kg/kg)
水性建筑涂料	0.24
油性建筑涂料	0.62
建筑胶黏剂	0.13

23. 废物处理

(1)VOCs 排放环节和 VOCs 种类

A. 市政废水

市政废水恶臭部分来源于格栅、沉砂池、污泥浓缩池等，甲苯、甲硫醚和乙硫醇为具有较强恶臭影响的物质。我国许多城市的水源水、饮用水中都检出了 VOCs 的存在。在目前饮用水中发现的 2000 多种污染物中已确认对人体健康有害的有 190 多种，且水中 VOCs 属主要类型之一。

B. 城市生活垃圾

1)填埋。国内研究人员对垃圾填埋场的挥发性有机污染物进行研究，共监测出 63 种 VOCs，如表 2.52 所示，其中有 16 种美国 EPA 优先控制污染物，这表明在垃圾填埋场空气中存在可产生"三致"作用的毒害性有机物，并使垃圾填埋场有可能成为较严重的点污染源。

表 2.52　垃圾填埋场中挥发性有机污染物测定结果($\mu g/m^3$)

化合物	含量	化合物	含量	化合物	含量
苯	52.75	苯乙烯	27.66	莰烯	14.41
甲苯	202.32	乙酰苯	—	苧烯	79.70
(m+p)-二乙苯	41.89	异丙苯	8.83	己烷	19.70
乙苯	23.38	丙苯	16.31	庚烷	1.82
1,2,4,5-四甲苯	—	萘	11.14	辛烷	0.8

续表

化合物	含量	化合物	含量	化合物	含量
1,2,3,5-四甲苯	—	1-甲基萘	—	壬烷	0.8
邻二甲苯	24.51	2-甲基萘	—	癸烷	—
1,2,3-三甲苯	101.46	一氯甲烷	4.08	十一烷	—
1,2,4-三甲苯	206.55	二氯甲烷	2.03	十二烷	—
1,3,5-三甲苯	94.03	氯仿	4.27	1,2-二乙基环戊烷	1.05
间乙基甲苯	25.67	四氯化碳	2.72	2,4-二甲基-2-硝基戊烷	—
对乙基甲苯	23.45	氯乙烯	—	己醛	—
邻乙基甲苯	33.66	三氯乙烯	7.95	2-乙基-己醛	—
特丁基苯	13.44	四氯乙烯	4.90	庚醛	—
异丁苯	—	氯苯	1.56	辛醛	—
丁基苯	7.94	1,2-二氯苯	0.88	乙酸丁酯	—
甲基异丙基苯	176.23	1,3-二氯苯	1.05	二硫化碳	—
4-乙基-1,2-二甲苯	—	1,4-二氯苯	0.46	联苯砜	—
3-乙基-1,2-二甲苯	—	1,2,4-三氯苯	—	茚	—
2-乙基-1,4-二甲苯	—	α-蒎烯	55.18	2,3-二羟基-5-甲基茚	—
甲基苯乙烯	—	β-蒎烯	12.87	2,3-二羟基-4-甲基茚	—

2) 堆肥(表 2.53)。

表 2.53　美国绿肥堆置中恶臭平均排放速率[μg/(m²·s)]

物质名称	第1日	第7日	物质名称	第1日	第7日	物质名称	第1日	第7日
甲酸	11	0.51	丙酮	0.50	6.46	己酸	18.3	5.88
乙酸	241	2.60	creolin	ND	ND	甲醛	0.35	0.63
丙酸	7.8	0.33	丙醛	4.64	0.33	乙醛	75.98	3.75
丁酸异丁酸	12.2	1.23	巴豆醛	0.75	0.44	氨	0.01	0.41
异戊酸	7.86	ND	MEK	1.19	3.76	13 种硫化合物	≤DL	
丁酸	17.1	34.8	丁醛	39.62	1.04	臭气浓度	7337	3009
异己酸	23.9	ND	戊醛	1.19	0.18			

注: DL 表示检出限

3) 焚烧。垃圾焚烧厂恶臭污染气体,主要是由混合垃圾中的有机物腐败而产生的强烈的恶臭气体,产生恶臭气体的区域主要是卸料坑、储存池、进料斗及焚烧炉车间，而厂区另外的臭源主要是垃圾运输车在运输过程中滴落的垃圾渗滤液经车轧太阳晒而散发的臭味。垃圾焚烧未完全燃烧产物主要为一氧化碳、高分子碳氢化合物和氯化芳香族碳氢化合物。

4) 农场生活垃圾。农村生活垃圾有机废弃物主要产生于厨余垃圾和秸秆类垃圾，其中厨余垃圾大部分用于家禽养殖，后将粪便还田耕作，秸秆类垃圾通过焚烧供热后，将草木灰还田耕作。

(2) 建议的 VOCs 排放因子

生活污水：根据文献[13]的测试结果，每升生活污水含有挥发性有机气体 961.8 μg。设生活污水密度为 1000 kg/m³，则生活污水的 VOCs 排放因子粗略计算为 9.618×10^{-4} g/kg 污水。

填埋：根据美国环境保护局的文章 *A laboratory study to investigate gaseous emissions and solids decomposition during composting of municipal solid wastes*，年处理量为 2.75 Mt 的垃圾填埋场中非甲烷有机化合物排放量为 55 t。可粗略得到，填埋处理的 VOCs 排放因子为 0.02 g/kg 填埋垃圾。

堆肥：堆肥过程中排放的 VOCs 随着堆肥的时间、温度、季节变化有较大波动。国内实践证明，堆肥原料的适宜水分一般在 50%～55%。根据美国环境保护局对城市固体废物堆肥设备的调查，每千克干堆肥可以排放出总量为 8.2 mg 的主要 VOCs 物质：甲苯、乙苯、二甲苯、苯乙烯、1,3,5-三甲苯、二氯苯、异丙基甲苯和萘。则 VOCs 排放因子可粗略算为 8.2×10^{-3} g/kg 干堆肥。

焚烧：根据文献[7]，VOCs 排放因子为 0.74 g/kg 生活垃圾。

24. 油烟

(1) VOCs 排放环节

烹饪过程中，食用油和食物在高温条件下，会发生热分解或裂解，形成气态、液态和固态三种有机物形态的混合体，即油烟。根据形态不同，液态和固态颗粒物的混合体称为油雾，粒径在 0.010～10 μm；气态部分则作为挥发性有机物(VOCs)排放。监测出的餐饮油烟中的 VOCs 达 300 多种，包括低碳烷烃、芳香烃、醛酮类、酯类、醇类等。

(2) VOCs 种类

1) 川菜中，烷烃占绝大部分，比例达 70% 以上，其次为烯烃，未监测出炔烃；含有少量的苯系、醛酮类及萘类；醇类较少；含有极少量的卤代烃。

2) 湘菜中，以烷烃、烯烃为主，且二者含量相近，烷烃略多于烯烃，二者共占据了总浓度的 70% 以上；监测出大量萘类有害物质，含量高达 20%；其余成分均较少。

3) 粤菜中，醇类的比例相当高，接近于 70%，为烹饪时加入的料酒；其余各组分浓度分布较均衡，其中烷烃比例较高，醛酮、苯系物浓度相近，烯烃相对较少；监测出较多卤代烃；未监测出炔烃；萘、呋喃等复杂有机物较少。

4)烤肉中，以烷烃和烯烃为主，且二者含量相近，二者浓度之和接近总浓度的 80%；醛酮、苯系物含量均较高；烯烃、醇、呋喃、萘等较少；未监测出卤代烃。

5)家常菜中，醛酮比例很高，这可能是因为采样的餐馆多使用油炸方式；苯系物次之，比例也相当高；再次为烷烃，但只占 10%左右；监测出较多卤代烃；醇类、烯烃比例均较低；未监测出炔烃、呋喃。

除烤肉之外，其他四家餐馆油烟中均监测出卤代烃，可能来自洗涤剂残余，以及水中的氯残留。

(3)建议的 VOCs 排放因子

建议我国餐饮人均年排放 VOCs 按照 3.5 g/(人·年)计算。

25. 干洗

(1)VOCs 排放环节

干洗行业 VOCs 排放来源主要是通过以下方面释放的。

衣物前处理程序：衣物干洗前先以去污溶剂喷于沾有污垢的衣物上，使衣物上的污垢溶于有机溶剂中。

清洗、溶剂脱除程序：主要的干洗程序，利用有机溶剂于干洗机内将衣物洗净，通过有机溶剂的溶解作用将衣物上的有机溶剂脱除。

烘干程序：衣物经清洗，溶剂脱除后 10%～30%的干洗溶剂残留在衣物内(残留量因衣物材质不同而有所不同)，然后利用烘干程序将残留的干洗剂去除。

整烫程序：干洗衣物送交客户前需先经整烫程序，以保持衣物平整，在整烫程序中，衣物中残留的干洗剂也会挥发出来。具体见表 2.54。

表 2.54　干洗业 VOCs 污染来源

空气污染源	排放方式
衣物前处理	有机溶剂喷洒逸散
清洗、溶剂脱除	在干洗机内脱除有机溶剂
烘干	10%～30%的有机溶剂经烘干逸散
整烫	极少量有机溶剂经整烫逸散

(2)VOCs 种类

干洗的原理是利用有机污物易溶于有机溶剂的相似相溶原理，将衣物上的有机污物溶于干洗剂，再将干洗剂蒸出，带出污物。通常使用的有机溶剂包括四氯乙烯、石油溶剂等。在干洗行业中，四氯乙烯是最常用的干洗剂，四氯乙烯将有机污物带出衣物后，若不回收利用，消耗的四氯乙烯将全部挥发到空气中，产生有机废气，成为生活面源 VOCs 的主要来源之一。

　　(3)建议的 VOCs 排放因子

　　服装干洗过程 VOCs 排放因子建议为 1000 g/kg 干洗剂。

参 考 文 献

[1]　Field R A, Goldstone M E, Lester J N, et al. The sources and behaviour of tropospheric anthropogenic volatile hydrocarbons[J]. Atmospheric Environment Part A. General Topics, 1992, 26(16): 2983-2996.

[2]　Wei W, Wang S, Chatani S, et al. Emission and speciation of non-methane volatile organic compounds from anthropogenic sources in China[J]. Atmospheric Environment, 2008, 42(20): 4976-4988.

[3]　羌宁. 全国石化行业 VOCs 排放特征研究报告[R]. 上海: 同济大学, 2010.

[4]　陈颖, 叶代启, 刘秀珍, 等. 我国工业源 VOCs 排放的源头追踪和行业特征研究[J]. 中国环境科学, 2012, 32(1): 48-55.

[5]　周震, 武兵. 印刷油墨配方设计与生产工艺[M]. 北京: 化学工业出版社, 2003.

[6]　中国轻工业联合会. 中国轻工业年鉴 2005[M]. 北京: 中国轻工业年鉴社, 2005.

[7]　Klimont Z, Streets D G, Gupta S, et al. Anthropogenic emissions of non-methane volatile organic compounds in China[J]. Atmospheric Environment, 2002, 36(8): 1309-1322.

[8]　谭美军, 王正祥, 汤建新. 聚氨酯胶粘剂在软包装复合薄膜中的应用研究[J]. 包装工程, 2003, 24(5): 44-46.

[9]　崔渤. 塑料复合软包装胶黏剂市场研究[J]. 中国包装工业, 2010(4): 20-21.

[10]　曾晋. 我国木器涂料的现状及发展趋势[J]. 中国涂料, 2002(5): 34-37.

[11]　林鸣玉. 环保型涂料在汽车工业中的应用[J]. 涂料工业, 2000(4): 12-19.

[12]　魏巍, 王书肖, 郝吉明, 等. 中国涂料应用过程挥发性有机物的排放计算及未来发展趋势预测[J]. 环境科学, 2009, 30(10): 7.

[13]　陈云霞, 游静, 陈淑莲, 等. 用吹扫捕集-热脱附-气相色谱-质谱法分析生活污水中挥发性有机物[J]. 分析测试学报, 2000, 19(1): 26-28.

第3章 典型行业 VOCs 排放特征及控制

3.1 电子设备制造业

研究团队承担了富士康(烟台)科技工业园区(主要进行电子产品制造)的废气风险隐患分析与调查工作,参与制订了广东省《电子设备制造业挥发性有机化合物排放标准》(征求意见稿),通过现场调研和监测获取了不同电子设备制造的 VOCs 产污环节,VOCs 排放成分谱特征,并对电子设备制造业在用的各种废气治理设施的处理效果进行了初步评估。

3.1.1 行业简介

电子设备制造业包含计算机制造、通信设备制造、广播电视设备制造、视听设备制造、电子器件制造和电子元件制造等[1]。涉及的电子产品范围广阔,既包括相对传统的电视机、台式电脑、数码相机、CD 播放器、音响等,也包括新兴的智能手机、平板电脑、可穿戴设备等智能电子产品,还包括集成电路、光电子器件、印制电路板等电子元器件。

近年来,随着科技的进步,电子设备制造业的产业规模、产业结构、技术水平均得到大幅提升,我国电子产业规模由数百亿元扩大到数万亿元,2015 年达 20100 亿元人民币。

巨大的产业增长也带来了较大的环境污染,电子设备制造业并非传统意义上的重点控制行业,但其制造过程中涉及多个有机溶剂使用环节,且多属于产业链的下游[2],在我国某些城市分布较为集中,因此该行业 VOCs 排放对环境空气质量及公众健康造成的影响不容忽视。

3.1.2 VOCs 产污环节

电子设备种类繁多,不同产品的生产工艺各不相同,VOCs 排放分散、特定工艺排放浓度高[3]。主要的产污环节一般为使用有机溶剂进行印刷、清洗、喷涂等环节,VOCs 主要通过车间无组织排放和排气筒有组织排放,其中无组织排放占比巨大,达 80%或以上。本节以印制电路板、半导体器件、显示器件、光电子器件及电子终端产品等为例,分述其产品生产工艺及 VOCs 的产生环节。

1. 印制电路板

印制电路板(printed circuit board，PCB)是信息产业中重要的电子材料之一，属于电子元件的一种。在电子设备中，小到电子手表、计算器、通用电脑，大到计算机、通信电子设备、军用武器系统，只要有集成电路等电子器件，它们之间电气互连都要用到 PCB。它提供集成电路等各种电子元器件固定装配的机械支撑，实现集成电路等各种电子元器件之间的布线和电气连接或电绝缘，提供所要求的电气特性，如特性阻抗等。同时，它还为自动锡焊提供阻焊图形，为元器件插装、检查、维修提供识别字符和图形。

它有许多种类规格，根据印制板中导线图形层数不同有单面(仅一层线路)、双面(有二层线路)和多层(有三层以上线路)，刚性和挠性板都有不同层数。印制电路板典型生产工艺流程有单面印制电路板典型生产工艺、双面印制电路板典型生产工艺和多层印制电路板典型生产工艺。

在单面、双面和多面印制电路板制作工艺中，产生的 VOCs 工艺环节相对较集中，主要为印刷、喷油、烘烤、绿油前处理、绿油显影、阻焊、涂膜和字符等工艺过程中的油墨，以及天那水、防白水等稀释剂的使用排放。

2. 半导体器件

半导体器件生产中排放的 VOCs 主要来源于光刻、显影、刻蚀及扩散等工序，在这些工序中要用有机溶液(如异丙醇)对晶片表面进行清洗，其挥发产生的废气是 VOCs 的来源之一；同时，在光刻、刻蚀等过程中使用的光阻剂(光刻胶)中含有易挥发的有机溶剂，如乙酸丁酯等，在晶片处理过程中也要挥发到大气中，是 VOCs 产生的又一来源。在半导体器件晶体外延、干法刻蚀(DE)及 CVD 等工序中，要使用到多种高纯特殊气体对晶片进行处理，如硅烷(SiH_4)、磷烷(PH_3)、四氟化碳(CF_4)、硼烷、三氯化硼等，部分特殊气体具有毒害性、窒息性及腐蚀性。因此，在这些过程中产生有毒 VOCs。

3. 显示器件

显示器件是基于电子手段呈现信息供视觉感受的器件，包括薄膜晶体管液晶显示器件(TN/STN-LCD，TFT-LCD)、场发射显示器件(FED)、真空荧光显示器件(VFD)、有机发光二极管显示器件(OLED)、等离子显示器件(PDP)、发光二极管显示器件(LED)、曲面显示器件及柔性显示器件等。

从产生污染的角度而言，具有代表性的产品为 TFT-LCD，占平板显示器份额的 80%以上。包括检查和测试在内，TFT-LCD 的制造生产工艺可达到 100 多道工序，生产过程中使用多种化学有机溶剂、特殊气体和配套动力，因此产生的 VOCs

有气体量大、组分复杂等特点。

TFT 液晶面板生产排放 VOCs 污染物的工序主要集中在阵列工程和彩膜工程两大部分[2]。阵列工程中的光刻(涂胶、曝光和显影)，以及彩膜工程中的黑色矩阵 BM 膜制造、彩色矩阵膜形成(红、绿、蓝，RGB)、保护膜生成、MVA 膜生成、PS(Photo Spacer)膜生成是产生 VOCs 的主要工艺。同时，在成盒工程中清洗工序使用的有机溶剂挥发也会产生少量的 VOCs。

4. 光电子器件

光电子器件包括电子束光电子器件中的光电管、光电倍增管、X 射线图像增强管、电子倍管、摄像管、光电图像器件等，电真空光电子器件中的显示器件、发光器件、光敏器件、光电耦合器件、红外器件等，半导体光电器件中的光电转换器、光电探测器等，激光器件中的气体激光器件、半导体激光器件、固体激光器件、静电感应器件等，以及光通信电路及其他器件。光电子生产的产品众多，每种产品的生产工艺不尽相同。综合来看，具有代表性的产品是发光二极管显示器件(LED)。

LED 是由 GaAs(砷化镓)、GaP(磷化镓)、GaAsP(磷砷化镓)等金属有机化合物半导体材料制作而成，其核心是在蓝宝石(或 GaN)基衬底上生长出 PN 结后，将衬底切除再连接上导电材料，制造出上下电极结构的 LED 管芯。

LED 电子组件生产产生的 VOCs 污染物主要来源于外延生长、光刻、刻蚀、减薄等生产过程。

5. 电子终端产品

电子终端产品(整机)都是以先进的零部组件和电子系统技术为基础，逐步发展起来的，尽管范围广、种类多，究其产品共同特征表现为

$$电子终端产品=印制电路板+结构件+显示器/屏+机壳$$

在电子终端产品制造中，VOCs 的主要来源包括电路板清洗剂有机废气(使用有机溶剂型清洗剂)、电路板三防喷漆废气、机壳(机箱)喷漆废气、机壳注塑废气。这些废气均来自工位上的局部排风系统，特点是排风量大、浓度低。此外，在电子焊接作业的回流焊炉、波峰焊炉及手工焊中还会产生焊锡烟气(Sn、Pb)。

3.1.3　VOCs 成分谱排放特征

1. 印制电路板

印制电路板制造过程中 VOCs 的污染排放主要在贴膜、烘干、沉铜、印刷等

工序中，VOCs 排放种类主要有甲醛、醇类(乙醇、异丙醇、丁醇、丙醇)、酮类(丁酮)、酯类(乙酸乙酯、乙酸丁酯)、甲苯、二甲苯等。根据实地监测分析结果，得到印制电路板生产线的排气筒和车间废气的 VOCs 含量水平及成分谱特征如表 3.1 和图 3.1[4]所示。

表 3.1　印制电路板生产中排气筒排放 VOCs 成分谱特征

物种名称	浓度/(mg/m³)	
	防焊预烤排气筒出口	防焊后烤排气筒出口
二甲苯	0.09	0.24
乙二醇丁醚	0.53	0.07
辛醇	0.40	0.21
三甲苯	0.89	0.30
乙基甲基苯	1.25	0.54
乙烯基甲基苯	NA	0.15
异丙基甲基苯	2.87	1.11
二甲基乙基苯	3.66	2.20
四甲苯	1.67	1.26
VOCs	11.36	6.08

注：NA 表示该环节未检出这种物质

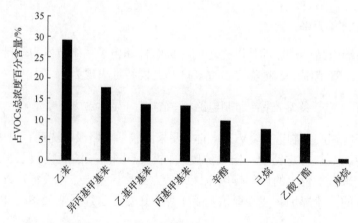

图 3.1　防焊车间 VOCs 分物种浓度占 VOCs 总浓度百分含量

　　由于防焊油墨用量少，防焊车间 VOCs 浓度也较低，对某企业印制电路板生产线进行实地监测，防焊车间 VOCs 浓度为 1.76 mg/m³，共检测到 8 种物质，包括苯类 6 种、醚类 1 种、醇类 1 种，其中苯类浓度最高，占 VOCs 的 75%，与对应排气筒排放废气成分基本一致。

对于印制电路板，VOCs 排放因子为 0.123 kg/kg 油墨，分物种中排放因子较大的为二甲基乙基苯和四甲苯，分别为 0.028 kg/kg 油墨和 0.026 kg/kg 油墨。车间无组织排放量为排气筒排放量的 5.34 倍，占总排放量的 84.23%，为主要排放方式，详细数据见表 3.2。

表 3.2　印制电路板 VOCs 分物种排放量及排放因子

VOCs	排气筒排放量/(kg/d)	车间无组织排放量/(kg/d)	总排放量/(kg/d)	排放因子/(kg/kg)
二甲苯	0.111	3.367	3.478	0.012
乙二醇丁醚	0.201	4.076	4.277	0.014
辛醇	0.204	3.722	3.926	0.013
三甲苯	0.398	0	0.398	0.001
乙基甲基苯	0.599	3.367	3.966	0.013
乙烯基甲苯	0.050	0.532	0.582	0.002
异丙基甲基苯	1.333	2.658	3.991	0.013
二甲基乙基苯	1.962	6.557	8.519	0.028
四甲苯	0.981	6.911	7.892	0.026
VOCs	5.840	31.190	37.030	0.123

注：活动水平为油墨使用量

2. 电子终端产品

电子终端产品制造过程中的 VOCs 排放主要通过车间无组织排放和排气筒有组织排放。其中车间主要包括喷漆车间和调供漆车间。电路板三防喷漆一般使用聚氨酯类清漆，电子终端产品特别是家电产品的机壳表面涂装以使用环氧树脂涂料、聚氨酯涂料居多，所含有机溶剂及其使用的稀料主要有二甲苯、乙酸丁酯、环己酮、丁醇、丙酮、醇醚类等，脱漆剂使用二氯甲烷。塑料机壳(机箱)成型注塑作业封闭，设置有局部排风系统排出含热废气。机壳(机箱)喷塑作业，一般均采用粉末回收闭路循环系统，不外排含尘废气。固化工序有局部排风系统外排含热废气，粉末树脂涂料中含有胺类(如双氰胺)、酰胺类(如己二酸二酰肼)、酚类、有机酸(酐)类、有机酸盐及其加成物类等的固化剂。

电子终端产品制造业可能产生的污染源、产生污染物的工序和主要污染物分析见表 3.3。

表 3.3　电子终端产品生产中废气污染源与主要污染物分析表

产生的工序	污染源	主要污染物
电路板清洗机	有机废气	三氯乙烯、二氯甲烷、丙酮、乙醇、异丙醇等
喷漆室、烘干室	喷漆废气	漆雾、二甲苯、甲苯、苯、环己酮、乙酸丁酯等
注塑机	注塑废气	ABS 塑料、聚乙烯、聚苯乙烯、尼龙等，以颗粒物形式排放几乎全部回收，不产生 VOCs
固化室	喷塑废气	环氧树脂、聚氨酯树脂类、胺类等，产生 VOCs 极少
回流焊/波峰焊/手工焊	焊锡烟气	Sn、Pb 及其化合物

电子终端产品中，销售量最高的为手机、相机及电脑。对典型手机、相机和电脑的生产企业喷涂车间、调供漆车间及排气筒进行实地监测分析，其 VOCs 成分谱特征如表 3.4 和表 3.5 所示[2]。

表 3.4　两种车间 VOCs 物种成分谱（mg/m^3）

VOCs 物种	手机 喷涂	手机 调、供漆	相机 喷涂	相机 调、供漆	电脑 喷涂	电脑 调、供漆
苯	0.58	0.65	NA	NA	NA	NA
丙酮	NA	NA	25.39	3.79	NA	NA
甲基环己烷	10.62	17.23	NA	NA	NA	NA
甲基异丁基甲酮	2.53	4.57	NA	NA	NA	NA
乙酸乙酯	18.57	58.10	37.91	10.39	23.72	75.86
异丙醇	NA	NA	11.16	NA	62.26	5.58
丁醇	NA	NA	42.24	NA	NA	NA
环己烷	2.58	4.92	NA	27.94	4.08	3.58
庚烷	NA	NA	23.87	18.21	NA	NA
丙烯酸乙酯	NA	NA	NA	NA	1.18	1.51
甲基乙基酮	NA	NA	NA	NA	33.32	30.52
甲基戊酮	NA	NA	63.89	23.03	NA	NA
甲苯	2.80	4.56	67.59	64.29	89.73	26.30
乙酸丁酯	4.67	12.69	8.55	3.22	7.13	4.50
丙烯酸丁酯	NA	NA	NA	NA	0.92	NA
二甲苯	0.66	0.28	23.25	11.21	NA	NA
环己酮	NA	NA	18.49	10.63	NA	NA
总 VOCs	43.01	103	322.34	172.71	222.34	147.85

注：表中浓度为平行样平均值，平行样偏差范围小于 2.5%；NA 表示该环节未检出这种物质

表 3.5　排气筒 VOCs 物种成分谱(mg/m³)

VOCs 物种	手机	相机	电脑
乙酸乙酯	29.45	NA	45.63
乙二醇单乙醚	NA	58.01	NA
甲基环己烷	2.58	6.05	NA
丙烯酸乙酯	NA	NA	1.54
甲基乙基酮	NA	32.3	42.8
甲苯	2.36	41.19	53.83
乙酸丁酯	11.99	9.71	8.37
丙烯酸丁酯	NA	NA	0.95
二甲苯	1.63	3.36	NA
环己酮	NA	2.23	NA
三甲苯	NA	2.53	0.77
总 VOCs	48.01	155.38	153.89

不同产品其喷涂车间 VOCs 浓度及物种均有较大差异，手机喷涂车间以酯类为主，相机喷涂车间以酮类和苯系物为主，电脑喷涂车间则主要为苯系物，究其原因，手机喷涂所使用的有机溶剂主要为天那水，而相机、电脑所使用有机溶剂则以苯系物溶剂为主。地域不同产品溶剂使用种类不尽相同，由于对人体健康的威胁，苯系物已逐渐被淘汰，而酯类和酮类等物质在近年来作为苯系物溶剂的替代成分，其使用量大大增加。不同种类产品其调、供漆车间总 VOCs 浓度差别不大；相机、笔记本电脑的调、供漆车间浓度相对于喷涂车间浓度较低，原因是这两家企业对调漆、供漆车间的有机溶剂均做了加盖处理，VOCs 的逸散程度较低；在 VOCs 物种组成方面，各类产品调、供漆车间的物种基本与其喷涂车间物种保持一致，个别物种仅在喷涂车间出现，如相机喷涂车间中的异丙醇和丁醇，可能原因是部分车间管理不规范，有机溶剂直接在喷涂车间调配、添加而非调漆室。

电子产品加工过程中由于工艺需要，对生产线内所有喷涂室和相应调、供漆室进行供风和排风设置，不同企业的收集及处理方式不同。本研究中，三类产品排气筒的 VOCs 物种为 5~8 种，主要为乙酸乙酯和苯系物，比车间成分简单，分析其原因可能是部分物种经过管道流动逸散或者被处理设施完全处理；且相比于排气筒，车间采样条件较好，采样时间长，部分量少的物质易被吸附装置完全吸附。

3.1.4　行业 VOCs 控制对策

　　近几年，电子设备制造业不断开发出清洁生产工艺，行业生产的装备水平与污染治理水平在许多方面已有较大发展，在电子设备制造企业的调研和监测中发现，企业已经用到了水帘柜、水喷淋、活性炭吸附、蓄热式热力焚烧技术(RTO)、低温等离子除臭器等污染控制技术，或者这些技术的组合使用。部分电子企业生产排污环节及污染防治措施见表 3.6。

表 3.6　部分电子设备制造企业生产排污环节及污染防治措施

企业代号	产污环节	治污设施
E01 公司	喷油、烘烤	RTO 燃烧炉
E02 公司	表面喷涂	水帘柜+洗涤塔+活性炭吸附+低温催化剂、脱附燃烧
E03 公司	涂装工序	等离子多级电场静电吸油器+往返式冷却清洗净化塔+除雾箱+臭气吸收塔+脱液箱+低温等离子除臭器+活性炭吸附
E04 公司	镜头镀膜、洗镜头	活性炭吸附+水喷淋
E05 公司	喷涂手机按键	水喷淋+活性炭吸附
E06 公司	机壳喷涂、设备维修	旋流塔+活性炭塔
E07 公司	涂装、印刷	活性炭吸附+脱附燃烧、水喷淋+活性炭吸附
E08 公司	喷漆清理	水喷淋+活性炭吸附、滤芯回收
E09 公司	防焊印刷	水喷淋+活性炭吸附
E10 公司	清洗、PI 印刷	活性炭吸附
E12 公司	丝印、绿油前处理、绿油显影	化学喷淋+活性炭吸附
E13 公司	阻焊、涂膜	活性炭吸附、隔油过滤器+抽屉式活性炭吸附净化
E14 公司	清洗	超小型氧化反应(NCCO)过滤吸附法、活性炭吸附
E15 公司	印刷、烤箱房	水喷淋+活性炭吸附
E16 公司	喷涂、烘烤	吸附
E17 公司	设备维修	无
E18 公司	表面喷涂、丝印	水帘活性炭

当前我国 VOCs 净化处理技术、设施方面的经验也都逐步成熟，电子设备制造业 VOCs 污染治理已经取得一定成效。活性炭吸附工艺是电子设备制造业最常用的 VOCs 去除工艺，对部分电子设备制造企业进行 VOCs 去除效率调查，在涂装或者喷涂车间排气筒出口、尾气 VOCs 处理设施进出口等开展监测，企业有机废气处理设施(排气筒)进口 VOCs 浓度范围在 16.5～1293.86 mg/m³，(排气筒)出口 VOCs 浓度范围在 8.6～353.9 mg/m³，VOCs 浓度减幅范围在 8.41～939.96 mg/m³，净化处理设施有运行的企业，有机废气处理可以得到一定的效果，浓度减幅达到 14.8%～72.6%，详情如图 3.2 所示。

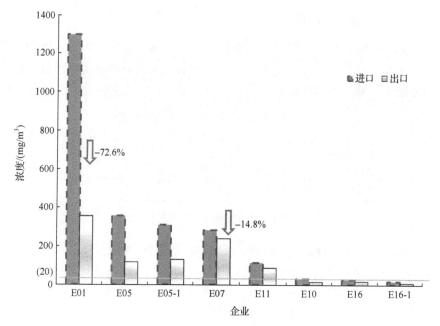

图 3.2　电子设备制造企业废气处理设施 VOCs 去除效果

电子设备制造不同环节的 VOCs 控制技术具体分为以下几种。

清洗有机废气 VOCs 控制技术：电路板清洗使用三氯乙烯、二氯甲烷、乙醇、异丙醇等有机溶剂，在超声波清洗机工位上设置局部排风系统(由抽风罩、管道、风机和排气筒组成)，早期直接排放，现在通常采用固定床活性炭吸附装置处理后排放，净化效率可达到 90%以上。活性炭吸附饱和后再生，如果用蒸汽再生，再生后冷却分离回收，如果用热风再生后可燃烧，净化处理流程如图 3.3 所示。主要设备是活性炭吸收塔。

喷漆苯类废气 VOCs 控制技术：也采用上述活性炭吸附工艺方法，还可以采用下列方法。

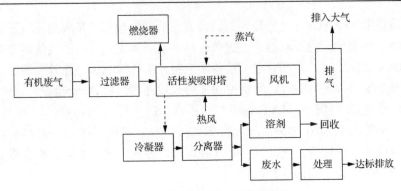

图 3.3　活性炭吸附工艺流程简图

简单的水帘吸收法：主要设备水帘柜，去除初颗粒漆雾，VOCs 总去除效率为 10%～15%，尾液基本上是进入企业的废水处理系统处理至达标排放，珠三角电子设备制造厂基本上建有该处理设施并且长期运行。工艺流程简图见图 3.4。

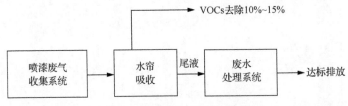

图 3.4　水帘吸收工艺流程简图

药剂吸收法：主要设备是吸收塔，去除初颗粒漆雾，VOCs 总去除效率为 85% 以上，尾液进入企业的废水处理系统(无厌氧工艺增加)处理至达标排放，该技术为新技术，近期才开始在电子设备制造厂应用。工艺流程简图见图 3.5。

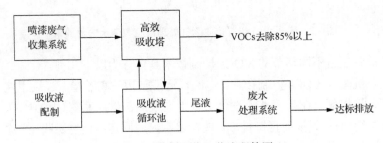

图 3.5　药剂吸收工艺流程简图

直接催化燃烧法净化处理装置：直接催化燃烧法主要是应用于小风量、中高浓度的含苯有机废气的净化，如清漆烘干室废气的处理，常用的设备是固定床催化燃烧反应器，结构形式有管式反应器、搁板式反应器和径向反应器等。净化处理流程如图 3.6 所示，催化燃烧法净化效率可达到 90%以上。

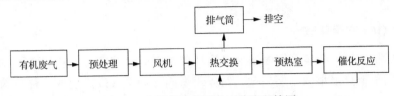

图 3.6　直接催化燃烧法工艺流程简图

简单的水帘吸收+吸附组合法：主要设备是水帘柜、吸附塔、蒸汽再生的冷却回收设备、热风再生的燃烧设备，VOCs 总去除效率为 90%以上，水帘柜吸收的尾液进入企业的废水处理系统处理至达标排放。该技术中水帘吸收单元长期运行，大多企业吸附单元运行率低，吸附饱和后再生少。工艺流程简图见图 3.7。其中吸附浓缩燃烧包括吸附浓缩直接燃烧、吸附浓缩催化燃烧、吸附浓缩蓄热燃烧等。

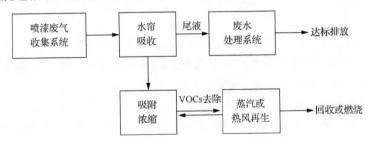

图 3.7　水帘吸收+吸附组合工艺流程简图

3.2　汽车制造业

作者所在研究团队主持制定了广东省地方标准《表面涂装(汽车制造业)挥发性有机化合物排放标准》(DB 44/816—2010)，这是国内第一个针对汽车制造业的排放标准，之后上海、北京、天津、重庆、江苏相继制定的相关标准均参考了广东省标准的第Ⅱ时段的 VOCs 排放限值。课题组长期与广汽丰田等进行深度合作，进行厂区有机废气的调查分析及防患工作，此外针对汽车制造业的 VOCs 排放特点，课题组设计了相关废气处理设施并进行实际工程应用。

3.2.1　行业简介

我国汽车市场由高速增长期步入到了平稳发展期，走势依然理性健康[5]。根据国家统计局数据显示，我国汽车年产量持续平稳增长，2013 年首次突破 2000 万辆，2015 年我国汽车产量超过 2450 万辆[6]。与此同时，汽车涂料市场也将跟随汽车市场走势步入平稳发展期，我国汽车制造业排放的 VOCs 总量预测平稳增长[5]。但若不加处理直接排放进入大气，会给环境和人体健康带来巨大危害。因此还需对汽车涂装行业 VOCs 排放特征进行研究，并对 VOCs 排放严加管控。

3.2.2 VOCs 产污环节

汽车制造中,最显著的 VOCs 产污环节是汽车涂装环节,汽车涂装是将涂料施涂到汽车车身上形成一层薄膜,薄膜干燥固化后形成硬涂层的一种技术[7]。虽然由于涂料、涂装设备及汽车车型不同,涂装工艺有一定差别,但基本上汽车涂装工艺工序可以分为涂装前处理、底漆、面漆喷涂、烘干等主要工序。汽车涂装工艺过程中 VOCs 主要产生于电泳底漆、中涂和面漆的喷涂及烘干过程和塑料件加工的涂漆工序。在中涂和面漆喷漆过程中,80%~90%的 VOCs 在喷漆室和流平室排放,10%~20%的 VOCs 随车身涂膜在烘干室中排放[8]。汽车涂装产生的有机废气具有大风量、中低浓度的特点。具体不同车间的 VOCs 排放如下所述。

1. 喷漆室

喷漆室排放废气中主要有害成分为喷漆过程中挥发的有机溶剂,主要包括芳香烃、醇醚类和酯类有机溶剂。由于喷漆室的排风量很大,所以排放废气中的有机物总浓度很低,通常在 100 mg/m^3 以下。另外,喷漆室的排气中经常还含有少量未处理完全的漆雾,特别是干式漆雾捕集喷漆室,排气中漆雾较多,废气处理前须经预处理,避免废气中的颗粒物堵塞废气吸附材料,导致吸附材料快速失效。

2. 流平室

晾置室排放废气的成分与喷漆室排放废气的成分相近,但不含漆雾。有机废气的总浓度比喷漆室废气偏大,根据排风量大小不同,一般为喷漆室废气浓度的 2 倍左右。通常与喷漆室排风混合后集中处理。

3. 烘干室

烘干废气的成分比较复杂,除有机溶剂、部分增塑剂或树脂单体等挥发成分外,还包含热分解生成物和反应生成物。烘干电泳涂料和溶剂型涂料时均有废气排出,但成分与浓度差别较大。电泳涂料属于水性涂料,但其烘干废气中仍含有较多的有机成分。除电泳涂料本身含有少量的醇醚类有机物外,还包含烘干过程中的热分解生成物(如醛酮类小分子)。另外,电泳烘干废气中还包含封闭的异氰酸酯固化剂在烘干时发生解封反释放的小分子封闭剂,如甲乙酮肟和多种醇、醚类混合物。电泳烘干废气中的总有机物浓度一般在 500~1000 mg/m^3,比溶剂型涂料的烘干废气低一些。

3.2.3 VOCs 成分谱排放特征

汽车制造业排放的 VOCs 中 60%来自于喷漆室。另外,调漆、维修打胶、打蜡修补也有部分贡献。各工序 VOCs 排放成分谱，因原料不同而有所区别，但主要物种类别仍以芳香烃和含氧 VOCs 为主。图 3.8 为汽车整车制造过程中 VOCs 分类排放特征，其中芳香烃和 OVOCs 贡献最大，分别为 63.7%和 23%。其次为烷烃和烯烃，占总排放量分别为 7.6%和 5.4%，除此之外，还包括其他 VOCs 物种，仅占总量的 0.3%。汽车制造综合主要排放物种及各分工序主要物种排放情况如表 3.7 所示。汽车整车制造中，主要芳香烃污染物为 1,2,4-三甲苯、间/对二甲苯、乙苯、间乙基甲苯、1,3,5-三甲苯、邻二甲苯、1,2,3-三甲苯、对乙基甲苯等，OVOCs 主要成分为乙酸丁酯和丙二醇甲醚乙酸酯两种物种，这两种成分是汽车制造过程涂料和稀释剂的常用物质。

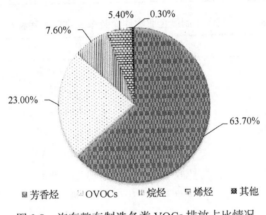

图 3.8　汽车整车制造各类 VOCs 排放占比情况

表 3.7　汽车各工序 VOCs 物种排放特征

工序	主要 VOCs 物种
车体涂装	1,1,2-三氟-1,2,2-三氯乙烷、甲基叔丁基醚(MTBE)、顺式-1,2-氯乙烯、苯、环己烷、异辛烷、1,2-二氯丙烷、1,1,2-三氯乙烷、苯乙烯、对甲基乙基苯、1,3,5-三甲苯、1,2,4-三甲苯、氯化苄等
零件涂装	氯乙烯、三氯氟甲烷、丙酮、1,1,2-三氟-1,2,2-三氯乙烷、正己烷、苯、环己烷、异辛烷、1,2-二氯丙烷、苯乙烯、1,1,2,2-四氯乙烷、对甲基乙基苯、1,3,5-三甲苯、1,2,4-三甲苯、氯化苄等
喷蜡车间	溴甲烷、氯乙烷、溴乙烯、丙酮、1,1,2-三氟-1,2,2-三氯乙烷、甲基叔丁基醚(MTBE)、正己烷、苯、环己烷、异辛烷、1,2-二氯丙烷、1,3-二氯丙烯、乙苯、间二甲苯、对二甲苯、苯乙烯、对甲基乙基苯、1,3,5-三甲苯、1,2,4-三甲苯、氯化苄、1,4-二氯苯、1,2-二氯苯等
烘干车间	丙烯、1,3-丁二烯、氯乙烷、丙酮、异丙醇、二氯甲烷、乙酸乙烯酯、正己烷、乙酸乙酯、四氢呋喃、苯、环己烷、异辛烷、正庚烷、1,2-二氯丙烷、溴二氯甲烷、甲基异丁基酮、顺-1,3-二氯丙烯、己酮、对二甲苯、苯乙烯、对甲基乙基苯、1,3,5-三甲苯、1,2,4-三甲苯、氯化苄等

表 3.8～表 3.11 为汽车制造业不同生产环节排气筒排放的 VOCs 物种成分谱，由表可以看到，不同生产环节中三甲苯的占比最高，零件涂装车间占比高达 83%，喷蜡环节环己烷占比最高，为 27.66%。

表3.8　某汽车制造企业车体涂装车间排气筒物种组成

物种名称	物种占比/%	物种名称	物种占比/%
1,1,2-三氟-1,2,2-三氯乙烷	0.03	1,1,2-三氯乙烷	0.02
甲基叔丁基醚(MTBE)	0.09	苯乙烯	0.27
顺式-1,2-氯乙烯	0.04	对甲基乙基苯	6.42
苯	0.01	1,3,5-三甲苯	6.70
环己烷	0.02	1,2,4-三甲苯	74.80
异辛烷	4.89	氯化苄	6.64
1,2-二氯丙烷	0.04		

表3.9　某汽车制造企业零件涂装车间排气筒物种组成

物种名称	物种占比/%	物种名称	物种占比/%
氯乙烯	0.01	1,2-二氯丙烷	0.13
三氯氟甲烷	0.08	苯乙烯	0.57
丙酮	0.92	1,1,2,2-四氯乙烷	0.02
1,1,2-三氟-1,2,2-三氯乙烷	0.01	对甲基乙基苯	5.82
正己烷	0.02	1,3,5-三甲苯	6.07
苯	0.47	1,2,4-三甲苯	77.19
环己烷	0.49	氯化苄	4.79
异辛烷	3.38		

表3.10　某汽车制造企业喷蜡车间排气筒物种组成

物种名称	物种占比/%	物种名称	物种占比/%
溴甲烷	0.10	1,3-二氯丙烯	0.07
氯乙烯	0.24	乙苯	0.24
溴乙烯	0.05	间二甲苯	0.16
丙酮	17.59	对二甲苯	0.45
1,1,2-三氟-1,2,2-三氯乙烷	12.17	苯乙烯	1.33
甲基叔丁基醚(MTBE)	0.10	对甲基乙基苯	3.49
正己烷	4.11	1,3,5-三甲苯	3.64
苯	0.08	1,2,4-三甲苯	25.57
环己烷	27.66	氯化苄	1.23
异辛烷	1.53	1,4-二氯苯	0.03
1,2-二氯丙烷	0.10	1,2-二氯苯	0.06

表 3.11 某汽车制造企业烘干车间排气筒物种组成

物种名称	物种占比/%	物种名称	物种占比/%
丙烯	0.01	正庚烷	3.76
1,3-丁二烯	29.67	1,2-二氯丙烷	0.89
氯乙烷	0.02	溴二氯甲烷	0.04
丙酮	8.82	甲基异丁基酮	2.75
异丙醇	7.23	顺-1,3-二氯丙烯	0.07
二氯甲烷	3.01	己酮	24.09
乙酸乙烯酯	0.74	对二甲苯	0.01
正己烷	5.84	苯乙烯	0.27
乙酸乙酯	0.46	对甲基乙基苯	0.50
四氢呋喃	0.54	1,3,5-三甲苯	0.52
苯	0.27	1,2,4-三甲苯	5.88
环己烷	4.01	氯化苄	0.44
异辛烷	0.01		

3.2.4 行业 VOCs 控制对策

汽车制造业是典型的 VOCs 排放行业，一直以来，国内外对其 VOCs 排放控制都比较重视，与该行业相关的控制政策的研究和控制技术的研发也较多，以下从排放标准和控制技术两方面介绍汽车制造业的 VOCs 控制对策。

1. 行业 VOCs 排放标准

从 2006 年起，国家开始制定与汽车制造业相关的 VOCs 控制政策，2006 年国家环境保护部出台《清洁生产标准汽车制造业(涂装)》行业标准(HJ/T 293—2006)，首次对汽车制造业 VOCs 排放设置限值，规定了不同涂层类别的单位涂装面积 VOCs 排放总量限值(g/m^2)，见表 3.12。2009 年，为了从源头减少 VOCs 的排放，国家颁发《汽车涂料中有害物质限量》(GB 24409—2009)，把汽车涂料细分为两类：A 类为溶剂型涂料，分为热塑型、单组分交联型和双组分交联型；B 类为水性(含电泳涂料)，并对涂料中 VOCs 的含量设置了限值，并对部分 VOCs 物种也设置了直接的限值。随后，各地政府纷纷制定并出台了相关的汽车制造业(或工业涂装)大气污染物排放标准，对该行业的 VOCs 排放进行控制，2010 年广东省率先出台了《表面涂装(汽车制造业)挥发性有机化合物排放标准》规定，随后，上海、天津、北京、重庆、江苏也纷纷颁布了汽车制造业大气污染物排放标准，详情见表 3.13。

表 3.12　国家汽车涂装清洁生产标准单位涂装面积 VOCs 排放总量限值 (g/m²)

涂层类别	一级	二级	三级	备注
2C2B 涂层	≤30	≤50	≤70	
3C3B 涂层	≤40	≤60	≤80	一级为国际清洁生产先进水平
4C4B 涂层	≤50	≤70	≤90	二级为国内清洁生产先进水平
5C5B 涂层	≤60	≤80	≤100	三级为国内清洁生产基本水平

表 3.13　我国已有汽车制造业相关大气污染物排放标准汇总

地区	标准号	标准名称	颁布年份
广东省	DB 44/816	表面涂装 (汽车制造业) 挥发性有机化合物排放标准	2010
上海市	DB 31/859	汽车制造业 (涂装) 大气污染物排放标准	2014
天津市	DB 12/524	工业企业挥发性有机物排放控制标准 (汽车维修与制造)	2014
北京市	DB 11/1227	汽车整车制造业 (涂装工序) 大气污染物排放标准	2015
重庆市	DB 50/577	汽车整车制造表面涂装大气污染物排放标准	2015
江苏省	DB 32/2862	表面涂装 (汽车制造业) 挥发性有机物排放标准	2016

2. 行业 VOCs 控制技术

随着行业排放标准的不断收严，汽车制造业的 VOCs 控制技术也需要不断更新加强，总体分为源头控制技术、过程控制技术和末端控制技术。

(1) 源头控制技术

从 20 世纪 90 年代开始，欧美汽车厂为了达到日益严格的环保标准，采用环保型低 VOCs 涂料如水性涂料、粉末涂料、高固体分涂料替代传统的有机溶剂型汽车涂料。当前，欧美国家所有新建涂装线底涂全部采用了电泳底漆或粉末涂料，中涂采用水性涂料或粉末涂料，面涂采用水性底色加高固体分清漆。日本也在积极开发和推广水性涂料、高固体分及超高固体分罩光漆。

相比之下，由于存在水性涂料等环保涂料成本高、设备投资大、能耗等多方面的制约因素，我国汽车涂料应用向低 VOCs 涂料发展才刚刚开始。当前，我国国内汽车车身涂装除了底涂工序普遍采用阴极电泳漆，已基本实现水性涂料化[9]。在中涂、面涂工序，目前国内企业主要采用溶剂型中涂漆和溶剂型面漆。部分汽车企业中涂开始应用水性涂料和粉末涂料，底色面漆采用水性涂料。

采用水性涂料、粉末涂料、高固体分涂料等环保型涂料可以大大降低涂装过程的 VOCs 排放量[10, 11]。不同类型的中涂、底色漆、罩光清漆配套成的各种车身涂装工艺体系的 VOCs 排放量参见表 3.14。汽车车身涂装采用传统涂装，即阴极电泳底漆+中涂、面漆为溶剂型涂料涂装时，VOCs 排出量为 120 g/m²；水性涂料各层，仅罩光漆仍用传统的有机溶剂型清漆，VOCs 排出量为 34 g/m²；从底到面均用水性涂料，VOCs 排出量为 28 g/m²；水性涂料各层，仅罩光用粉末清漆，VOCs 排出量为 20 g/m²。

表 3.14　不同涂装工艺体系的 VOCs 排放量对比

项目	电泳	中涂	底色漆	罩光清漆	VOCs 排出量/(g/m²)
工艺体系 1	CED	溶剂型	溶剂型	单组分溶剂型	120
工艺体系 2	CED	溶剂型	水性	双组分溶剂型	40
工艺体系 3	CED	水性	水性	双组分溶剂型	34
工艺体系 4	CED	水性	水性	水性	28
工艺体系 5	CED	粉末	水性	粉末	<20

(2)过程控制技术

涂装工艺是在涂装生产过程中，对于涂装需要的材料、设备、环境等要素的结合方式及运作状态的要求、设计和规定。当前国内外发展和应用了一些环保型的新工艺，能够降低 VOCs 的排放量，如"三涂层一烘干"(3C1B)工艺、二次电泳工艺、敷膜技术制造的塑料覆盖件、多功能色漆涂装工艺等[12]。

1)"3C1B"工艺。目前，"3C1B"是一种比较先进的涂装工艺。该工艺将"三涂层二烘干"(3C2B)传统车身涂装工艺简化，从中涂层漆开始，金属底色漆、罩光清漆三层涂层在湿态连续涂装后一起烘干，取消中涂漆烘干工序的工艺。该工艺已于 2002 年在日本涂装线上投入使用。与传统涂装工艺相比，该工艺可以节省 15%~20%的总能耗，大幅降低涂料使用量，使得涂装加工区总体成本降低 25%。同时，其 VOCs 排放量削减 45%以上，在使用溶剂型涂料时也能达到欧洲的 VOCs 排放限制水准(35 g/m² 以下)。

2)二次电泳工艺。二次电泳工艺采用两涂层电泳材料，首涂层(10~20 μm)防腐、有导电性、极高的透力，第二层电泳(35~40 μm)有抗石击能力、卓越的外观、零 VOCs、抗紫外线/有足够的遮盖力、无泳透力，完全替代中涂，可节省费用的 48%，减少了维修频次及传统中涂的漆渣和 VOCs 排放。

3)敷膜技术制造的塑料覆盖件。敷膜技术主要应用于塑料件生产。汽车车身骨架采用传统冲压焊装工艺制造，涂装车间只对车身骨架进行涂装，面漆采用粉末喷涂技术。由于车身骨架外露面积较小，所以面漆颜色不必与覆盖件相同，深浅各 1 种即可。大面积的覆盖件都是采用敷膜技术制造的塑料件，颜色有上千种。这样大大简化了车身涂装工艺，在降低涂装成本的同时，使涂装的 VOCs 排放达到 7 g/m² 左右，远低于欧洲排放法规的要求。

另外，先进的喷涂技术如 AIRMIX 喷涂技术、UV 固化技术，可显著降低 VOCs

的排放，采用 ESTA/ESTA 替代 ESTA/Spraymate 来喷涂金属漆，涂料利用率可由
40%~50%提高至 70%~80%，每台车的金属漆用量可减少 0.7 kg 左右，返工率可
降低 2%~4%。这些技术在国外应用较多，而国内的应用还很少。

3. 末端控制技术及最佳控制技术

由于汽车涂装烘干工序排放的 VOCs 温度高、浓度大、污染相对严重，国内
外汽车制造企业普遍仅对烘干废气进行治理。喷涂废气一般风量很大，通常采取
水幕法去除漆雾后直接高空排放，但是随着标准的加严，尤其是在小客车生产过
程中，喷漆室、流平室等环节的废气也得到了较为有效的处理。在国外回收式热
力燃烧系统(TAR)应用较多[13]，国内目前汽车废气末端控制技术以蓄热式直接燃
烧系统(RTO)为主，另外，回收式热力燃烧系统(TAR)、蓄热式催化燃烧系统(RCO)
在部分企业得到使用，转轮吸附浓缩+催化燃烧技术是一种新兴的有效技术，在国
内有少量企业使用。

(1)蓄热式热氧化器

蓄热式热氧化器(regenerative thermal oxidizer，RTO)是一种用于处理中低浓
度挥发性有机废气的节能型环保装置。适用于大风量、低浓度，有机废气浓度在
100~20000 ppm 之间。其操作费用低，有机废气浓度在 450 ppm 以上时，RTO 装
置不需添加辅助燃料；净化率高，两床式 RTO 净化率能达到 98%以上，三床式
RTO 净化率能达到 99%以上，并且不产生 NO_x 等二次污染；全自动控制、操作简
单；安全性高。蓄热式热氧化器采用热氧化法处理中低浓度的有机废气，用陶瓷
蓄热床换热器回收热量。由陶瓷蓄热床、自动控制阀、燃烧室和控制系统等组成。
主要特征是：蓄热床底部的自动控制阀分别与进气总管和排气总管相连，蓄热床
通过换向阀交替换向，将由燃烧室出来的高温气体热量蓄留，并预热进入蓄热床
的有机废气，蓄热床采用陶瓷蓄热材料吸收、释放热量；预热到一定温度(≥760℃)
的有机废气在燃烧室燃烧发生氧化反应，生成二氧化碳和水，得到净化。

(2)蓄热式催化燃烧装置

蓄热式催化燃烧装置(regenerative catalytic oxidizer，RCO)直接应用于中高浓
度(1000~10000 mg/m^3)的有机废气净化。RCO 处理技术特别适用于热回收率需
求高的场合，也适用于同一生产线上，因产品不同，废气成分经常发生变化或废
气浓度波动较大的场合。尤其适用于需要热能回收的企业或烘干线废气处理，可
将能源回收用于烘干线，从而达到节约能源的目的。蓄热式催化燃烧治理技术是
典型的气-固相反应，其实质是活性氧参与的深度氧化作用。在催化氧化过程中，
催化剂表面的吸附作用使反应物分子富集于催化剂表面，催化剂降低活化能的作
用加快了氧化反应的进行，提高了氧化反应的速率。在特定催化剂的作用下，有
机物在较低的起燃温度下(250~300℃)发生无焰氧化燃烧，氧化分解为 CO_2 和水，

并放出大量热能。

RCO 装置主要由炉体、催化蓄热体、燃烧系统、自控系统、自动阀门等几个系统构成。在工业生产过程中，排放的有机尾气通过引风机进入设备的旋转阀，通过旋转阀将进口气体和出口气体完全分开。气体首先通过陶瓷材料层预热后发生热量的储备和热交换，其温度几乎达到催化层进行催化氧化所设定的温度，这时其中部分污染物氧化分解；废气继续通过加热区(可采用电加热方式或天然气加热方式)升温，并维持在设定温度；其再进入催化层完成催化氧化反应，即反应生成 CO_2 和 H_2O，并释放大量的热量，以达到预期的处理效果。经催化氧化后的气体进入陶瓷材料层，回收热能后通过旋转阀排放到大气中，净化后排气温度仅略高于废气处理前的温度。系统连续运转、自动切换。通过旋转阀工作，所有的陶瓷填充层均完成加热、冷却、净化的循环步骤，热量得以回收。

RCO 相比 RTO 系统，可以节约 25%～40%的运行费用，不需要过剩氧量，很少产生 NO_x 和 SO_x 等二次污染物，不受水汽含量影响，操作安全性好。

(3)回收式热力燃烧系统

回收式热力燃烧系统(TAR)是一种将处理有机废气和向汽车涂装生产线提供热能这两种功能合二为一的系统，既处理了有机废气，又节省了能源消耗，是一种运行成本较低的有效方法。TAR 能使有机废气氧化温度为 800℃左右，分解率可以达到 99%以上；使用多级热回收，涂装烘干加热系统中废气出口温度可以控制在 160℃以下；设备的使用寿命很长。

(4)吸附-热脱附+蓄热催化燃烧组合式工艺

吸附-热脱附+蓄热催化燃烧组合式工艺来处理混合汽车涂装有机废气，整个系统实现了净化、脱附过程闭循环，与回收类有机废气净化装置相比，无须配备压缩空气和蒸汽等附加能源，也无须配备冷却塔等附加设备，运行过程不产生二次污染，设备投资及运行费用低。采用蓄热催化燃烧处理有机废气，漆雾的存在会覆盖催化剂表面，导致催化剂失活，因此，还必须在废气进入蓄热催化燃烧反应器之前去除漆雾，目前国内外漆雾处理方法包括过滤法、低温冷凝法、油吸收法、水吸收法等，较多采用的是过滤法和水吸收法。两种方法都可以除去大部分的漆雾，对有机物也有少量的吸附，但不能保证污染物的达标排放，还需进一步处理。经过除雾处理后的喷涂废气和流平、烘干废气主要含有 VOCs，一般还需采取吸附、燃烧或催化燃烧的方式进行治理。

近年来，一种基于沸石转轮吸附浓缩系统的末端控制技术在国内外汽车制造业 VOCs 处理中进行较多应用并取得较好成果。沸石转轮浓缩系统适合处理大风量、低浓度、高湿度且 VOCs 成分复杂的废气，它主要通过具有高吸附性能的疏水性沸石分子筛吸附 VOCs 废气，再串联 RTO 或 RCO 设备，对废气进行净化处理。转轮具有压力损失小、无吸附损耗、不燃性、热稳定性极高、可适应较高湿度的有机废气等特点，所以其使用更加安全、使用寿命更长，且对于湿法喷漆房废气来说，其能够减少除湿设备的投资及运行能耗。各种技术的特点对比如表 3.15 所示。

表 3.15　汽车制造业常用末端控制技术特点

内容	RCO 装置	RTO 装置	回收式热力燃烧系统 TAR	沸石转轮吸附
适用风量/(Nm³/h)	0~5000	>5000	<20000	>10000
废气浓度	不限	不限	不限	<100 mg/Nm³
其他杂质要求	不能含有油烟及导致催化媒中毒物质	不限	不限	不能含有黏性物质
适宜废气温度	350℃以下	不限	不限	35℃以下
适宜废气湿度	不限	不限	不限	85%以下
加热方法	电加热或燃烧加热	燃烧机	燃烧机	视配套的 RTO 或焚烧炉的加热方式而定
能耗	高	低	低	低
同样废气量下的投资额	小	中	大	很大
适用寿命	1 年左右	可达 10 年	可达 20 年	可达 10 年
处理效果	一般	好	好	好
净化尾气排放温度	一般 300℃以上	比入口废气温度升高约 50℃	可达 200℃以下	可达 200℃以下

3.3　印　刷　行　业

　　作者所在研究团队参与编制了国家《印刷业大气污染物排放标准》（编制中）与广东省《印刷行业挥发性有机化合物排放标准》（DB 44/815—2010），对印刷业概况、印刷生产工艺、产污环节及污染排放控制状况、国内外印刷业大气污染控制政策等进行了调研和研究，并对京津冀、长江三角洲和珠江三角洲等重点区域的多家代表性印刷企业就企业生产工艺、大气污染排放和控制情况进行了调查和现场监测。

3.3.1　行业简介

　　印刷是指使用模拟或数字的图像载体将呈色剂/色料（如油墨）转移到承印物上的复制过程，主要包括书、报刊印刷，本册印制及包装印刷等。根据印刷版式，可将印刷分为凸版印刷、平版印刷、凹版印刷和孔版印刷四大类。由于包装印刷中使用的油墨、润版液、清洗剂和胶黏剂等含有大量的有机溶剂，进而企业生产过程中会产生较多的挥发性有机物。

3.3.2　VOCs 产污环节

一个完整的印刷过程分为三个阶段，即印前、印中、印后。印前是指印刷前期的工作，一般指摄影、制版、排版、出片等；印中是指印刷中期的工作，一般指通过印刷机印刷出成品的过程；印后是指印刷后期的工作，一般指印刷品的后加，工包括裁切、覆膜、复合、模切、糊袋、装裱等，多用于宣传类和包装类印刷品。

尽管平版、凸版、凹版、孔版印刷等不同工艺的具体工序、所用的设备、用途及原料不尽相同，但它们都是按照相同的基本程序在版基上印刷图像，排放的主要大气污染物均为 VOCs。印刷过程各工艺环节 VOCs 产生和排放的情况如表3.16 所示[14]。

表 3.16　各印刷工艺过程 VOCs 排放情况

印刷工艺过程	排放 VOCs 情况
原材料存放	油墨、溶剂等的存放过程会释放出 VOCs
成像	显影剂、定色剂/定影剂的使用过程会释放 VOCs
制版	使用显影剂可能会释放出溶剂乙醇
印刷	润版液的使用 油墨的使用 加热烘干
印后加工	覆膜过程中使用了甲苯、天那水等 复合过程胶黏剂的使用会释放 VOCs 油性上光材料使用的稀释剂主要是甲苯
清洁过程	清洁印版上的油墨、胶黏剂等过程使用了有机溶剂
废弃物存放和处置过程	废弃油墨、弃置的容器的存放和处置过程会挥发出 VOCs

3.3.3　VOCs 成分谱排放特征

印刷工艺过程的原材料存放、成像、制版、印刷、印后加工、清洁、废弃物存放和处置等环节均会产生 VOCs。不同印刷版式的具体工序、所用的设备、用途及原料不尽相同，其 VOCs 的排放特征也会有所差异。选取生产规模、生产工艺等具有行业代表性的企业，通过现场调研与监测，统计企业的年生产情况、物质安全生产资料、物料使用情况等，分析企业车间、有组织排放口、原辅材料仓库等点位的 VOCs 组分和浓度，得到通过不同印刷版式生产不同种类印刷品的生产过程中排放的 VOCs 的成分谱。

1. 本册平版印刷

由于不同本册平版印刷企业生产工艺、管理水平、车间和仓库通风方式、VOCs收集处理措施等存在差异，不同印刷车间总 VOCs 浓度为 95.65～433.39 mg/m^3 不等，主要为甲苯、正十四烷、乙酸乙酯、二甲苯、癸醛、1,3,5-三甲苯、癸烷等物质；油墨等原辅材料存放仓的总 VOCs 浓度为 24.61～302.17 mg/m^3 不等，主要为正十四烷、二甲苯、乙酸乙酯、癸醛、甲苯、癸烷、正十二烷、1,3,5-三甲苯、甲基叔丁基醚等物质；部分企业采用活性炭吸附装置对废气进行处理，部分企业尚未对有机废气进行任何处理，各企业有组织排放浓度为 85.13～729.26 mg/m^3 不等，主要为甲苯、正十四烷、乙酸乙酯、二甲苯、癸醛、1,3,5-三甲苯、癸烷、甲基叔丁基醚等物质。各环节的 VOCs 物种组成及其质量分数如图 3.9 所示。

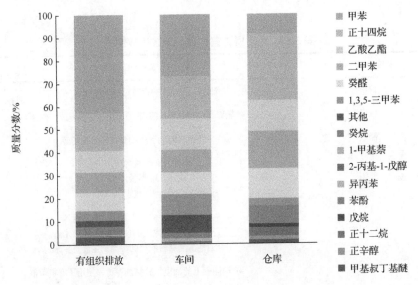

图 3.9　本册平版印刷业不同环节的 VOCs 物种组成及其占比

2. 塑料包装平版印刷

分别在塑料包装平版印刷企业车间的印刷设备前端即将承印物放上印刷设备处、印刷设备添加油墨处和印刷设备终端即印刷成品收集处，油墨等原辅材料存放仓库及有组织排放口进行采样分析，各环节的 VOCs 物种组成及其质量分数如图 3.10 所示。车间 VOCs 浓度为 83.96～437.10 mg/m^3 不等，主要为甲苯、异丙醇、乙酸乙酯、甲基环己烷、乙酸丁酯、丙醇、乙醇等物质，其中，承印物上机处的

VOCs 浓度为 83.96～157.34 mg/m³ 不等，印刷设备油墨添加处的 VOCs 浓度为 362.87～437.10 mg/m³ 不等，印刷成品收集处的 VOCs 浓度为 183.57～294.54 mg/m³ 不等，虽然这三个点位 VOCs 浓度有所差异，但其物种组成及各物种的质量分数大体一致；油墨等原辅材料存放仓 VOCs 浓度为 48.92～530.67 mg/m³ 不等，主要为甲苯、乙酸乙酯、异丙醇、甲基环己烷、丙醇、乙酸丁酯、乙醇等物质；部分企业采用活性炭吸附装置对废气进行处理，部分企业尚未对有机废气进行任何处理，各企业有组织排放浓度为 96.78～1254.60 mg/m³ 不等，主要为甲苯、乙酸丁酯、乙酸乙酯、异丙醇、乙苯、二甲苯、乙醇等物质。

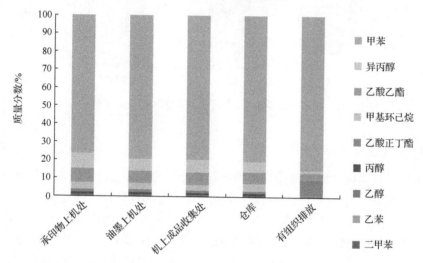

图 3.10　塑料包装平版印刷业不同环节的 VOCs 物种组成及其占比

3. 标签凹版印刷

由于不同标签凹版印刷企业生产工艺、管理水平、车间和仓库通风方式、VOCs 收集处理措施等存在差异，不同印刷车间总 VOCs 浓度为 274.42～2452.14 mg/m³ 不等，主要为乙酸丙酯、乙酸乙酯、乙酸丁酯、乙醇、异丙醇等物质；油墨等原辅材料存放仓的总 VOCs 浓度为 501.3～1437.63 mg/m³ 不等，主要为乙酸乙酯、乙酸丙酯、乙醇、乙酸丁酯、异丙醇等物质；部分企业采用活性炭吸附装置对废气进行处理，部分企业尚未对有机废气进行任何处理，各企业有组织排放浓度为 139.30～1708.91 mg/m³ 不等，主要为乙酸丙酯、乙酸丁酯、乙酸乙酯、乙醇、异丙醇等物质。各环节的 VOCs 物种组成及其质量分数如图 3.11 所示。

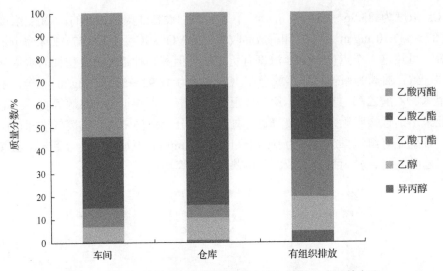

图 3.11　标签凹版印刷业不同环节的 VOCs 物种组成及其占比

4. 纸质包装柔版印刷

采用水性丙烯酸树脂油墨, 烃类调制黏合剂的纸质包装柔版印刷企业, 其车间与有组织排放的 VOCs 浓度较低, 分别在企业车间的印刷工序处、上蜡(在纸质包装袋上形成防水、光滑的蜡层)工序处、车间过道处及有组织排放口进行采样分析, 车间 VOCs 浓度为 $56.85 \sim 269.77 \text{ mg/m}^3$ 不等, 主要为乙醇、异丙醇与己烷等物质; 有组织排放口 VOCs 浓度为 $76.54 \sim 219.83 \text{ mg/m}^3$ 不等, 主要为乙醇、异丙醇与己烷等物质, 各环节的 VOCs 物种组成及其质量分数如图 3.12 所示。

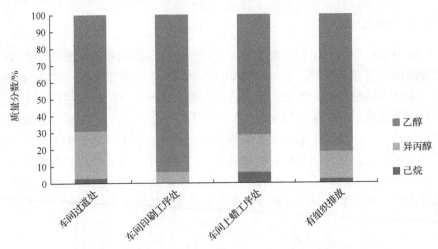

图 3.12　纸质包装柔版印刷业不同环节的 VOCs 物种组成及其占比

以不同印刷版式生产不同印刷品的具体工序、所用的设备及原料等都不尽相同，其 VOCs 排放情况也有所差异。其中，本册平版印刷业排放的 VOCs 物种主要为甲苯、正十四烷、乙酸乙酯、二甲苯、癸醛、1,3,5-三甲苯等，塑料包装平版印刷业排放的 VOCs 物种主要为甲苯、异丙醇、乙酸乙酯、甲基环己烷、乙酸丁酯、丙醇、乙醇等，标签凹版印刷业排放的 VOCs 物种主要为乙酸丙酯、乙酸乙酯、乙酸丁酯、乙醇、异丙醇等，采用水性油墨的纸质包装柔版印刷业排放的 VOCs 物种主要为乙醇、异丙醇与己烷等，孔版印刷业排放的 VOCs 物种主要为甲苯、乙酸乙酯、丁醇、异丙醇、乙酸丁酯与二甲苯等。

3.3.4　行业 VOCs 控制对策

针对印刷生产过程中的大气污染问题，世界各国纷纷出台了控制印刷业原辅材料使用、有组织和无组织排放限值、控制技术指南等相关法规、规例或标准。各国各地区在控制形式、控制指标、限值制定、配套技术规范方面均各有特点。

（1）各国各地区普遍规定了油墨中 VOCs 含量限值，但表述形式有所差异

日本、加拿大、澳大利亚、韩国、新西兰等国家均要求油墨中的 VOCs 所占比例必须低于某一限值。目前我国出台的绿色环保油墨国家环境保护标准有《环境标志产品技术要求　胶印油墨》（HJ/T 370—2007）[①]和《环境标志产品技术要求　凹印油墨和柔印油墨》（HJ/T 371—2007）等，我国香港特别行政区在《空气污染管制(挥发性有机化合物)规例》中规定了 7 类油墨的 VOCs 的含量限值，广东省《印刷行业挥发性有机化合物排放标准》规定了 5 类印刷油墨的 VOCs 含量限值，上海市《印刷业大气污染物排放标准》规定了 7 类即用状态印刷油墨的 VOCs 含量限值。

国内外对油墨 VOCs 含量限值的表述形式主要有两种：一种是规定油墨中的 VOCs 质量分数小于或等于某一百分比，如日本、新西兰、加拿大等国家及我国北京市等地区；另一种是规定了单位产品中 VOCs 的最高允许含量的绝对值，如我国香港特别行政区及广东省、上海市等地区。

（2）各国各地区的印刷业污染控制形式各有特点

美国区分不同印刷工艺(针对出版凹印及产品和包装凹印、宽网柔性印刷等)规定了 HAP 排放限值，其中包括排放量占总有机 HAP 使用量百分比、占使用原料总量百分比、占使用固体量百分比及 HAP 的削减效率等；欧盟根据印刷企业年有机溶剂消费量不同，制定了等级化的印刷工艺废气 VOCs 排放浓度限值及总溶剂逃逸限值。日本针对印刷行业相关的 VOCs 排放设施制定了总 VOCs 的排放基

---

①《环境标志产品技术要求　胶印油墨》（HJ 2542—2016）于 2016 年 10 月 17 日发布，自 2017 年 1 月 1 日起执行，代替 HJ/T 370—2007

准。目前我国印刷业大气污染物排放标准还未发布，但在已颁布的综合性大气污染物排放标准中，规定了几种重点 VOCs 物种(主要是苯系物和非甲烷总烃)的排放浓度限值；广东省《印刷行业挥发性有机化合物排放标准》以苯、甲苯、二甲苯及总 VOCs 为控制指标，区分排气筒有组织排放源和无组织排放源两种排放类型，分别规定了各污染物最高允许排放浓度及排放速率；上海市和北京市的排放标准除了对有组织排放源和无组织排放源进行限定外，对企业边界的污染物浓度也提出了限值要求(DB 44/815—2010)。

(3)发达国家印刷业大气污染排放控制起步远早于我国

美国对各类印刷设备的标准执行日期做出了明确的规定，其中现役源执行日期为 1999 年 5 月 30 日；新源及改建源执行日期为设备开始运行之日；欧盟溶剂指令要求包括印刷行业在内的既有设备在 2007 年 10 月 31 日前都应满足指令所要求的事项；广东省《印刷行业挥发性有机化合物排放标准》是我国首个专门针对印刷行业 VOCs 排放控制的标准，其规定现有源自标准实施之日起至 2012 年 12 月 31 日执行第 I 时段标准，自 2013 年 1 月 1 日起执行第 II 时段标准，新源自标准实施之日起执行第 II 时段标准。

(4)发达国家普遍制定了配套的印刷业污染控制技术指南，确保标准的可执行性

美国印刷行业 VOCs 控制规定比较全面，除针对各类印刷工艺提出标准限值外，还制定了配套的技术指南，如《软包装印刷业控制技术指南》和《胶印和凸印控制技术指南》等，保证了标准的可操作性。另外，标准中还规定了设备性能的测试方法、监测要求及生产记录及报告等要求。欧盟也提出了包括印刷行业在内的控制技术要求，《综合污染防控指令》对特定的产业活动设备制定了以最佳可用技术(BAT)为基础的排放基准，要求各成员国对印刷业实行基于最佳可用技术的排放许可制度，BAT 信息由各成员国提交，最终由欧盟理事会统一以参考文件的方式向各成员国发布。中国广东省、北京市等地方排放标准针对印刷企业存储环节、工艺环节、末端处理环节、监测要求及生产记录等做出了要求，但并未同步配套相应的控制技术指南。

近年来，《大气污染防治行动计划》、《挥发性有机物排污收费试点办法》、《重点行业挥发性有机物削减计划》、《"十三五"节能减排综合工作方案》等一系列政策法规的出台，特别是未来国家《印刷业大气污染物排放标准》(编制中)的发布，将对印刷企业提出更高的要求。政策标准的颁布可以促进企业选用环保油墨、采用先进的生产工艺、加强溶剂回收与末端治理、提高管理水平等以使其满足相关环保要求；同时，企业也增强了自身产品的"绿色"性，提升了企业形象，进而提高了其在市场中的竞争能力，获得了社会经济效益，有利于企业持续健康发展。

以下就印刷生产全过程，从源头削减、过程控制及末端治理三方面，对当前

我国印刷行业 VOCs 排放控制技术进行分析。

1. 源头削减技术

使用环保油墨、环保上光油、环保清洗剂等低 VOCs 含量或不含 VOCs 的原辅材料，可从源头上减少原辅材料的 VOCs 含量，从而达到减少印刷生产过程 VOCs 排放的目的。源头削减技术具体包括以下几方面。

1) 使用低 VOCs 含量的环保油墨。目前印刷生产过程大量使用的溶剂型油墨的 VOCs 组分占 50%~60%，加上调整油墨黏度所需的稀释剂，实际上在印刷品干燥过程中散发出来的 VOCs 组分可占到油墨总量的 70%~80%。使用环保油墨已成为促进印刷绿色化、减少 VOCs 排放的主要措施。目前比较常见的环保油墨包括醇溶性油墨、植物油基油墨、水性油墨、UV 油墨(水性 UV 油墨)、EB 油墨等。

2) 使用低 VOCs 含量的上光油、润版液、清洗剂、胶黏剂等。开发并应用水性上光油和 UV 上光油、无醇或低醇润版液、清洁的油墨清洗剂、水性胶黏剂等，可以减少印刷企业生产过程中的 VOCs 排放，也已成为印刷行业降低 VOCs 排放的一种趋势。

2. 过程控制技术

1) 实施干燥装置优化控制。干燥是印刷过程中 VOCs 产生和排放量较大的环节。实施干燥装置优化控制是减少印刷行业含 VOCs 废气排放行之有效的技术，目前市场上较成熟的干燥装置优化控制有优化工艺结构、温度实时控制、热风循环利用、导入惰性气体、完善辅助装置五种方案。

2) 使用固化工艺。在印刷行业使用固化工艺，可减少烘干装置的使用，从而达到减少能源消耗和控制 VOCs 污染的目的。目前市场上发展相对成熟的固化工艺可概括为反应固化、压力固化、调温固化、水基 UV 固化、热燃烧固化和催化燃烧固化六种。

3) 工艺过程管理。印刷企业可以加强工艺过程管理、规范操作，以减少 VOCs 的排放。如保持所有盛装含 VOCs 的原辅材料的容器完全密闭，对产生挥发性有机物的设施进行密封；设置中央供墨系统，降低油墨的损耗；平版印刷中将水斗液加以冷冻降温，或降低水斗液中异丙醇的含量，以改善水斗液槽的 VOCs 逸散问题；引入湿布清洗滚筒技术，引入印刷机自动洗胶布装置，减少停机清洗滚筒的时间等，减少 VOCs 的排放。

3. 末端治理技术

不同印刷版式的具体工序、所用的设备及原辅材料不尽相同，其 VOCs 排放情况也有所差异，不同印刷工艺的 VOCs 排放特征如表 3.17 所示。

表 3.17　印刷工艺与 VOCs 排放特征

工艺类型	含 VOCs 的主要原辅材料	VOCs 排放特征
平版印刷	溶剂型油墨、植物大豆油墨、UV 固化油墨和水性油墨	印刷与干燥过程排放，使用溶剂型油墨时 VOCs 排放浓度较高；使用其他类型油墨，VOCs 排放浓度较低
凸版印刷	醇溶性油墨、水性油墨、UV 固化油墨	印刷过程排放，使用水性油墨时 VOCs 排放浓度较低；使用醇溶性油墨时 VOCs 排放浓度高
凹版印刷	溶剂型油墨、水性油墨	印刷与干燥过程排放 VOCs，使用溶剂型油墨时 VOCs 排放浓度较高；使用水性油墨时 VOCs 排放浓度较低
孔版印刷	溶剂型油墨、水性油墨、UV 油墨	印刷与洗版过程排放 VOCs，使用溶剂型油墨时 VOCs 排放浓度较高；使用水性油墨时 VOCs 排放浓度较低
复合	胶黏剂、水性胶黏剂	复合过程排放 VOCs，使用溶剂型胶黏剂时 VOCs 排放浓度高；使用水性胶黏剂时 VOCs 排放浓度较低

一般来说，对于干式复合等 VOCs 排放浓度高、成分单一且具有回收价值的工序，采用吸附回收的方法进行处理；而对凹印等 VOCs 排放浓度变化大、成分复杂的工序，根据其浓度，采用催化燃烧(高浓度)或吸附浓缩-催化燃烧(中、低浓度)的方法进行末端治理。企业应根据自身 VOCs 排放特征选择合适的末端控制技术。

3.4　漆包线制造行业

研究团队根据"源头追踪"思路，结合生产工艺调查，现场采样及实验分析，研究了漆包线制造过程中 VOCs 从原物料输入到产品输出(原物料输入、净化销毁、泄漏、逸散、最终排放、产品残留)各环节的排放特征。对全过程各环节 VOCs 的源成分谱也进行了深入的研究。

3.4.1　行业简介

漆包线是用于制造电工产品中的线圈或绕组的绝缘电线，又称绕组线，广泛应用在各种电机、电器、仪表、压缩机、变压器、电讯器材及家电产品上。

2010 年，我国漆包线产量为 115.2 万吨[15]，成为世界第一生产大国。漆包线在生产过程中使用了大量的有毒溶剂和稀释剂(简称混合溶剂)，这些挥发性有机物(VOCs)大多以废气方式排放至大气中，严重影响周围环境空气质量及人群健康。随着中国漆包线制造行业发展迅速，在行业中存在很多诟病，生产技术和工艺的落后，再加上产品质量的不达标，对国内漆包线制造行业的发展都形成了一定的阻碍。虽然我国漆包线生产量已经跃升为全球第一，但是与国际市场还存在很大的差距[16]。

目前，我国常用的漆包线可分为以下几种类型[17-19]：

1) 聚酯及改性聚酯的漆包线，普通聚酯漆包线，热级为 130，经改性后漆包线热级为 155。该产品机械强度高，并具有良好的弹性、耐刮性、附着性、电气性能和耐溶剂性能，广泛用于精密仪器和高精密机床电器及彩电行输送圈、偏转线圈等。该产品的弱点是耐热冲击性能差、耐潮性能较低、所用漆为聚酯漆。

2) 聚氨酯漆包线，热级等级为 130、155、180。最大特点是具有直焊性，耐高频性能性好，易着色，耐潮性能好，广泛用于一般电机、电器、仪表、电信器材及家电产品。该产品弱点是机械强度稍差，耐热性能不高，且生产大规格线的柔韧性和附着性较差，因此该产品生产的规格以中小及微细线为多，所用漆为聚氨酯漆。

3) 聚酯亚胺漆包线，热级 180，该产品耐热冲击性能好，耐软化击穿温度高，机械强度优良，耐溶剂及耐冷冻剂性能均较好。弱点是在封闭条件下易水解，适用于各种须耐高温的变压器、马达、偏转线圈、继电器等绕组，所用漆为聚酯亚胺漆。

4) 自黏性漆包线，热级 180，是一种两涂层及以上的复合涂层漆包线，种类较多，自黏漆种类的选择取决于所需的用途，其主要作用是围在线圈绕制后定型。但是，在自黏性的使用过程中，自黏涂层会影响到线的适绕性、黏合工艺及黏合成型产品的特性参数。自黏性漆包线广泛应用于显像管、音响、微型马达、电磁炉等，所用漆为聚氨酯漆与自黏漆。

5) 聚酯亚胺/聚酰胺酰亚胺复合层漆包线系目前在国内外使用较为广泛的耐热漆包线，其热级为 200，该产品耐热性高，还具有耐冷冻剂、耐严寒、耐辐射等特性，其机械强度高，电气性能稳定，耐化学性能和耐冷冻剂性能好，超负荷能力强。广泛应用于冰箱压缩机、空调压缩机、电动工具、防爆电动机，以及高温、高寒、耐辐射、超负荷等条件下使用的电机、电器，所用漆为聚酯亚胺和聚酰胺酰亚胺漆。

3.4.2　VOCs 产污环节

用"源头追踪"方法研究工业行业 VOCs 排放特征时，应结合行业生产工艺流程，调查清楚区域内 VOCs 流向情况[20]。VOCs 的流动一般是从最初原物料输入开始，一部分经管道收集后送往净化装置销毁，由管道排向大气；一部分在此过程中泄漏逸散至大气中；另有一部分被回收利用，或残留在废水、废弃物、产品中(图 3.13)。VOCs 源头追踪思想体现了行业 VOCs 的物料衡算。

漆包线的生产工艺分为放线、退火、涂漆、烘焙、冷却、收线，共 6 个流程[21, 22]。其中，涂漆、烘焙、冷却过程中存在挥发性有机物的排放。

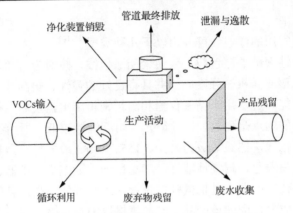

图 3.13　基于物料衡算的 VOCs 源头追踪

涂漆过程：裸铜线在退火后，通过装有漆包漆的储槽，经一定的涂漆道次后，使金属导体表面均匀涂覆漆层（底漆和面漆）。敞开储槽中涂漆有机溶剂的挥发是 VOCs 的一大来源。

烘焙过程：导体经过涂漆后进入烘炉，首先将漆液中的溶剂蒸发，然后固化，形成一层漆膜，再涂漆、烘焙，如此重复数次便完成了漆包的烘焙全过程。烘炉内蒸发出的 VOCs 废气，经过内设的催化燃烧装置处理，产生的热量经换热器换热后，通过管道收集后排向大气。烘炉内挥发的有机废气是 VOCs 的重要来源。

冷却过程：从烘炉中出来的漆包线，温度很高，经过一定距离的自然冷却后，使漆膜变硬，漆包线强度增强，保护漆包线经过后续导轮收线时不受损伤。漆包线经烘焙后的自然冷却过程，是 VOCs 挥发的另一来源。

图 3.14 为漆包线生产工艺及 VOCs 流向图。

可见，漆包线生产中 VOCs 的排放主要来自于四个方面：油漆储槽中有机溶剂、冷却过程中漆包线漆膜上逸散的 VOCs F_1，阀门、法兰及其他管道连接、泵等设备泄漏的 VOCs F_1'，管道收集最终排放的 VOCs A_{out}，其他方式泄漏与逸散的 VOCs F_2。

3.4.3　VOCs 成分谱排放特征

漆包线生产排放的 VOCs 主要来源于管道的有组织排放，以及炉口泄漏、敞开漆槽、供漆系统逸散等无组织排放。不同漆包线不同排放环节监测到的 VOCs 有数量上的差异，但大致成分相同。选取在国内生产规模、生产工艺、废气处理水平上具有行业代表性的企业为调查对象。通过现场调研，收集企业提供的年生产报表、物质安全生产资料表、物料使用情况表等，结合中国电器工业协会电线电缆分会提供的数据资料，经过整理、计算及归纳，得出现阶段我国漆包线行业生产的基本信息（表 3.18）。

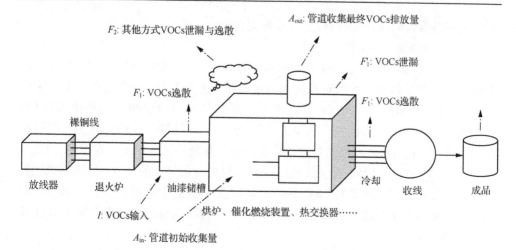

图 3.14　漆包线生产工艺及 VOCs 流向图

表 3.18　我国漆包线行业生产的基本信息

漆包线品种	市场份额/%	代表产品	涂料(kg)/漆包线(kg)	生产耗时/(h/kg)
聚酯漆包线	20.2	QZ	QZ：0.15	0.035
聚氨酯漆包线	19.4	QA	QA：0.15	0.035
聚酯亚胺漆包线	18.6	QXY	EI：0.15	0.035
复合层漆包线	18.4	Q(ZY/XY)-2/200	EI：0.15 AI：0.06	0.036
自黏漆包线	18.2	SBEIW	EI：0.15 SB：0.10 溶剂：0.03	0.036

　　漆包线的主要原材料是铜和漆。从表中可以看出，目前我国漆包线漆的使用量已经超过了 15 万吨。漆包线为了适应工艺和满足漆包线性能的需要，使用大量溶剂和稀释剂(简称混合溶剂)。目前国内漆包线漆的固体含量一般在 32%左右，最高不超过 40%。按 32%固含量计算，目前漆包线漆使用约 10 万吨混合溶剂，而漆的溶剂仅为了化学合成和固化缩聚的需要，在漆包线烘焙过程中全部蒸发成气体，并排放掉。而残留在漆包线表面的仅是固化的漆膜，不足漆重量的 32%，也就是说按目前漆包线漆的量来计算，约有 10 吨混合溶剂被排放，按目前化工产品的价格计算，有 13～14 亿元被排放掉，平均每吨漆包线将损失 1300 元左右，并污染环境。

　　在选定的色谱质谱条件下，对 QZ、QA、QXY、Q(XY/ZY)-2/200、SBEIW 五种漆包线生产各环节所采集的 VOCs 样品进行 GC-MS 分析，共检出 41 个峰(占总峰面积的 95.5% ± 1.7%)，所得质谱图经计算机质谱数据库检索，结合标准组分对照其相对保留时间，最终确定了 26 种化合物。

(1) 原物料输入环节检测结果

在 QZ、QA、EI、AI、SB 五种涂料中分别检出 30、28、33、6、19 种挥发性有机物。各种涂料的挥发性有机组分大致相同，主要为芳香烃和酚类。其中聚酯 (QZ) 涂料中含量最多的 VOCs 是苯酚、对甲酚、间甲酚和二甲基甲酰胺 (占59.84%)；聚氨酯 (QA) 涂料中含量最多的是乙苯、对甲酚、苯酚、3,5-二甲酚和间二甲苯 (占 66.13%)；聚酯亚胺 (EI) 涂料中含量最多的是苯酚、对甲酚、1,2,3-三甲苯 (占 48.63%)；聚酯亚胺酰亚胺 (AI) 涂料中含量最多的是 N-甲基吡咯烷酮、二甲基甲酰胺、间二甲苯 (占 85.11%)；自黏涂料 (SB) 中含量最多的是苯酚、间二甲苯、邻二甲苯、乙苯、对甲酚 (占 78.2%)。各种涂料的挥发性有机组分含量如图 3.15 所示。

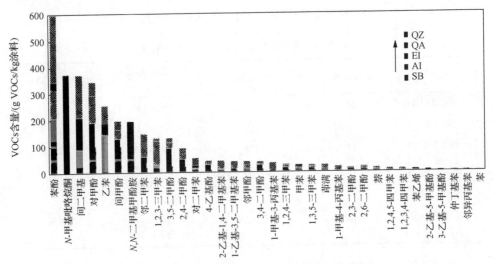

图 3.15　原物料输入环节 VOCs 组分图谱

QZ、QA、EI、AI、SB 五种涂料的固体含量分别为 31.4%、28.0%、38.2%、29.0%、20.6%。

(2) 排放环节 VOCs 检测结果

漆包线生产排放的 VOCs 主要来源于管道的有组织排放，以及炉口泄漏、敞开漆槽、供漆系统逸散等无组织排放。不同漆包线不同排放环节检测到的 VOCs 有数量上的差异，但大致成分相同。从 QZ、QA、QXY、Q(ZY/XY)、QZYN 五类漆包线生产线上分别检出 35、35、38、40、38 种挥发性有机物，主要为芳香烃和酚类，这与涂料的使用种类有关。管道初始收集的 VOCs 浓度为 2000~3000 mg/m³，管道排放的 VOCs 浓度为 150~300 mg/m³；车间无组织排放中，炉口泄漏浓度在 30~60 mg/m³，敞开储槽液面逸散浓度在 1000~2000 mg/m³，如图 3.16 所示。

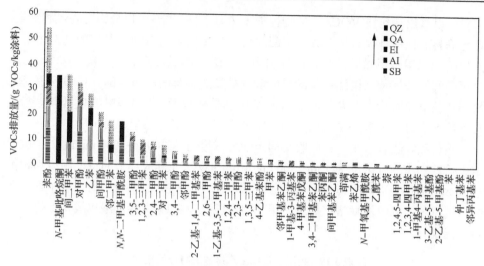

图 3.16 排放环节 VOCs 组分图谱

VOCs 排放环节与原物料输入环节相比较,物质组成和含量大致相同,副产物可能是芳香烃、酚类与其他杂质之间发生取代、消除等化学反应而产生,如邻(间)甲基苯乙酮、乙酰苯、3,4-二甲基苯乙酮、苯丙酮、4-甲基苯丙酮等等,物种类繁多,但数量较少,含量较低。

(3)漆包线残留 VOCs 检测结果

在 QZ、QA、QXY、Q(ZY/XY)、QZYN 五种漆包线中分别检出 22、23、23、25、23 种挥发性有机物,主要组分为乙苯、甲酚、二甲酚、苯酚、二甲苯、N-甲基吡咯烷酮、二甲基甲酰胺,VOCs 残留量约为 $(5.06±1.47)×10^{-5}$ kg VOCs/kg 漆包线,各种漆包线检出的挥发性有机组分如图 3.17 所示。

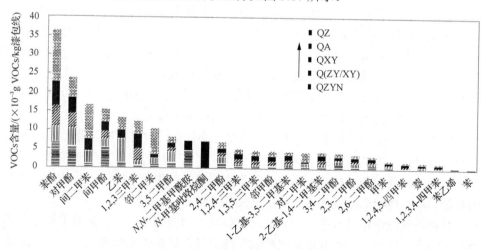

图 3.17 残留环节 VOCs 组分图谱

可以看出漆包线 VOCs 污染物种类多达数十种,主要可以分为芳香烃和酚类,这与涂料的使用种类有关。其中聚酯涂料中含量最多的 VOCs 是苯酚、对甲酚、间甲酚和二甲基甲酰胺;聚氨酯涂料中含量最多的是乙苯、对甲酚、苯酚、3,5-二甲酚和间二甲苯;聚酯亚胺涂料中含量最多的是苯酚、对甲酚、1,2,3-三甲苯;聚酯亚胺酰亚胺涂料中含量最多的是 N-甲基吡咯烷酮、二甲基甲酰胺、间二甲苯;自黏涂料中含量最多的是苯酚、间二甲苯、邻二甲苯、乙苯、对甲酚。

漆包线收集管道中,初始收集的 VOCs 浓度可达 2000～3000 mg/m^3,排放管道中排放的 VOCs 浓度为 150～300 mg/m^3。其 VOCs 排放环节的特征污染物种类也因涂料的使用而略有差别,其特征污染物种主要包括乙苯、甲酚、二甲酚、苯酚、二甲苯、N-甲基吡咯烷酮和二甲基甲酰胺。表 3.19 为各种漆包线生产排放的特征污染物。

表 3.19　各种漆包线生产排放的特征污染物

漆包线品质	代表产品	特征污染物
聚酯漆包线	QZ	苯酚、对甲酚、间甲酚和二甲基甲酰胺
聚氨酯漆包线	QA	乙苯、对甲酚、苯酚、3,5-二甲酚和1,2,3-三甲苯
聚酯亚胺漆包线	QXY	苯酚、对甲酚、1,2,3-三甲苯
复合层漆包线	Q(ZY/XY)-2/200	N-甲基吡咯烷酮、间二甲苯、二甲基甲酰胺、乙苯
自黏漆包线	SBEIW	苯酚、间二甲苯、邻二甲苯、乙苯、间甲酚、对甲酚

3.4.4　行业 VOCs 控制对策

VOCs 治理困难,污染严重成为我国漆包线行业的主要环境问题,成为制约漆包线行业向前发展的一大因素。究其原因,主要由以下几方面引起:

1)我国有机溶剂生产行业产品质量良莠不齐,漆包线生产使用的有机溶剂主要物质成分为二甲苯、甲酚、二甲酚,却含有其他为数不少的杂质,行业对这些杂质成分及杂质对后续生产及废气处理的影响的研究较少。虽然研究人员已研制出不少针对处理三苯、酚类的催化剂,然而在现实行业运用中效果却不尽如人意,因此需加强对漆包线有机溶剂中杂质成分及其转变的研究。

2)漆包线产品种类繁多,分为不同的型号和规格,如聚酯亚胺/聚酰胺酰亚胺复合层漆包线、聚酯漆包线、铜包铝漆包线、聚氨酯漆包线、聚酯亚胺漆包线等等,漆包线所使用的有机溶剂类型、数量需根据具体生产情况而定。漆包线生产的复杂、波动性给后续处理工作的研究带来困难。

3)在漆包线烘焙过程中,VOCs 原物料输入物质部分在炉膛高温下转变为其他衍生物和副产物,目前我国对这些物质成分及其转变关系研究较少。从现实净化效果和实验检验上看,催化燃烧和活性炭吸附方法不能有效去除有机废气物质,剩余有机物质成分复杂,末端处理装置常伴有堵塞、结焦的情况出现。

4)由于 VOCs 种类繁多、挥发性高,在常温、常压状况下具有蒸发、逸散的特性,使其排放方式迥异于传统的以燃烧为主的无机空气污染物。由原物料输入到最终产品产出,除有组织排放外,VOCs 极易从溶剂储槽液面、涂装过程、处理装置通风口、连接管道、阀门、法兰密封口、风机泵轴承处等环节泄漏与逸散,形成无组织排放,如何对 VOCs 整体排放量进行科学统计并采取有效的控制措施成为棘手的问题。

1. 源头控制技术

从源头防范的另一种方法是研发及使用无(低)公害漆包线涂料。为了改善漆包线行业的这种情况,近几年来国内外大力进行无(低)公害漆包线漆的开发研究,主要有以下几个方面:

1)高固含量漆包线漆:减少现用的有毒溶剂的含量,国内外科研人员通过多年的努力,目前已能把漆的固含量提高到 60%,与目前国内普遍采用的 32%固含量漆比,溶剂量减少了 28%,有了很大的改善,高固含量漆因黏度关系,通常采用模具涂漆工艺。高固含量不仅节约了溶剂资源,也可节约烘干所需能源,并且不影响漆包线的性能,目前是世界上普遍采用的技术路线。在国内也将被逐步认识,高固含量漆的应用也日益增多。

2)低毒环保溶剂型漆包线漆:用低毒、环保溶剂代替现有的甲酚、二甲苯等,常用的有乙二醇醚类、二乙二醇乙醚和 N-甲基吡咯烷酮等。通过重新设计配方及工艺,使漆基既能被溶解,达到高固含量、低黏度,又不降低漆包线漆膜的性能。Dr. Beck 公司首先开发成功了 F 级改性聚酯漆及 H 级聚酯亚胺漆,均为低毒溶剂漆,已可批量生产。几年来,ALTANA 集团致力于开发无酚和环境友好型绝缘漆,Deatech 公司开发数类产品(PVF、PU、PEI)已投放市场应用。但不足之处是成本比用甲酚和二甲苯的漆高。国内也有开发研究,但终究因价格问题而未能批量投产。为了减少污染,有必要采取政府政策性措施和价格优惠政策。

3)水性漆:以水代替有机溶剂。国内外对水基性漆开展了不少研究,很多化学家着眼于把原溶解于甲酚及二甲苯的漆基树脂改成能溶解于水的高分子聚合物,又要使涂成的漆包线性能保持原有指标。我国也引进过 Dr. Beck 公司的水溶性聚酯亚胺漆的制造技术,但因水溶性高分子合成原材料成本较高,又因水的汽化热比有机溶剂高,使漆包线烘干时能耗高,且漆包速度慢,从而提高了漆包线的生产成本。上海电缆研究所也曾先后研制成水溶性聚酯电泳漆、水散体聚酯漆和水溶性聚酯亚胺漆。随着人们对环境意识的提高,水溶性漆将会重新得到重视。

4)无溶剂漆:包括热熔树脂、挤出树脂等。彻底消除公害的办法是不用溶剂,人们经过研究开发，在热熔树脂法、挤出树脂和粉末硫化涂覆法等方法上有所突破。聚酯亚胺漆基树脂加热到 180℃变成液态的情况下用模具涂漆将漆基涂在线上，但由于存在漆膜不均匀，漆膜弹性、软化击穿性能下降和工艺的难点而未广泛采用。挤出树脂法是瑞士 Maillefer 公司和法国 Dr. Beck 公司合作研究开发的挤出流水线，限于热塑性树脂(如聚酯、聚氨酯)，但因漆包线性能受到影响而尚未听到工业化生产的消息。粉末涂覆，目前仅限于生产变压器用大规格扁线和圆线，但由于一次性成膜存在的多孔性、漆膜厚度的控制等问题还待进一步研究完善。

综上所述，近十年来，在世界范围内科学工作者都围绕漆包线漆的绿色革命做了很多工作。但到目前为止，由于种种原因，特别是满足漆包线的性能上碰到了种种问题而未能如愿。总而言之，加大各类无(低)公害漆包线漆的研发和应用，是从源头上阻止和削减有害物质输入的重要环节。

2. 过程控制技术

(1)改进和及时维护漆包机设备

漆包线的有组织及无组织排放的 VOCs 量与漆包机自身的构造有关。目前，大部分漆包线生产的漆包机都设计了催化燃烧装置，但由于漆包机的制造厂存在差异，使用上存在差异，催化燃烧的效率也不完全一样，因此，在使用过程中应注意：漆包机烘炉的设计、气流管道是否畅通、是否有死角存在、催化室的密封、催化剂的多少、接触面的多少、通过催化剂的时间、催化前温度控制等都要有一个优良的设计参数。更好的、更理想的设计要有二次催化，以达到充分燃烧。

另外，还要注意：对漆包机工艺的制订要按台调整，设备要加强维护保养，很多企业往往在任务紧的情况下连续作业，不维护、不保养，催化剂不清洗、不更换，大大降低了催化燃烧效果。

(2)减少无组织排放

漆包线生产中的 VOCs 无组织排放占有一定的比例，因此要加强这方面的污染控制，漆包线车间 VOCs 无组织排放的主要原因及其表现为：

由于催化燃烧效率不好，燃烧不尽，未经燃烧的部分溶剂排放到大气中，或是由于排废不畅而引起的炉口冒烟，未经燃烧尽的溶剂直接排到车间，严重污染车间。

涂漆装置大部分是敞开式的，卧式漆包机更为严重，漆棍不停地旋转，使漆与空气的接触面增大，溶剂直接向空气中挥发，严重污染车间。

大部分制线厂的供漆均采取漆桶直接供给漆箱再供给涂漆槽，均无封闭管道，这也增加了漆与大气的接触面。溶剂挥发而直接污染车间的环境。

漆缸清洗时使用大量的溶剂，一般均无专门的地方，而是直接在车间里进行，直接污染车间。另外，清洗下来的溶剂如何处理，也未引起足够重视。

3. 末端控制技术

在目前的漆包线生产中，仍采用有机溶剂漆包线漆，尽管部分采用高固含量的漆包线漆，但有机溶剂仍占三分之二左右，为此开发了催化燃烧的漆包机，把涂漆过程中的溶剂进入催化燃烧炉内燃烧，溶剂通过催化燃烧后才排放到大气中。目前国外均采用催化燃烧热风循环漆包机，即把有机溶剂燃烧再产生的热空气，通过循环系统再用于漆包炉中，用于线的烘干。这样既能阻止溶剂直接排放到大气中，又可利用溶剂催化燃烧产生的热能。国内外在漆包炉的设计上不断改进，加装二次催化燃烧装置，使涂漆中挥发的溶剂充分燃烧，燃气热量充分利用，废气排放更加干净(含碳量小于 10 mg/Nm³)，从而使漆包线生产的单位产量、电能消耗大幅度降低。这既降低了成本，又减少了对环境的污染。国外漆包线生产均采用这种高效节能、污染少的漆包机，国内已有漆包线生产厂采用该漆包机，但有不少厂还在使用老式漆包机，仍把溶剂直接排到大气中，需要尽快更新设备，节约电能。

3.5　集装箱制造行业

研究团队依托广东省《集装箱制造业挥发性有机物排放标准》(DB 44/1837—2016)和国家《集装箱制造业大气污染物排放标准》，对国内外集装箱制造现有标准现状、行业生产工艺、产排污环节、行业不同油性和水性生产线 VOCs 排放情况，以及行业不同生产线适用全过程控制技术进行了深入的研究。

3.5.1　行业简介

集装箱制造业 20 世纪五六十年代兴于欧美，70 年代转移到日本，80 年代转移到韩国和我国台湾地区，90 年代以后，我国大陆地区成为全球集装箱制造中心。我国集装箱产业在诞生初期只有 4 家生产厂家，通过二十余年的努力，目前已经实现三个第一，即集装箱生产能力世界第一、集装箱种类规格世界第一、集装箱产销量世界第一。2008 年金融风暴，造成 2009 年集装箱全行业遭受严重打击。经过几年的发展，集装箱制造业生产情况有所回暖。总体上，当前我国制造的集装箱全球市场占有率为 95%以上。经过几十年的发展，中国集装箱行业形成了以箱厂为中心的产业链条体系，上下游形成稳定的供应链合作关系，如图 3.18 所示。

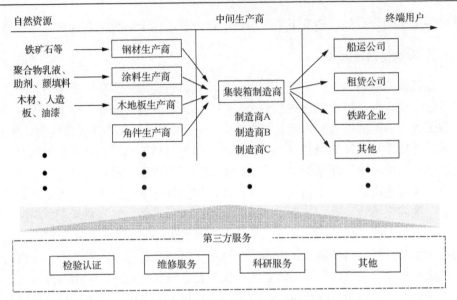

图 3.18　中国集装箱制造业产业链示意图

上游的原材料供应商为集装箱制造企业提供钢材、木地板、涂料、铝材及其他相关原材料,经过中游集装箱制造企业组装生产之后,提供给下游的客户,包括箱东、船公司、铁路、物流企业等。全过程通过第三方提供检验认证、维修服务、科研服务及其他相关服务。

中国集装箱产量变化历经三大发展阶段[23]:2000 年前为平稳起步阶段,2000~2008 年为快速发展阶段,2009 年后为发展趋缓阶段。2011~2015 年我国集装箱产量在 280 万 TEU 以上,2014 年达到近 357 万 TEU,2015 年稍有回落但仍有 287 万 TEU。图 3.19 为 1993~2015 年我国及世界集装箱产量的变化趋势图。

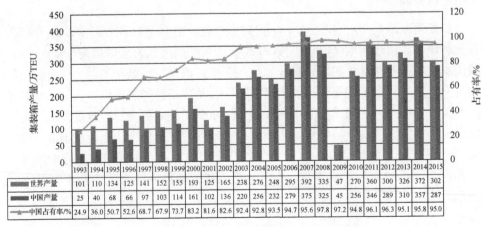

	1993	1994	1995	1996	1997	1998	1999	2000	2001	2002	2003	2004	2005	2006	2007	2008	2009	2010	2011	2012	2013	2014	2015
世界产量	101	110	134	125	141	152	155	193	125	165	238	276	248	295	392	335	47	270	360	300	326	372	302
中国产量	25	40	68	66	97	103	114	161	102	136	220	256	232	279	375	325	45	256	346	289	310	357	287
中国占有率/%	24.9	36.0	50.7	52.6	68.7	67.9	73.7	83.2	81.6	82.6	92.4	92.8	93.5	94.7	95.6	97.8	97.2	94.8	96.1	96.3	95.1	95.8	95.0

图 3.19　1993~2015 年集装箱产量变化趋势图

1. 集装箱制造业企业分布

国内目前有集装箱制造企业 80 余家,主要集中在中集集团、胜狮集团、新华昌集团、中远海运集团(原中海集团)四大集团,占全国总销量的 91%左右。其中,中集集团市场份额占 53%,胜狮集团市场份额约占 20%,新华昌集团市场份额约占 14%,中远海运集团占 9%(表 3.20)。

表 3.20　我国主要集装箱制造企业及其规模

序号	所属集团	设计生产能力与年产量/万 TEU
1	中集集团	设计生产能力:251 2015 年生产量:138.2
2	胜狮集团	设计生产能力:100 2015 年生产量:52.6
3	新华昌集团	设计生产能力:96.8 2015 年生产量:36.5
4	中远海运集团	设计生产能力:45 2015 年生产量:23
5	其他	设计生产能力:68 2015 年生产量:11.7

从地域方面来看,长江三角洲、珠江三角洲、环渤海区域及东南沿海地区是集装箱制造业的几大重点分布区域。中国集装箱产能在区域分布上,主要集装箱企业产能集中在"环渤海"、"长三角"、"珠三角(含福建)"三大区域。内陆区域基本上无集装箱生产企业。

2. 集装箱油性涂料

(1)集装箱油性涂料定义及分类

集装箱的营运往复于陆地和海洋,要求有较强的防腐蚀性和耐温变性,同时还要求装饰性好、不变色、不粉化、耐磨损、耐划伤、耐冲击等,并能经受恶劣条件的考验。因此集装箱涂料的性能必须符合下列要求:①厚膜:一次施工的干膜厚度要高。这样可以缩短施工时间且节约费用。②快干:这是集装箱大规模生产线所需要的。在进行下道工序前必须保证涂料充分干燥。③防腐性:这是集装箱涂料最重要的性能。钢集装箱的寿命就是由其防腐程度决定的。要求涂有防腐漆的钢集装箱至少 3～5 年无须重涂。④耐磨性:集装箱在储存和运输过程中常会受到碰撞,因此集装箱涂料需要良好的耐磨性。⑤耐高温高湿性:由于集装箱反复暴露在炎热和寒冷地带,再加上一些地区昼夜温差大。这就要求集装箱涂料能够经受得住这种环境的考验。⑥耐候性：户外强烈的阳光、湿气、海水都会引起涂料褪色。而集装箱的颜色对每个公司和箱主都很重要。因为它象征公司在用户心目中的形象，因此要保护其原有的颜色和外观是非常必要的。

在集装箱涂料产品中，涂料成膜的核心为主要成膜物质，一般为分子量较大的高分子树脂。VOCs 作为溶剂的重要作用之一，便是溶解这些高分子树脂，故一般遵循高分子化学中的相似相溶原理，同时也要避免与反应型双组分树脂反应基团发生反应。因此，一般针对某种主要成膜物质，VOCs 的成分类型是比较类似的，故一般 VOCs 成分分类对应主要成膜物质分类。涂料按主要成膜物质涂料可分为油脂类、天然树脂类、酚醛树脂类、沥青类、醇酸树脂类、氨基树脂类、硝基类、过滤乙烯树脂类、烯类树脂类、丙烯酸酯类树脂类、聚酯树脂类、环氧树脂类、聚氨酯树脂类、氟碳类、有机硅、橡胶类、纤维素类、其他成膜物类等。其中，集装箱涂料所属的工业涂料领域最经常使用的有六类：醇酸涂料、环氧涂料、氯化聚烯烃涂料、丙烯酸聚氨酯涂料、氟碳涂料、有机硅涂料。

集装箱涂料 VOCs 中主要涉及的溶剂和助剂种类有：芳香烃类(甲苯、二甲苯、三甲苯)、200#溶剂油、重芳烃溶剂、正丁醇、酯类(乙酸丁酯、乙酸乙酯)、环己酮等。此外，还可能含有少量的苯甲醇、异丙醇、乙醇、成膜助剂等。其在一些主要涂料中的应用见表 3.21。

表 3.21　集装箱涂料 VOCs 种类及占比

涂料类型	VOCs 种类及占比/%
醇酸涂料	200#溶剂(60~90)、芳香烃类(10~30)、重芳烃溶剂(5~10)
环氧涂料	芳香烃类(20~30)、正丁醇(5~10)、丁酮(5~10)、重芳烃溶剂(5~10)
氯化聚烯烃涂料	芳香烃类(30~40)、重芳烃溶剂(5~10)
丙烯酸聚氨酯涂料	芳香烃类(20~30)、酯类(20~30)、环己酮(5~15)、重芳烃溶剂(5~10)
氟碳涂料	芳香烃类(20~30)、酯类(20~30)、环己酮(5~15)、重芳烃溶剂(5~10)
有机硅涂料	酯类(10~20)

集装箱涂料包括车间预涂底漆、箱内漆、箱外中间层、面漆和箱底防腐漆。车间预涂底漆有富锌底漆和丙烯酸车间底漆，近年来出于对环保的考虑，集装箱外基本采用丙烯酸面漆。因为集装箱可能会运输食品或药品，所以箱内采用环保、无毒的环氧油漆。集装箱的底漆采用锌含量在 80%以上的环氧富锌底漆。常规的溶剂型集装箱涂料的主要品种及基本情况见表 3.22。

表 3.22 常规溶剂型集装箱涂料的主要品种(以干货箱为例)

涂料品种	用途	VOCs 含量/(g/L)	单箱用量/ kg	兑稀率/ %
环氧富锌涂料	预处理底漆	420～460	6～8	100～150
	底漆	420～460	18～22	30～50
环氧涂料	中间漆	400～440	11～14	15～25
	内面漆	400～440	16～18	15～25
丙烯酸涂料	外面漆	480～520	12～15	15～20
沥青涂料	底架漆	500～550	10～15	—

目前，集装箱常用涂料系统是箱外部三道涂层、箱内部和箱底架两道涂层系统。常用的集装箱涂料配套及膜厚如表 3.23 所示。

表 3.23 常规集装箱溶剂型涂料配套及膜厚

部位	层次	油漆种类	干膜厚度/μm	
			单层膜厚	总膜厚
箱外	预处理底漆	环氧富锌漆	10	110
	整箱底漆		20	
	中间漆	环氧漆	40	
	外面漆	丙烯酸漆	40	
箱内	预处理底漆	环氧富锌漆	10	80
	整箱底漆		20	
	内面漆	环氧漆	50	
底架	预处理底漆	环氧富锌漆	10	230
	整箱底漆		20	
	底架漆	沥青漆	200	

(2)集装箱用涂料产量产值及发展趋势

集装箱涂料的发展，与涂料行业的整体发展轨迹类似，树脂等原材料技术的革新与创造，决定了涂料的发展方向。此外集装箱涂料市场直接受集装箱制造业的影响，2006～2008 年，我国集装箱涂料产量保持在 28 万吨；2009 年受金融危机严重影响，跌至 3 万吨；2010 年，经济的恢复促使集装箱涂料产量达到 20 万吨。2011～2015 年我国集装箱涂料产量在 25 万吨左右，如图 3.20 所示。

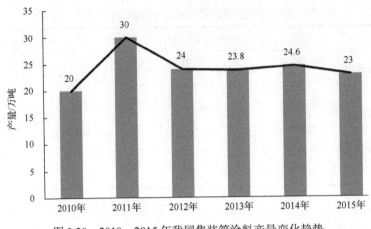

图 3.20　2010～2015 年我国集装箱涂料产量变化趋势

　　集装箱涂料的产量是世界贸易增长的一个数字化的反映，最近几年，由于世界贸易一直延续着中低速增长的态势，各年累计生产的集装箱涂料均在 20 万吨以上。

　　(3)集装箱用涂料企业分布

　　全球 96%的集装箱涂料目前在我国生产。我国集装箱涂料市场基本被四大品牌占据，分别是中远关西、日本中涂化工(CMP)、韩国金刚化工(KCC)、海虹老人。

　　2015 年的集装箱涂料的市场份额基本延续了以往的格局，即中远关西和中涂化工占 55%，其他公司占 45%，但在细分市场份额方面，与之前相比，2015 年的市场份额发生了很大的变化，德威涂料以其更灵活的市场策略，通过不懈的努力，市场份额已超过 10%，接近海虹老人涂料，成为第五大集装箱涂料主流供应商。

　　2015 年各涂料公司的市场份额分别为：中远关西 29.52%，中涂化工 26.41%，金刚化工 14.02%，海虹老人 10.92%，德威涂料 10.03%，其他 9.1%。图 3.21 显示了 2015 年各涂料公司的市场占有率情况。

　　集装箱涂料制造企业的分布情况基本与集装箱制造企业分布相似，主要集中在长三角、珠三角和环渤海地区，具体工厂分布地点如表 3.24 所示。

表 3.24　集装箱涂料公司地域分布

公司	工厂分布地点
中远关西(COSCO KANSAI)	天津、上海、珠海
中涂化工(CMP)	上海、广州
赫普(HEMPEL)	烟台、深圳
金刚化工(KCC)	昆山
其他(麦加、三金社、吉泰、九天、宝骏、德威等)	……

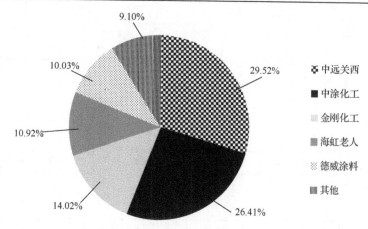

图 3.21　2015 年我国集装箱涂料行业各公司市场份额占有率情况

3.5.2　VOCs 产污环节

集装箱涂装工艺大致包括喷漆前钢材表面预处理(抛丸和焊缝喷砂)、预涂、喷漆、烘干等一系列过程，具体工艺流程为：整箱焊道喷砂处理→底漆预涂→底漆喷涂→底漆流平→中间漆和内面漆预涂→中间漆喷涂→内面漆喷涂→中间漆和内面漆流平→中间漆和内面漆冬季需要用 30～50℃烘干→面漆预涂→面漆喷涂→面漆流平→60～80℃烘干→底喷架漆→面完工检查。

集装箱制造业是典型的高消耗、高污染的产业，消耗大量的钢材、木材和油漆等，产生的污染主要有油漆有机废气、焊接烟尘、打砂粉尘、噪声和废水等。集装箱生产工艺过程中 VOCs 的排放主要来自于富锌漆、中层漆、沥青漆、面漆、修补漆等涂料的喷涂、烘干等过程，图 3.22 为普通(干货)集装箱生产工艺流程的排污环节。此外，在集装箱生产过程中的局部及死角部位喷涂、修补、零件表面涂装等也会产生 VOCs 排放，其大多数为人工操作，分散面广，浓度低。

(1)喷漆前集装箱钢板表面处理

喷漆前表面处理质量对涂膜寿命(即防腐蚀效果)的影响最大，它是影响涂膜保护性能的最主要因素。钢材表面处理要求一是清洁度，即除去钢材表面的铁锈，以及氧化皮、旧涂层和沾污的油脂、灰尘、残留焊渣的污物；二是粗糙度，它是指钢材表面处理后形成波峰、波谷的微观不平整度。钢材表面预处理包括开卷、轧平、剪切、抛丸、自动喷车间底漆、烘干等几道工序。一般地，集装箱制造厂按上述顺序涉及两条生产线，即钢材开卷、轧平、剪切为一条线；抛丸、自动喷车间底漆、烘干为另一条线，在专门的预处理机中进行。

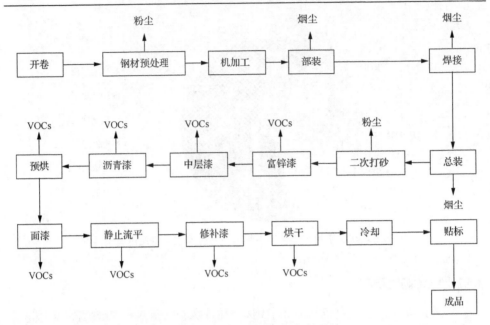

图 3.22　普通集装箱制造流程的产物环节

(2) 集装箱喷涂

预喷涂：预喷涂是保证涂装质量的一个重要环节，按照既定的工艺流程，箱体焊缝喷砂后，需立即进入预喷涂工位。预喷涂的部位主要有焊缝、二次锈蚀部位、箱体结构上的"死角"等三类。喷涂房(喷漆室)：内面漆、中层漆和外面漆等喷漆作业是形成涂膜的过程，喷漆工人用高压无气喷枪将涂料和作为稀释剂的溶剂混合，雾化后喷向集装箱钢材表面，形成涂膜；涂料干燥是溶剂型涂料的固化过程；流平是集装箱涂装工艺的特殊部位，大约耗时 10 min，目的是保证膜厚均匀，避免真空、起壳等涂膜弊病，因此在每道涂料喷涂后，必须设置平流房。我国从 20 世纪 80 年代初开始发展集装箱制造业，集装箱涂料一开始就采用高压无气喷漆机进行涂装。据称，目前国内集装箱厂除上海远东集装箱制造公司是采用新颖的液压泵喷漆外，其余集装箱厂均用无气喷漆法完成集装箱配套油漆的喷涂。近年来，国内陆续开发出一些集装箱新兴涂装工艺，包括底漆辊涂工艺、集装箱整箱自动喷涂工艺、静电喷涂工艺等，目前已经实现了环氧富锌底漆、环氧中层漆和环氧内面漆的自动喷漆，可在 2～3 min 内完成内外侧喷漆工艺。

(3) 集装箱涂膜的固化

集装箱表面涂层由液态转变成无定形的固态薄膜的过程称为集装箱涂料的成膜过程。涂料的成膜过程就是涂料的固化过程，对溶剂型涂料俗称为涂料的干燥。集装箱涂层固化前必须流平。流平是集装箱涂装工艺的特殊部位，因为集装箱制造对涂膜质量要求较高，加上生产速度快，使用的又是厚膜型涂料，只有经过 10 min

左右的自然流平，才能保证膜厚均匀，避免真空、起壳等涂膜弊病，因此在每道涂料喷涂后，必须设置流平房。

3.5.3　VOCs 成分谱排放特征

集装箱涂料包括车间预涂底漆、箱内漆、箱外中间层、面漆和箱底防腐漆。车间预涂底漆有富锌底漆和丙烯酸车间底漆，近年来出于对环保的考虑，集装箱外基本采用丙烯酸面漆。因为集装箱可能会运输食品或者药品，所以箱内采用环保、无毒的环氧油漆。集装箱的底漆采用锌含量在 80%以上的环氧富锌底漆。目前，集装箱常用涂料系统是箱外部三道涂层、箱内部和箱底架两道涂层系统。常用集装箱涂料的种类如表 3.25 所示。

表 3.25　常规集装箱涂料配套及膜厚

部位	油漆种类	干膜厚度/μm	备注
外侧			
底漆	环氧富锌底漆	40	
中层漆	环氧磷酸锌底漆	50	包括车间底漆 15 μm
外面漆	氯化橡胶漆或丙烯酸漆	40	
内侧			
底漆	环氧富锌底漆	30	
面漆	环氧面漆	45	包括车间底漆 15 μm
箱底			
钢结构	环氧富锌底漆	50	
	箱底专用漆	150~200	分沥青漆、半蜡型沥青漆、全蜡型沥青漆，钢结构沥青漆 200 μm，木地板沥青漆 150 μm
木地板		150~200	

集装箱涂料使用要满足两大特点。一是要适用于集装箱生产线的大批量生产特点。目前，一般集装箱生产线平均 3~5 min 一个生产工位，整条生产线耗时约 2 h。二是要具备较强的防腐蚀性和耐温度性（–40~70℃），还要求不变色、耐磨损、耐冲击等。涂装过程中 VOCs 的排放有以下特点：有害物质主要是甲苯、二甲苯等；有害物质含量低、流量大，主要漆房流量在 10 万~12 万 m³/h 以上，甲苯、二甲苯等含量在 500 mg/m³ 左右，治理难度较大。以 1 条集装箱生产线计算，喷洒漆风量 60 万~70 万 m³/h，喷漆废气中的挥发性有机物浓度波动范围为 400~2000 mg/m³。集装箱制造业的有机废气具有典型的大风量、低浓度的特点。

底漆喷涂(固含量 58%～67%)，中层漆、内面漆喷涂以及面漆喷涂过程中主要污染物分析见表 3.26～表 3.28。

表 3.26　底漆喷涂过程中主要污染物分析

涂料种类	喷涂技术	喷涂条件	膜厚	涂料使用量	VOCs 排放量	主要污染物
环氧富锌漆	无气喷漆 液压泵喷漆 自动喷漆	常温喷涂 无需烘干	环氧富锌漆：30 μm	0.15 kg/m²ᵃ	0.075 g/m²ᵇ	环氧树脂、聚氨酯树脂类、少量助剂等

a. 集装箱制造过程中涂料使用量=固含量×10/干膜厚度，固含量是指涂料中固体所占百分数，如环氧富锌漆固体含量为 58%～67%

b. 集装箱制造涂料涂装过程中 VOCs 的排放量与喷涂技术及涂料种类有关，一般认为无气喷涂技术的涂着率为 50%，每当喷涂 1 kg 涂料有 0.5 kg 附着在被涂物上，残余的 0.5 kg 则会被捕集在喷漆室中，附着在被涂物上的 0.5 kg 涂料将挥发 0.25 kg，捕集在喷漆室中的 0.5 kg 涂料也将挥发 0.25 kg

表 3.27　中层漆、内面漆喷涂过程中主要污染物分析

涂料种类	喷涂技术	喷涂条件	膜厚	涂料使用量	VOCs 排放量	主要污染物
环氧云铁中间漆 环氧内面漆	无气喷漆 液压泵喷漆 自动喷漆	常温喷涂 30～50℃ 烘干	环氧云铁中间漆：30～50 μm 环氧内面漆：40～50 μm	环氧云铁中间漆：0.09～0.18 kg/m² 环氧内面漆：0.11～0.13 kg/m²	环氧云铁中间漆：0.045～0.09 kg/m² 环氧内面漆：0.055～0.065 kg/m²	环氧树脂、颜料、有机溶剂、甲苯、二甲苯等

表 3.28　面漆喷涂过程中主要污染物分析

涂料种类	喷涂技术	喷涂条件	膜厚	涂料使用量	VOCs 排放量	主要污染物
氯化橡胶漆 丙烯酸漆 沥青漆	无气喷漆 液压泵喷漆 自动喷漆	常温喷涂 60～80℃ 烘干	氯化橡胶漆/丙烯酸漆：40～55 μm 沥青漆：150～200 μm	氯化橡胶漆：0.11～0.16 kg/m² 丙烯酸漆：0.02～0.03 kg/m² 沥青漆：0.05～0.06 kg/m²	氯化橡胶漆：0.055～0.08 kg/m² 丙烯酸漆：0.01～0.015 kg/m² 沥青漆：0.025～0.03 kg/m²	丙烯酸树脂、颜料、有机溶剂、苯、甲苯、二甲苯、萘、蒽及芳香族含氧化合物等

油性涂料集装箱生产线全过程 VOCs 排放中，甲苯、二甲苯和乙苯等苯系物占比达 90%以上，2017 年行业大多数企业实施了生产线油改水的升级，改用水性涂料后的 VOCs 排放与原有的油性生产线 VOCs 排放存在很大差异。如图 3.23 和图 3.24 分别为水性涂料生产线 VOCs 无组织和有组织排放成分谱特征。其中，无组织主要包括烘干车间和中间漆车间。有组织排放主要涉及底漆进出口、中间漆进出口、内面漆进出口和外面漆进出口。如图 3.23 和图 3.24 所示，无论是无组织还是有组织排放，VOCs 排放不再以简单的甲苯、二甲苯或乙苯为主要污染物，多以复杂的酯类和醇类为主，如无组织烘干和中间漆车间以三甲基戊基酯、丙酸丙酯、2-丁氧基乙氧基乙醇、苯甲醇和 1-甲氧基-2-丙醇为主；有组织排放口则多

以 1-甲氧基-2-丙醇、二甲苯、三甲基戊基酯和乙酸丁酯等为主。

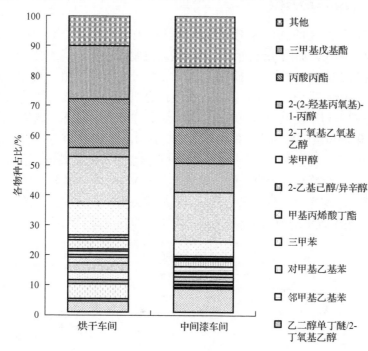

图 3.23　无组织排放占比

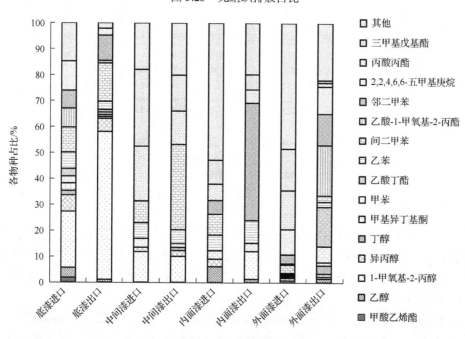

图 3.24　有组织排放占比

3.5.4　行业 VOCs 控制对策

集装箱制造产生的 VOCs 废气净化处理可采用的技术大体上可以分为两大类，即回收和销毁，如图 3.25 所示。回收是通过物理的方法，改变温度、压力或采用选择性吸附剂和选择性渗透膜等方法来富集分离有机气相污染物，主要有吸附、吸收、冷凝及膜分离技术。回收的挥发性有机物可以直接或经过纯化处理后返回工艺过程再利用，以减少原料的消耗。销毁主要是通过化学或生化反应，用热、光、催化剂和微生物等将有机化合物转变成为 CO_2 和 H_2O 等无毒害或低毒害的无机小分子化合物，主要治理技术有燃烧(直接燃烧、催化燃烧、蓄热式焚烧)、生物氧化、光催化氧化、等离子体破坏等。由于 VOCs 种类繁多，性质各异，排放条件多样，不同净化处理技术也有其不同的优缺点，因此在不同的工艺条件下需要采用不同的 VOCs 废气净化技术或采用不同净化处理技术的工艺组合。

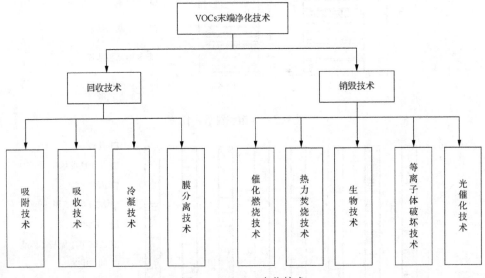

图 3.25　VOCs 净化技术

1. 源头控制技术

集装箱运输条件恶劣，尤其是海运集装箱，长期处在盐雾及阳光直射环境中，腐蚀严重，集装箱的箱体防锈问题，既影响集装箱的寿命，也涉及货物安全(锈穿漏水损坏货物)和使用安全(锈蚀严重会导致重货吊装安全问题)。涂料对于集装箱的品质来说至关重要。

目前，集装箱涂料中溶剂型涂料占比在 90%以上。集装箱生产喷漆过程中，会产生大量的溶剂挥发，不仅危害喷漆作业人员的身体健康，还会造成环境污染。

随着环保法规日趋严格，国际集装箱标准化委员会对集装箱涂料的环保和卫生提出较高的要求：如涂料内不得含 Cd、Pb、Cr、Hg 等重金属；采用磷酸盐等无毒的颜料；高固体分、低 VOCs 等。随着国际环保法规的严格执行，丙烯酸面漆替代氯化橡胶面漆、箱底专用漆也开始逐步推进。基于环保的要求，集装箱涂料的发展趋势是水性化、高固体化、无溶剂化，同时由于氯化橡胶的生产将受到限制，因此开发氯化橡胶的代用品如丙烯酸、高氯烯烃、聚氨酯面漆已成为热门的研究课题。国际集装箱租赁协会(ⅡCL)也召开了专门会议提出了有关集装箱水溶性涂料开发生产和应用的建议。目前集装箱行业更多注重于水性涂料的开发和研究。水性涂料是国内外重防腐产业，特别是海洋防腐工程的前沿技术领域，这项技术的突破可以对船舶、海洋设施、集装箱等提供非常重要的防腐保护，极具研究开发价值。我国在水性涂料方面有很大需求。从环保角度考虑，这方面的技术开发能够有益于我国海运事业健康发展，但是水溶性涂料对工艺条件要求较高，如延长烘干时间、存在初期耐水性要求、对环境湿度的要求较高、须使用不锈钢高压无气喷涂泵、冬季涂装需要保温等，使其在短期内大量应用受到限制。

(1)水性涂料中的三涂层方案及其技术难点

集装箱传统涂料的工艺配方，涂层由 3 种不同成分的涂料组成，每一涂层有不同的功能。最内一层(与钢材接触)，业内称为"富锌底漆"，其作用功能如前所述；中间一层，行内称为"中层漆"(有单组分和双组分两种工艺方案)，其主要功能是防止氧气进入与富锌底漆及钢材接触；外面一层，业内称为"外面漆"，其主要功能是防止太阳紫外线老化"中层漆"(其老化开裂将导致防氧化功能失效)。由于集装箱内极少被阳光照射，所以箱内采取了"富锌底漆"加高致密性的"箱内面漆"两涂层方案。三涂层方案是以箱外表面涂装工艺为区分标准。由此可见，传统集装箱三涂层方案，是由 3 种不同性能的涂料，综合配套，才能有效解决集装箱箱体防锈蚀问题。三涂层方案的技术瓶颈在于最大限度防止"富锌底漆"中锌原子被氧化。锌原子被氧化导致其丧失"阴极保护"功能。目前，业界采用"包络技术"解决这一难题，即先将锌粉用少量有机溶剂包络，然后通过乳化剂令有机溶剂包络的锌粉溶于低 VOCs 介质。所以必须在协调包络技术所采用的有机溶剂含量的极限基础上达到降低 VOCs 的目的。

(2)水性涂料的闪蚀性技术瓶颈

为解决三涂层方案锌原子被氧化的问题，目前有涂料商采用高附着力的两涂层解决方案，但这一方案也存在技术瓶颈。一般集装箱制造过程中打砂工艺之后，钢材不能接触水汽，否则会发生"闪锈"，即在"打砂"后的粗糙钢材表面尖锋点上，出现快速被氧化锈蚀现象。因此，该供应商的解决方案在实际应用时，也不得不使用少量的传统富锌底漆，以防止"闪锈"。但是，一旦加了富锌底漆，其内面漆原本的高附着力特性就被削弱(隔了锌粉层将导致其内面漆很难接触钢材表面，附着力下降)。这种"两层半"的实际解决方案，在防锈蚀机理上是自相矛盾的，很难说服客户相信这种办法有足够的防锈蚀能力。

(3)水性涂料的涂装工艺技术难点

涂料体系的溶剂介质为低冰点高挥发性有机物，在大气中含量极低，所以，涂料在涂装时的气候条件(温湿度)几乎不受限制。但如果将溶剂改为水性体系后，由于水和低 VOCs 含量有机溶剂的凝固点约为 0℃，加上空气中有大量的水分，所以，水性涂料在涂装施工时，低于一定温度和高于一定湿度时，均无法形成有效的涂膜。

水性涂料涂装工艺受限于温湿度的这种现象，称为"施工窗口控制"。水性涂料不但有施工窗口控制问题，还有一个施工过程的"成膜反潮"问题。"成膜反潮"是指水性涂料在干燥过程中，需要干燥度达到一定的指标度，才能返回高湿环境(包括下雨天气)，否则将无法形成有效涂膜。表 3.29 为水性涂料与溶剂型涂料在施工上的差别。

表 3.29　集装箱制造中水性涂料与溶剂型涂料在施工上的差别

项目		水性涂料	溶剂型涂料
施工环境	温度/℃	3~35	−15~50
	湿度/%	30~80	≤95
	风速/(m/s)	≥0.2	≥0.2
施工流程	底漆	①冬季气温低于 5℃时，底漆施工前需预热箱体至 5℃以上；②水性 PVDC 底漆要求干燥后(完全变色)才能进行下一层涂料的施工	①箱体无预热要求；②底漆可"湿碰湿"施工
	中间漆	水性中间漆需达到表干后才能进行下一层涂料的施工	无表干要求
	内面漆		
	外面漆	存在初期耐水性要求，否则将在连续雨天条件下出现起泡缺陷	
	底架漆	高湿度或雨天条件下，水性底架漆需进行烘干才能下线，否则无法成膜	无烘干要求
涂料调配及输送	装备	不锈钢材质	碳钢材质
	稀释剂	水，稀释比≤10%	溶剂，稀释比≤50%
	工艺参数	低速搅拌，活化期≤4 h	高速搅拌，活化期≤8 h
	其他	冬季需要保温	无保温要求

续表

项目			水性涂料	溶剂型涂料
施工参数	喷涂	喷涂压力/(kg/cm)	喷涂压力比溶剂型涂料略低，为 65～110	67.5～135
		喷嘴型号	喷嘴型号基本与溶剂型涂料一致	
	流平	时间/min	≥3	≥3
		温度/℃	≥3	≥–15
		湿度/%	≤80	≤95
		风速/(m/s)	≥0.5	无要求
	烘干	时间/min	≥30	≥18
		温度/℃	40～80	50～110
		湿度/(g/kg 干空气)	绝对湿度≤66	无要求
		风速/(m/s)	出风口≥10	无要求

(4)水性涂料的标准体系建设滞后

由于集装箱水性涂料产品近些年才陆续研发面世，各种产品供应商各自为政做研发，各大集装箱制造企业也是被动跟随产品供应商试用水性涂料，对施工工艺规范还没完全掌握，更没能形成行业公认的产品标准和施工规范。因此，集装箱水性涂料的"标准"基础工作薄弱，也增加了我国集装箱行业推广使用新型环境友好型涂料的困难。

(5)水性涂料的成膜质量缺陷

水性涂料在涂装过程中会有较多的成膜质量缺陷，如起泡、开裂、流挂、针孔、发霉、闪锈等，如图 3.26 所示。

起泡

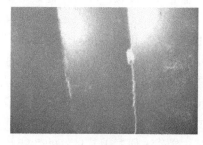
开裂

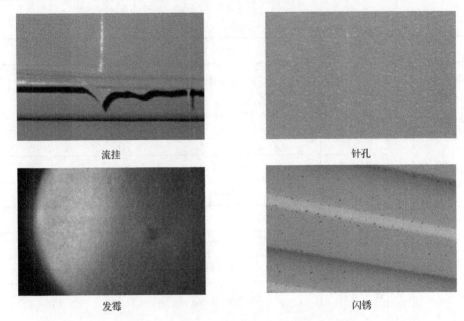

流挂　　　　　　　　　　　　　针孔

发霉　　　　　　　　　　　　　闪锈

图 3.26　水性涂料在涂装过程中的成膜质量缺陷

2. 过程控制技术

过程控制技术主要包括改进设备或者工艺及管理体系实现降低 VOCs，一般过程控制技术主要包括以下几种：

(1) 水旋式喷漆室：常见大型喷漆室的类型有干式喷漆室、倒置水幕式喷漆室、文氏喷漆室、水旋式喷漆室等。干式喷漆室一般用于有特殊要求的场合。倒置水幕式喷漆室是将水幕板水平横向倾斜放置，由于水幕板的结构问题，且与地坪间的风口调节困难，漆雾的捕捉性能差。因此，一般倒置水幕式喷漆室在水汽分离室前需加装喷淋装置，进一步捕捉漆雾。由于喷淋装置易堵塞，大型喷漆室的水幕板制造难度较大，漆雾捕捉效率差等原因，目前已基本淘汰，只用于简易、投资少的场合。文氏喷漆室是以文丘里管将水雾化来处理漆雾，其原理是在抽风的作用下将空气和漆雾在文丘里管内扩散，使水在间隙里雾化成水滴，将漆雾吸附。因此，文丘里管之间的间隙越小，雾化水的效果越好，捕捉漆雾的效率越高。但间隙太小往往引起啸叫声，并且大型喷漆室文丘里管的刚性较差，支撑较困难，在长度方向溢水板及间隙调整很困难，地坑较深，用水量较大。水旋式喷漆室的主要特点在于捕捉漆雾效率高，而其用水量却比一般文氏喷漆室低，再加上除渣容易，操作方便，因其良好的性能及经济性，在大型喷漆室中得到广泛应用。

(2) 一次打砂车间底漆辊涂工艺：使用自动辊涂工艺进行车间底漆的施工，从钢板开卷至压型完成，在自动流水线中一次完成。车间底漆采用辊涂工艺后，可以大幅降低涂料损耗，同时这种新的生产工艺还可以提高工作效率，减少操作工人的数量，压缩成本。

(3)集装箱整箱自动喷涂工艺：近年来，集装箱生产制造线上的全自动化是涂装中 VOCs 减排的一个重要手段。将高效率涂装的条件参数输入电脑程序来控制喷枪和涂装机工作，不仅提高了涂装效率，节省了涂料，还降低了工作人员的健康风险。目前国内已经有个别企业开始进行类似的开发和改革。

(4)静电喷涂：目前集装箱涂料的平均损耗系数为 1.7~1.8，其中大部分的损耗均发生在快速施工过程中的漆雾飞溅，为了降低涂料损耗系数，节约成本，中集集团和胜狮集团的部分箱厂先后进行了静电喷涂的试验，也取得了一定的突破。集装箱的静电喷涂不需要对流水线进行特别改造，在静电喷涂过程中，主要换成专用的静电喷枪并调整涂料的电导率即可，目前大部分采用 GRACO 专用静电喷枪。在对集装箱进行静电喷涂时，需要调整环氧中间漆和环氧内面漆的溶剂，保证涂料的体积电阻小于 60 MΩ·cm，但丙烯酸外面漆因已施工环氧中间漆无法做到基材有效导电，因此无法进行静电喷涂。通过对环氧富锌底漆和环氧中间漆、内面漆进行静电喷涂，可以降低涂料损耗近 20%，效果非常明显。但静电喷涂的缺点也非常明显：①必须采用专业的喷涂设备，对于箱厂设备投资较大；②静电喷枪操作不灵活；③不能做到每道涂层都可进行静电喷涂；④在施工前必须对涂料进行电阻率调整，加大了现场监控的难度。

3. 末端控制技术及最佳控制技术

集装箱制造业的末端处理主要分为对颗粒物和 VOCs 的治理。

细颗粒的固体物质(树脂和颜填料)，因含有树脂等黏稠物质，因此处理喷涂废气的第一步就是除去这些黏稠的细颗粒物质。目前采用的有干法和湿法两种，干法是采用过滤棉、粉体等吸附废气中的固体物质，过滤棉和粉体吸附饱和后，重新更换。采用湿法脱漆渣后废气中含有的水分被活性炭吸附，占据了吸附剂的容量，不利于有机溶剂的吸附分离操作。如果采用热氧化分解，水分的增多则会提高过程的能量消耗。由于过滤棉的价格高，目前干法更多的是应用在喷涂废气产生量较少的行业或实验室。湿法是通过水帘或喷淋塔吸收脱出细颗粒物质，细颗粒物质进入水中形成漆渣，用絮凝剂凝结后过滤除去，水循环使用。起始新鲜水开始能溶解少量的溶剂，循环很短的就被溶剂所饱和，其后的水不能再溶解溶剂。水随着循环次数的增加，漆渣量在不断地积累，其中黏稠物质在循环过程中很容易黏附在管道和设备上，最终将导致管道的堵塞，因此水循环一段时间后，需要全部更换。

涂装后的废气经过滤处理后的废气中的 VOCs 量并没有减少，需要进一步处理降低排放浓度和总量。VOCs 末端控制技术总体可以分为两大类：回收技术和销毁技术。回收技术主要包括吸附技术、吸收技术、冷凝技术及膜分离技术等；销毁技术主要包括热力焚烧、催化燃烧、生物氧化、低温等离子体破坏和光催化氧化技术等。其中，吸附技术、催化燃烧技术和热力焚烧技术是传统的有机废气治理技术，也仍然是目前应用最为广泛的 VOCs 治理技术。近年，在回收和销毁技术基础上形成的组合技术也发展起来，主要有吸附浓缩+(催化)燃烧技术和吸附浓缩+回收技术等。对于集装箱制造企业涂装工序治理工艺应根据不同企业所产生的喷涂废气特征来选择，目前国内集装箱企业处理 VOCs 废气的方法主要是(催化)燃烧法和吸附回收法。

对于集装箱制造业生产过程中颗粒物和 VOCs 的协同治理，一般包括以下几种组合工艺。

(1)水帘除雾+多级过滤+颗粒炭吸附+水蒸气解吸+冷凝回收技术

工艺流程(图 3.27)：涂装工序废气经水帘除去漆雾后进入多级过滤器过滤除湿，再由高压离心风机抽送进入装有活性炭的吸附槽内。在通过活性炭层时，有机溶剂被活性炭吸附在孔隙中，空气则透过炭层。达到排放要求的尾气由吸附槽顶部排放口排至大气。吸附槽吸附一定时间，当吸附槽顶部即将穿透时，系统自动启动真空泵进行抽吸，同时通入低压蒸汽加热汽提溶剂，使活性炭得到再生。从活性炭表面脱附下来的有机溶剂和水蒸气进入冷凝器冷凝成液体后，混合液体进入比重分离槽自动分离，分离出来的溶剂液进入储槽，废水直接排到废水处理厂。

集装箱制造行业排放废气为间歇排放，浓度低，无回收价值，一般不用上述工艺，但是对于颗粒物的处理可以参考该组合技术。

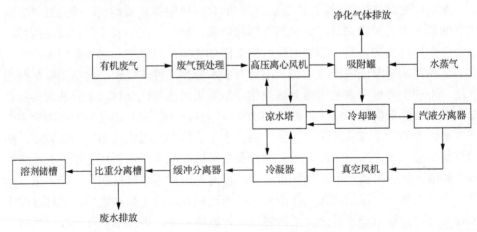

图 3.27　颗粒炭吸附+蒸汽解吸冷凝回收工艺流程图

(2)水帘除雾+水吸收塔吸收+吸附浓缩-燃烧技术

吸附浓缩-燃烧技术是将吸附技术和燃烧技术相结合的一种集成技术，将大风量、低浓度的有机废气经过吸附/脱附过程转换成小风量、高浓度的有机废气，然后经过燃烧净化，可以有效地利用有机物的燃烧热。该技术适宜处理中低浓度有机废气(一般小于 2000 mg/m³) 的治理。对于喷漆工序产生的废气，可以采用吸附浓缩-催化燃烧技术进行治理。

目前在国内多采用蜂窝活性炭浓缩+催化燃烧技术(图 3.28)，该技术投资和运行费用都较低，对于涂装废气可以实现达标排放的要求，在部分涂装企业废气治理中得到了应用。

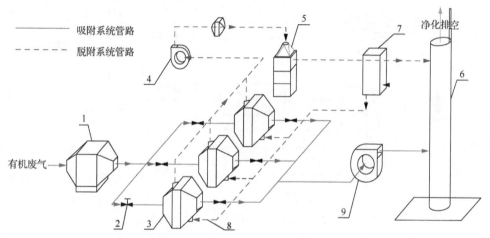

图 3.28　蜂窝活性炭吸附浓缩+催化燃烧工艺流程图
1.高效过滤器；2.吸附阀门；3.固定吸附床；4.脱附风机；
5.催化氧化床；6.钢制烟囱；7.混流换热器；8.脱附阀门；9.引风机

采用蜂窝活性炭浓缩技术，一般采用热空气对活性炭进行再生，安全性较差，特别是有酮类化合物(如甲乙酮)存在的情况下，活性炭的燃点降低，在再生过程中容易发生着火现象。因此，目前国外普遍采用沸石分子筛转轮+催化燃烧工艺，分子筛作为吸附材料，避免了活性炭的着火问题，安全性大大提高。但由于设备造价高，目前只在部分汽车制造企业中得到应用，但随着环保要求的不断提高，目前已经有一些集装箱制造企业正在尝试采用该技术，是今后的发展趋势之一(图3.29)。

烘干工序产生的有机废气浓度和温度较高，通常采用蓄热催化燃烧(RCO)(图 3.30)或者蓄热直接燃烧(RTO)技术净化，对燃烧后产生的热量进行回收，可以充分利用废气中有机物的热值，直接回用于烘房的加热，具有非常好的经济效益，而且净化效果良好，废气净化后可以达标排放。

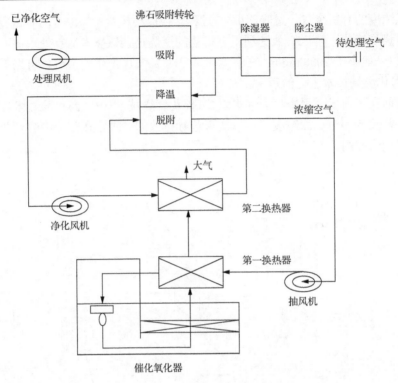

图 3.29　沸石转轮吸附浓缩-催化燃烧工艺

（3）水帘除雾+水吸收塔吸收+低温等离子体净化技术

低温等离子体净化技术是近年来发展起来的废气治理新技术。等离子体被称为物质的第 4 种形态，由电子、离子、自由基和中性粒子组成。低温等离子体有机气体净化就是利用介质放电所产生的等离子体以极快的速度反复轰击废气中的异味气体分子，去激活、电离、裂解废气中的各种成分，通过氧化等一系列复杂的化学反应，打开污染物分子内部的化学键，使复杂大分子污染物转变为一些小分子的安全物质（如二氧化碳和水），或使有毒有害物质转变为无毒无害或低毒低害物质。

低温等离子体净化技术的优点是：①等离子体反应器阻力低，系统的动力消耗低；②不需要预热，净化装置可以即时开启与关闭；③所占空间比现有的其他技术更小；④装置简单，易于进行安装和搬迁。缺点是：①净化效率低（一般为30%～70%），只适用于低浓度废气净化（一般低于 300 mg/m³ 为宜）；②产物复杂，通常需要进行二次吸收处理；③等离子体的产生方式不同，目前尚缺乏系统的研究比对。因此，该技术只适用于低浓度含 VOCs 废气的治理（一般低于 300 mg/m³）。近年来在部分涂装企业的废气治理中得到了应用。

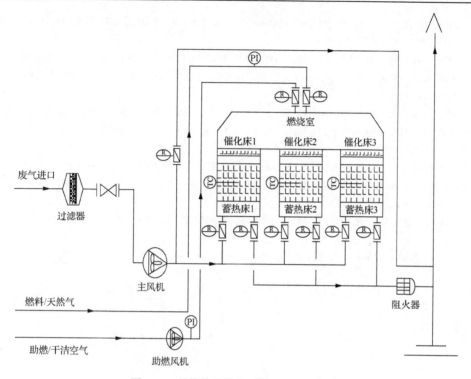

图 3.30　蓄热催化燃烧系统(RCO)流程图

参 考 文 献

[1] 中华人民共和国国家统计局. 国民经济行业分类: GB/T 4754—2011 [S/OL]. Stats. gov. cn/tjsj/tjbz/hyflbz. 2013-10-23.

[2] 何梦林, 王旎, 陈扬达, 等. 广东省典型电子工业企业挥发性有机物排放特征研究[J]. 环境科学学报, 2016 (5): 1581-1588.

[3] 吴耀耀, 范秀敏. 深圳电子元件制造行业挥发性有机物排放现状研究[J]. 硅谷, 2012, 18(24): 63-64.

[4] 肖景方, 叶代启, 刘巧, 等. 消费电子产品生产过程中挥发性有机物(VOCs)排放特征的研究[J]. 环境科学学报, 2015 (6): 1612-1619.

[5] 王锡春. 我国汽车涂装的现况及发展趋向[J]. 涂料工业, 2009 (10): 1-3, 7.

[6] 中华人民共和国国家统计局. 中国统计年鉴2016[M]. 北京: 中国统计出版社, 2016.

[7] 吴涛. 汽车涂装技术发展趋势及中国汽车涂装的对策[J]. 中国涂料, 2014 (8): 19-23.

[8] 谢文林. 汽车车身喷漆废气的排放分析及处理措施[J]. 汽车研究与开发, 2005(8): 40-44.

[9] 杨鑫, 章军, 陈慕祖. 水性漆喷涂系统在我国汽车涂装中的实际应用[J]. 上海涂料, 2009 (3): 12-15.

[10] 王建平. 汽车涂装 VOC 排放的计算与管理[J]. 涂料技术与文摘, 2012 (2): 22-26.

[11] 宋华, 张业飞, 高若天, 等. 汽车涂装用几种最新涂料与涂装工艺[J]. 汽车工艺与材料, 2009 (1): 14-17.

[12] 王锡春. 汽车涂装节能减排的新工艺技术[J]. 现代涂料与涂装, 2012 (4): 31-35, 48.

[13] 李家伟. 汽车涂装的新技术及发展趋势[J]. 合肥工业大学学报(自然科学版), 2007 (S1): 128-131.

[14] 杨利娴, 黄萍, 赵建国, 等. 我国印刷业 VOCs 污染状况与控制对策[J]. 包装工程, 2012 (3): 125-131.

[15] 高峰, 张志昌. "十二五" 绕组线行业发展思考[C]//. 2010 漆包线行业节能减排技术论坛论文集. 上海: 中国电器工业协会电线电缆分会, 2010: 1-5.

[16] 曹国良, 安心琴, 周春红, 等. 中国区域反应性气体排放源清单[J]. 中国环境科学, 2010, 30(7): 900-906.

[17] 曲健, 华彤, 潘明杰, 等. 电线电缆行业漆包线生产工艺废气中有机物的 GC/MS 测定[J]. 中国环境监测, 1998, 14(5): 13-14.

[18] 刘贵忠, 汤洪汉, 王忠友. 漆包线残留挥发性有机物 HS-GC-MS 法测定分析[J]. 电线电缆, 2004, 2: 28-30.

[19] 朱东. 聚氨酯漆包线漆与环境[C]//漆包线—漆技术发展研讨会论文集. 上海: 中国电器工业协会电线电缆分会, 2004: 12-14.

[20] 刘希平. VOC 自厂排放系数建立之探讨与建议[J]. 工业污染防治(台湾), 2008, 106: 117-119.

[21] 王宇楠, 叶代启, 林俊敏, 等. 漆包线行业挥发性有机物(VOCs)排放特征研究[J]. 中国环境科学, 2012, 32(6): 647-652.

[22] 席劲瑛, 武俊良, 胡洪营, 等. 工业 VOCs 排放源废气排放特征调查与分析[J]. 中国环境科学, 2010, 30(11): 1558-1562.

[23] 王明堂. 集装箱行业有机废气污染与治理技术[J]. 集装箱工业, 2008, 3: 29-31.

第4章 典型化工园区 VOCs 排放特征

化工行业在我国经济的发展中占有重要地位[1]，产品种类已超过了 40000 种[2]；同时，化工行业作为我国 VOCs 排放的重点行业，排放量约占全国工业源 VOCs 排放量的 34%[3]，是"十二五"期间的重点治理行业之一，今后及未来相当长的时期内仍需大力削减其 VOCs 排放。化工园区作为化工企业的聚集地，产品种类众多，污染组分复杂，无组织排放普遍，监控管理难度极大，我国对不同类型化工园区 VOCs 前期研究基础薄弱，无法满足化工园区 VOCs 减排及空气质量改善的管理和决策需求，其主要体现在化工园区 VOCs 排放特征不明及企业 VOCs 指纹特征缺乏，严重阻碍了园区 VOCs 防治工作的开展。

针对化工园区 VOCs 组分复杂、排放特征不明、缺乏有效控制的现状，选取具有地域特点及产业类型代表性的珠江三角洲某化工园区为研究对象，对企业基本情况进行全面调研并筛选典型企业实地采样，开展基于生产单元的排放特征研究，构建包含点源、面源的高分辨率排放清单；综合比较各种特征污染物筛选方法，选取层次分析法筛选园区的特征污染物，建立园区典型企业 VOCs 特征物种名录；最后利用 AERMOD 模型定量评估园区排放对周边环境的影响。研究立足于国内研究现状，开展园区 VOCs 排放特征研究，为政府和相关环保部门制定化工园区 VOCs 控制标准和政策、改善空气质量提供科学依据和技术支撑。

研究的对象园区是华南地区大型综合性化工园区，规划用地 9.2 km^2，产业定位为精细化工及石化港口仓储物流。目前园区内已有多家大型跨国企业，主要为石油化工品的仓储和运输、基础化学原料制造、合成材料、胶黏剂、日用化学品的生产等，企业分布如图 4.1 所示。园区的化学品仓储量已有较大规模，共储存有苯类、酮类、酯类、醇类、醚类等 20 多种有机化工原料。以华南地区为重点市场的国内外各大化学公司大部分在此租有储罐，其经营液体化学品的份额占广东液体化学品市场份额的 40%以上。

园区企业信息汇总见表 4.1(为简化企业名称，下文表格均用简称表示)，园区内化工制造企业较多，主要生产丙烯酸树脂、醇酸树脂、聚氨酯树脂、聚酯多元醇、甲基叔丁基醚(MTBE)等化工产品。其生活污水主要通过市政污水管网净化、工业废水主要通过槽车进入园区污水厂处理，废气排放以挥发性有机物为主且为无组织排放，危险废物委托有资质的单位处置。

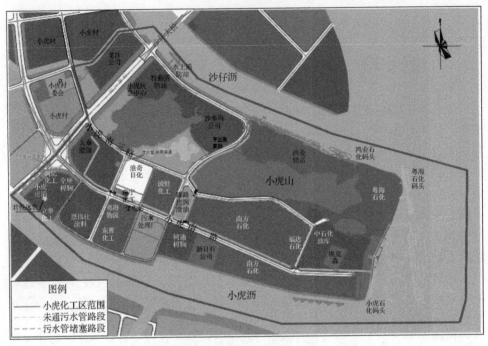

图 4.1 园区企业分布图

表 4.1 园区企业基本信息汇总

序号	企业名称	主要原料	主要产品
1	RY 化工	甲苯、乙酸乙酯	丙烯酸胶黏剂
2	QS 树脂	二甲基甲酰胺、甲苯、丁酮及多元醇	聚氨酯树脂和聚酯多元醇(非危化品)
3	LS 制药	3-甲基吡啶、液氨、甲苯、甲醇	烟酰胺、活性医药、左旋肉碱
4	SDM 化学	甲基环己烷、甲苯、庚烷、丙烯酸、甲基丙烯酸、异佛尔酮二异氰酸酯(IPDI)	丙烯酸酯单体(MA)、聚氨酯丙烯酸树脂(UA)、环氧丙烯酸树脂(EA)
5	KD 树脂	二甲苯、苯乙烯、甲醇钠、乙二醇、异辛醇、丙烯酸丁酯、乙酸乙烯	不饱和聚酯树脂、聚丙烯酸乳液、醇酸树脂
6	ASK 化工	邻苯二甲酸酐、异壬醇、钛酸盐催化剂、柴油、苏打	邻苯二甲酸二异壬酯
7	LT 化工	甲醇、甲醛	三聚氰胺树脂、丙烯酸酯胶黏剂
8	DC 化工	氨水、甲醇、盐酸	氯乙烯、聚氯乙烯
9	JT 化工	甲醇	甲醛
10	JKS 润滑油	基础油、添加剂	润滑油
11	JT 能源	甲醇	二甲醚

续表

序号	企业名称	主要原料	主要产品
12	QN 化工	甲醇、十二烷基苯磺酸、氢氧化钠、硫黄	脂肪酸甲酯磺酸钠
13	YT 化工	环氧丙烷、乙二胺、环氧乙烷	聚醚多元醇
14	CH 化工	混合碳四、甲醇、氢气、催化剂	MTBE、1-丁烯、异丁烯
15	EWS 涂料	水性丙烯酸树脂、水性增稠剂、水性成膜助剂、丙烯酸树脂、甲苯、二甲苯、丙酮等	甲基叔丁基醚水性涂料、溶剂涂料、粉末涂料
16	LLD 润滑油	汽油、柴油、润滑油、复合剂等	汽油机油、柴油机油、车辆齿轮油、刹车油、其他工业油
17	LQ 日化	十二烷基苯磺酸、氢氧化钠、硫黄	洗衣粉、香皂
18	JT 石化	环氧双丙烷、双酚 A	环氧树脂、四溴双酚 A
19	ZR 储运	甲苯、二甲苯、甲醇	
20	YH 储运	汽油、柴油、醇类、苯类、酮类、酯类和溶剂类	
21	ZSHGD 储运	燃料油、稀释沥青、二甲苯、基础油、甲醇、氯乙烯、乙酸乙酯、甲苯、丁酮(配套码头，仅周转，不储存)	
22	FD 储运	汽油、柴油、苯类、醇类	
23	HY 储运	汽油、柴油、甲苯、二甲苯、甲醇、苯	
24	HY 码头	汽油、柴油、甲苯、二甲苯、甲醇储运	
25	XHSH 码头	燃料油、稀释沥青、二甲苯、基础油、甲醇、氯乙烯、乙酸乙酯、甲苯、异丙醇、纯苯、丁酮、邻苯二甲醇二辛酯(配套码头，仅周转，不储存)	
26	BP 油品	汽油、柴油	
27	JT 码头	汽油、柴油、乙酸、基础油、生物燃料油	

4.1　基于排放环节的 VOCs 排放特征分析

4.1.1　生产工艺及 VOCs 排放环节识别

1. 有机化学原料制造

有机化学原料制造行业所包含的产品种类繁多，不同企业产品不一样，工艺流程差别较大，园区中属于有机化学原料制造行业的企业较多，产品涉及二甲醚、丁烯、甲醛等产品。本研究以 JT 能源二甲醚生产工艺为例研究该行业生产工艺与 VOCs 排放环节(图 4.2)。

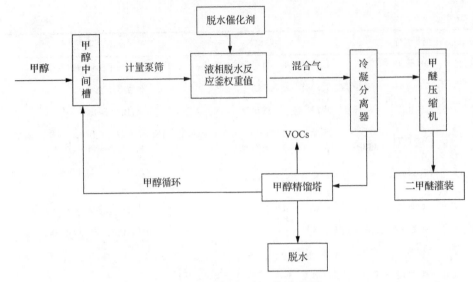

图 4.2　二甲醚生产工艺示意图

二甲醚经过预热器加热后，由反应釜底部均匀进入液相催化剂，生成二甲醚气体。气体经过甲醇冷凝器降温进入净化槽进行气液分离，甲醇、二甲醚气体由塔顶进入塔顶冷凝器，甲醇冷凝为液体进入液封槽，二甲醚气体则由液封槽顶部用管道并入二甲醚管道送往二甲醚压缩工段，自压缩工段产生的二甲醚即为成品进行灌装。

二甲醚生产工艺的 VOCs 产生环节及排放种类如表 4.2 所示。

表 4.2　二甲醚生产 VOCs 产生环节及主要污染物种类

产生环节	主要污染物
压缩	挥发性有机物、水蒸气
精馏	挥发性有机物
灌装	挥发性有机物、水蒸气
脱水催化反应	挥发性有机物、水蒸气、SO_2
氮气、空压站	N_2

2. 合成树脂制造

以丙烯酸树脂为例研究该行业生产工艺与 VOCs 排放环节。合成树脂生产工艺过程如图 4.3 所示，原辅料经过乳化、聚合反应、稀释、过滤等一系列反应过程，最后包装为成品出售。聚合反应过程在反应釜进行，VOCs 产生环节主要是乳化、聚合反应及最后的成品包装阶段，其 VOCs 产生环节及主要污染物种类如

表 4.3 所示。

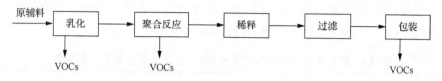

图 4.3　合成树脂生产工艺示意图

表 4.3　合成树脂生产过程 VOCs 产生环节及主要污染物种类

产生环节	主要污染物
乳化	挥发性有机物、有机废水
聚合反应	挥发性有机物、有机废水
稀释	有机废水
过滤	滤渣
包装	挥发性有机物

3. 肥皂及合成洗涤剂制造

在园区属于肥皂及合成洗涤剂制造行业的企业仅有 LQ 日化，这里以 LQ 日化的主要生产工艺为代表研究该行业生产工艺与 VOCs 排放环节。图 4.4 为肥皂及合成洗涤剂制造生产工艺流程图，原辅材料经过磺化反应及其他工艺过程，最终变成成品。

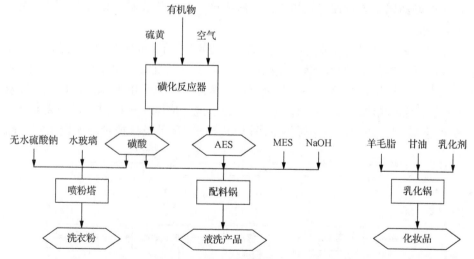

图 4.4　肥皂及合成洗涤剂制造生产工艺流程图

AES 为脂肪酸聚氧乙烯醚硫酸盐，MES 为脂肪酸甲酯磺酸盐，二者均为表面活性剂

挥发性有机物主要在投料、混合、包装过程产生，此外对反应装置的清洗也会产生 VOCs。投料和混合过程非密闭，传输过程主要通过车间内管道，属于密闭传输。VOCs 产生环节及排放种类如表 4.4 所示。

表 4.4　肥皂及合成洗涤剂制造 VOCs 产生环节及主要污染物种类

生产线	产生环节	主要污染物
磺化产品	磺化	SO_2
洗衣粉生产	前配料工序	粉尘
	喷粉塔	粉尘
	风提沉降老化	粉尘
	后配料工序	挥发性有机物、粉尘
液洗产品生产	原料混合	挥发性有机物
	包装	挥发性有机物

4. 化学药品原药制造

化学药品原药制造是指供进一步加工药品制剂所需的原料药生产。在园区中仅有 LS 制药属于该行业，这里以烟酰胺生产工艺为代表研究该行业生产工艺与VOCs 排放环节。

化学药品原药制造行业生产工艺过程如图 4.5 所示，3-甲基吡啶经过氨氧化工艺反应，再与 3-氰基吡啶水溶液反应，接着与 3-氰基吡啶、甲苯反应，精馏、加入工艺水，进行生化水解，进而脱色超滤、浓缩，得到烟酰胺水溶液，最后喷雾干燥得到产品烟酰胺。这些过程均是在反应釜或反应罐中密闭进行，VOCs 产生环节主要是萃取、清洗反应装置等阶段，VOCs 产生环节及排放种类如表 4.5 所示。

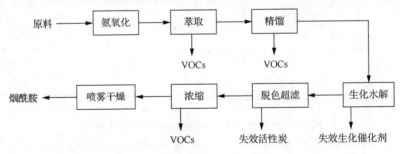

图 4.5　烟酰胺生产工艺示意图

表 4.5　烟酰胺生产过程 VOCs 产生环节及主要污染物种类

产生环节	主要污染物
氨氧化	氨气、NO$_x$
萃取	废水、挥发性有机物
精馏	挥发性有机物
生化水解	废水、固废(失效生化催化剂)
脱色超滤	废水、固废(失效活性炭)
浓缩	挥发性有机物
喷雾干燥	水雾

5. 石油制品制造

园区企业中属于石油制品制造行业的企业均为润滑油制造企业，润滑油制造工艺较简单，图 4.6 为润滑油生产工艺示意图，基础油和添加剂送到调和罐中，经过加热、搅拌、冷却等系列过程，取样化验合格后即为成品。润滑油生产过程中挥发性有机物主要在调和环节产生，其他环节基本不产生。

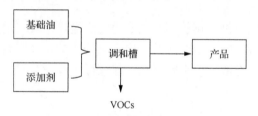

图 4.6　润滑油生产工艺示意图

6. 储存与运输

园区中储运企业较多，主要为油品及有机化学品储存和运输，图 4.7～图 4.10 为油品装卸船的主要流程图。

(1) 油品卸船工艺流程

图 4.7　油品卸船工艺流程图

(2) 油品装船工艺流程

图 4.8　油品装船工艺流程图

(3)装车工艺流程

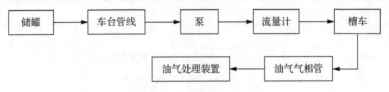

图 4.9　装车工艺流程图

(4)管线吹扫工艺

先用氮气将管线内物料吹扫进卧罐内,后用水(<40℃)或中和物质(根据品种而定)清洗管线,再用蒸气加热蒸管线一定时间,之后用水清洗管线(2～3 遍),最后再用氮气或压缩风吹扫管线 2～3 遍以达干燥。

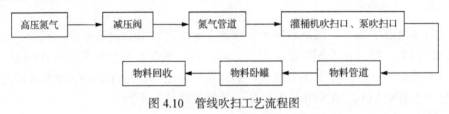

图 4.10　管线吹扫工艺流程图

储运行业挥发性有机物排放环节主要为管道运输中设备的泄漏,储罐静止及作业时的大、小呼吸,物料装船时船舱内油气的排放,物料装车时油气的排放,管线吹扫过程的挥发逸散及废水储存和处理过程中 VOCs 排放等。具体排放环节见表 4.6。

表 4.6　储运企业 VOCs 排放环节

环节	来源
设备泄漏	管道装置输送物料的动、静密封点排放的 VOCs
有机液体储存挥发损失	VOCs 排放来自于挥发性有机液体固定顶罐(立式和卧式)、浮顶罐(内浮顶和外浮顶)的静止呼吸损耗和工作损耗
有机液体装卸挥发损失	挥发性有机液体在装卸过程(桶、车、船)中逸散进入大气的 VOCs

4.1.2　VOCs 排放浓度水平及成分谱特征

VOCs 排放浓度,既包括排气筒有组织排放浓度,也包括储罐呼吸、仓库逸散、管线等泄漏、废水处理逸散等无组织排放的 VOCs 浓度;成分谱则包括各个排放环节排放的苯系物、烷烃、烯烃及含氧 VOCs 的构成。化工行业原辅材料众多,生产工艺复杂,不同行业、不同工艺排放浓度及组分差别较大,因此下面以园区内典型企业为例研究行业 VOCs 排放浓度水平及成分谱,从而得出园区的排放特征。

在所采样的 34 个点位中,除去厂界,其他样品所检测到的物种按照苯系物、烷烃、烯烃、含氧 VOCs(醛类、酮类、酯类、酚类、醚类和醇类)及其他共 10 种类别进行了分类,结果如图 4.11 所示。各个单元物种组成十分复杂,不同厂区,甚至同一厂区不同环节,其物种构成均有所不同,这取决于各企业及生产单元的有机溶剂挥发强度及相互反应。约一半以上生产单元的排放物种以烷烃为主,其次是苯系物和含氧 VOCs,如 RY 化工的"压缩厂房区和工艺过程区",以及 LS 制药除原料储罐区以外的其他区域,这与 Wei 等[4]和 Mo 等[5]所研究的成分谱相似;但这些单元之间并无明确的相关关系,在下文中会结合各企业的情况详细讨论排放特征。

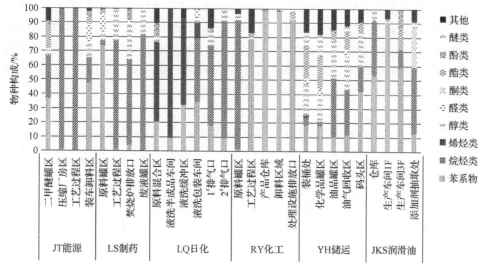

图 4.11   各排放环节采集的排放源样品 VOCs 物种构成

在 GC-MS 进行样品定性分析时,为保证结果的准确性与可信度,在每个有效源样品组成中浓度占比小于 1%的 VOCs 组分在图中未列出,下同

1. 有机化学原料制造

有机化学原料制造行业以二甲醚的合成过程来研究行业 VOCs 排放浓度水平及成分谱。表 4.7 为二甲醚合成企业各环节排放的 VOCs 浓度,其中压缩厂房区域 VOCs 浓度最高,为 45.92 mg/m³。压缩区域主要工艺为分离提纯后的二甲醚液体进入压缩机加压为压缩气体,该环节的压缩过程产生大量有机气体,且部分管线、阀门等密封性不佳,导致该环节 VOCs 浓度最高;储罐区域和厂界下风向 VOCs 浓度水平相当,在 1.05～1.35 mg/m³ 之间,储罐区域的 VOCs 主要来自储罐的呼吸损耗,该企业储罐均为浮顶罐,且对呼吸的气体进行回收,故该环节 VOCs 浓

度较低。

表 4.7　二甲醚合成企业各环节排放浓度（mg/m³）

排放环节	二甲醚罐区	甲醇罐区	压缩厂房区	工艺过程区	装车卸料区	厂界下风向
VOCs 浓度	1.32	1.05	45.92	21.38	9.38	1.35

　　图 4.12 为 JT 能源厂区内排放环节的主要 VOCs 成分谱，该厂区所有排放均为无组织排放，无集气措施及废气治理设备。压缩厂房与工艺过程区在物种组成上较为一致，均为烷类物质，这是因为甲醇在合成二甲醚过程中的中间产物多为烷烃，压缩厂房比例最高者为己烷和辛烷，工艺过程区域则为己烷和癸烷；装车卸料区排放物种以三氯甲烷、甲苯为主，可能是因为甲苯易挥发，且性质活泼，容易在空气中发生反应，故只能在物料流动前端（装车卸料口）检测到；所有环节所检出物种与原料及产品不完全吻合，一方面，由于溶剂成分在使用过程中会发生较大变化[6]，使得所检测出的物种比原辅材料及产品丰富；另一方面，图中所列物种并非所有物种，个别物种由于浓度比例太小而未被列出。

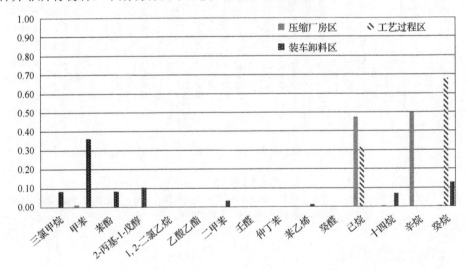

图 4.12　二甲醚合成企业各环节 VOCs 成分谱

2. 合成树脂制造

　　合成树脂制造行业以丙烯酸树脂的合成过程来研究行业 VOCs 排放浓度水平及成分谱，表 4.8 为丙烯酸树脂合成企业各环节排放的 VOCs 浓度，其中卸料区域 VOCs 浓度最高，为 107.02 mg/m³，由于该企业卸料过程为粗放式卸料，未设置负压收集措施，且监测时段为正在卸料时段，故该区域浓度最高。其次为成品仓库区域，为 70.38 mg/m³，成品仓库为该企业的产品储存区域，为半密闭区域，且无排气措施，故浓度较高。原料罐区浓度为 45.52 mg/m³，相对于其他企业较高，原因是该企业储罐均为拱顶罐，且对于大小呼吸不做处理，导致原料在储存过程挥发较多，且全部为无组织排放，故该区域浓度较高。排放口浓度为 35.43 mg/m³，该企业有机废气处理设施为活性炭吸附，所有工艺废气均收集到活性炭吸附装置处理，由于该企业进气口不具备监测条件，故仅有排放口数据，从排放浓度来看，该企业废气处理设施效率较低，排放浓度甚至高于工艺车间浓度。另外，该企业厂界下风向 VOCs 浓度为 3.01 mg/m³，较上两个企业高。

表 4.8　丙烯酸树脂合成企业各环节排放浓度(mg/m³)

排放环节	原料罐区	工艺装置区域	成品仓库	卸料区域	处理设施排放口	厂界下风向
VOCs 浓度	45.52	8.97	70.38	107.02	35.43	3.01

图 4.13 为 RY 化工厂区内排放环节的主要 VOCs 成分谱，该企业有机废气处理设施为活性炭吸附，所有工艺过程产生的废气均收集到活性炭吸附装置处理。厂区 VOCs 物种组成较为集中，除原料罐区外，四个排放环节的主要物种均为甲苯，且占比均超过 70%，这与企业所使用原辅材料种类及用量密切相关；原料罐区的 VOCs 物种则以正己烷和壬烷为主，甲苯占比较低，可能是由于检测点位较靠近烷烃类储罐。由于罐区的范围大，且浓度较低，所检测点位不能全面反映其排放特征。

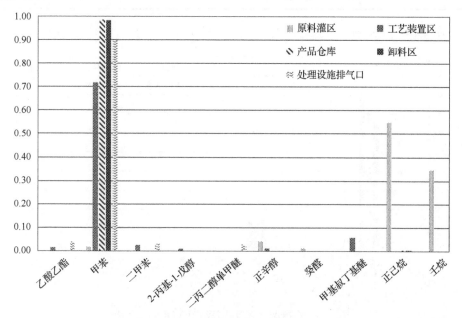

图 4.13　丙烯酸树脂合成企业各环节 VOCs 成分谱

3. 化学药品原药制造

化学药品原药制造行业以烟酰胺的合成过程来研究行业 VOCs 排放浓度水平及组分特征，表 4.9 为烟酰胺合成企业各环节排放的 VOCs 浓度，其中工艺装置区域 VOCs 浓度最高，为 22.35 mg/m³，工艺装置区域主要由萃取、精馏、生化水解、脱色超滤、浓缩、喷雾干燥等工艺环节构成，由于该区域生产环节众多，且在精馏、喷雾干燥等环节伴随有大量有机废气产生，所以该区域 VOCs 浓度最高。其次为废液罐区，为 7.26 mg/m³，废液罐区是主要为企业各种生产废液(包括废水)的储存区域，相比于原料罐区，该区域 VOCs 浓度明显较高，可能原因是废液罐区装卸料频率较高，导致该区域 VOCs 浓度高于原料罐区，且原料罐区的储罐都采用了自动调控的氮气置换保护系统，进一步降低挥发性有机物的产生和浓度。排放口浓度为 4.55 mg/m³，该企业有机废气处理设施为焚烧，所有工艺废气均收集到焚烧炉处理，由于该企业焚烧炉进气口不具备监测条件，所以仅有排放口数据，为 4.55 mg/m³，从排放口浓度来看，该企业焚烧炉处理效率较高，排放浓度远远低于《大气污染物综合排放标准》所规定浓度；另外，该企业厂界下风向 VOCs 浓度为 0.2 mg/m³，较上两个企业低。

表 4.9　烟酰胺合成企业各环节排放浓度(mg/m³)

排放环节	原料罐区	工艺装置区域	焚烧炉排放口	废液罐区	厂界下风向
VOCs 浓度	2.56	22.35	4.55	7.26	0.2

图 4.14 为 LS 制药厂区内排放环节的主要 VOCs 成分谱，该厂区储罐区及工

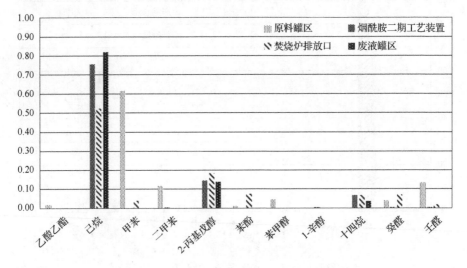

图 4.14　烟酰胺合成企业各环节 VOCs 成分谱

艺过程区废气经管道收集进入焚烧炉(RTO)处理，所以厂区整体排放浓度水平较低。除原料罐区外，其他三个环节的 VOCs 组成较为相似，以己烷和 2-丙基戊醇为主，且浓度占比趋于一致。原料罐区排放物种以甲苯和二甲苯为主，原因是苯类物质的储存量较大且易挥发。医药中间体合成过程复杂，副产物多，且存活时间短，所检出物种如 2-丙基戊醇、苯甲醇等可能为反应副产物或中间体，这也是今后基于过程的 VOCs 排放特征研究的重点关注对象。

4. 肥皂及合成洗涤剂制造

由于所监测日化企业的全部产品生产线交叉进行，各工艺之间无明显的物理界限，所以肥皂及合成洗涤剂制造行业以洗衣液、液洗产品及化妆品的合成过程来研究行业 VOCs 排放浓度水平及成分谱，表 4.10 为肥皂及合成洗涤剂制造企业各环节排放的 VOCs 浓度，其中排气口浓度最高，分别为 34.61 mg/m³、35.04 mg/m³，排气口主要收集产品生产工艺排气，废气排放前无 VOCs 处理设施，只对所收集的废气进行除尘处理，相比于其他工艺车间所测浓度较高，但低于《大气污染物综合排放标准》所规定浓度；其他车间如原料混合区、液洗半成品车间、液洗缓冲区等车间浓度在 2.43～13.20 mg/m³ 之间，均为无组织排放，较排气口浓度低，但高于厂界浓度；另外，该企业厂界下风向 VOCs 浓度为 1.54 mg/m³。

表 4.10　肥皂及合成洗涤剂制造企业各环节排放浓度(mg/m³)

排放环节	原料混合区	液洗半成品车间	液洗缓冲区	液洗包装车间	外包装车间	洁厕车间	1# 排气口	2# 排气口	厂界下风向
VOCs浓度	7.83	6.20	13.20	8.23	3.30	2.43	35.04	34.61	1.54

图 4.15 为 LQ 日化厂区内排放环节的主要 VOCs 成分谱，该厂区生产工艺过程所产生的废气经管道收集后排放，无处理设施。除排气筒外其他排放环节排放物种类似，但浓度占比差异较大，原料混合车间、液洗半成品车间及液洗缓冲区中柠檬烯浓度超过 50%，外包装车间则以十四烷为主；此外，排气口与工艺过程区差别较大，推测其原因，由于部分 VOCs 物种不稳定，易于与其他物种反应，如柠檬烯在无机酸存在下与水加成反应生成醇类物质；且同一物种从挥发到吸附在不同区域采样管所需扩散时间不同，到工艺过程区采样管所需时间较短，故部分活泼的 VOCs 在工艺过程区能被检测到而排气口检测不到。

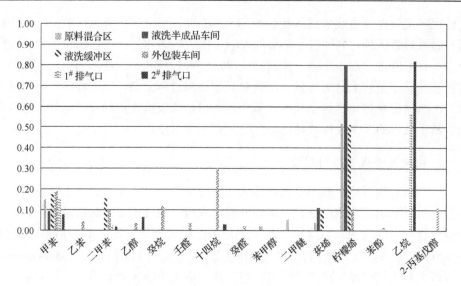

图 4.15　肥皂及合成洗涤剂制造企业各环节 VOCs 成分谱

5. 石油制品制造

石油制品制造行业以润滑油的合成过程来研究行业 VOCs 排放浓度水平及成分谱，表 4.11 为润滑油合成企业各环节排放的 VOCs 浓度，其中生产车间 VOCs 浓度最高，1 楼、3 楼分别为 7.85 mg/m³ 和 5.94 mg/m³。由于该企业生产过程为粗放式生产，无收集措施，故该区域浓度最高；其次为添加剂抽取处，为 4.90 mg/m³，由于添加剂抽取处为非密闭作业，且无排气措施，故浓度较高。仓库浓度为 3.33 mg/m³，相对于其他企业浓度水平并不高，原因是该企业原辅材料为油品，相对于化学品挥发性低；该企业废气没有收集处理，故无排放口环节监测数据；另外，该企业厂界下风向 VOCs 浓度为 1.51 mg/m³，和其他环节处于同一数量级，推测原因是监测当天为静风状态，气象扩散条件较差，企业所有废气均为无组织排放，故厂界浓度较高。

表 4.11　润滑油合成企业各环节排放浓度（mg/m³）

排放环节	仓库	生产车间 1 楼	生产车间 3 楼	添加剂抽取处	厂界下风向
VOCs 浓度	3.33	7.85	5.94	4.90	1.51

图 4.16 为 JKS 润滑油厂区内排放环节的主要 VOCs 成分谱，作为园区内唯一一家油品加工企业，其原料和产品均为油品，相对于化学品挥发性低，厂区内的 VOCs 主要来自添加剂的挥发，浓度水平较低，无废气收集和治理设施。在所检测到的物种中，三甲苯及异丙苯出现的频率最高，几乎每个环节均有出现，这与

企业所使用的原辅材料密切相关；另外，在生产车间中，苯甲酸所占比例最大，究其原因，苯甲酸作为一种重要的产品添加剂，在润滑油生产过程中使用较多，故所占比例最大。

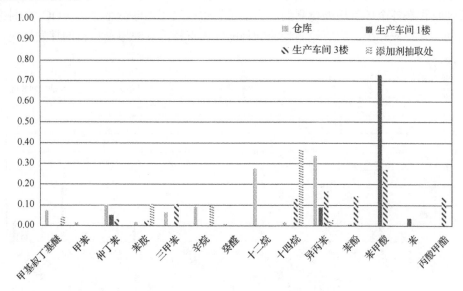

图 4.16　石油制品制造企业各环节 VOCs 成分谱

6. 储存与运输

储运企业不同于以上加工制造企业，没有工艺制造过程，其挥发性有机物主要来自于储罐区域、装车/船、卸车/船及管线吹扫过程中油品或者化工品的挥发。本书中储存与运输企业以园区内 YH 储运为例来研究行业 VOCs 排放浓度水平及成分谱，表 4.12 为储存与运输企业各环节排放的 VOCs 浓度，其中油品罐区 VOCs 浓度最高，为 12.88 mg/m³，主要来源于储罐的呼吸泄漏，而化学品罐区的 VOCs 浓度远远低于油品罐区，可能原因是油品的呼吸损耗高于化学品；其次是码头区域，浓度为 12.19 mg/m³，表明油品或化学品在装卸船过程中的挥发较多。另外，该企业厂界下风向 VOCs 浓度为 1.55 mg/m³。

表 4.12　储存与运输企业各环节排放浓度（mg/m³）

排放环节	装桶处	化学品罐区	油品罐区	油气回收区	码头区	厂界下风向
VOCs 浓度	4.76	4.93	12.88	3.83	12.19	1.55

图 4.17 为 YH 储运厂区内排放环节的主要 VOCs 成分谱，该厂区环节不同于其他厂区，无生产过程，以油品、化学品储存和装卸船为主，装卸船过程中的油

气进行了冷凝回收。从物种组成来看，该厂区 VOCs 物种较其他厂区丰富，且浓度分布较均匀，这取决于厂区内所储存和转运的化学品类型；各环节物种组成大同小异，除个别物种如三硝基苯只在装桶处出现(可能是临时存放溶剂的影响)，其他物种在各个环节均能检测到。由于没有生产过程，储运企业的 VOCs 物种之间的相互反应较少，故所检测到的物种能较为直接地反映原辅材料的挥发情况。

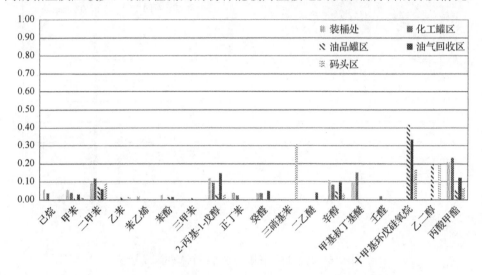

图 4.17　储存与运输企业各环节 VOCs 成分谱

7. 聚类分析结果

聚类分析方法常用于解决不同地区污染物的分类问题，被分成一类的地点常常具有相似的污染情况。使用 SPSS20.0 软件就苯系物、烷烃、烯烃及含氧 VOCs，对园区六家企业共 27 个点位进行聚类(样本之间的距离使用平方欧氏距离，各类之间的距离使用 WARD 法)，并将苯系物单独列出进行聚类，聚类结果由树状图表示。

在分析了园区六家企业共 27 个"有效源样品"VOCs 浓度水平及成分谱的基础上，采用系统聚类分析法对园区内不同监测点进行了分类，按照多组分聚类可以大体区分各企业排放相似性，以及 VOCs 浓度水平的高低；而比较苯系物的浓度及组分有利于判断不同企业苯系物的贡献大小。分类结果如图 4.18 所示，共得到 6 类，其中第一类包含的点位数量最多，这一类排放浓度水平相对较低，除 LQ 日化和 RY 化工外，其他企业各点位在多种污染指标的分类结果中被分为第一类，显示出它们的 VOCs 浓度和物种具有相似的情况。在以苯系物单独作为变量时，RY 化工的三个点位均显示出了和其他点位之间的不同，说明无论从苯系物控制还是 VOCs 多组分控制，RY 化工均为园区的重点控制对象。

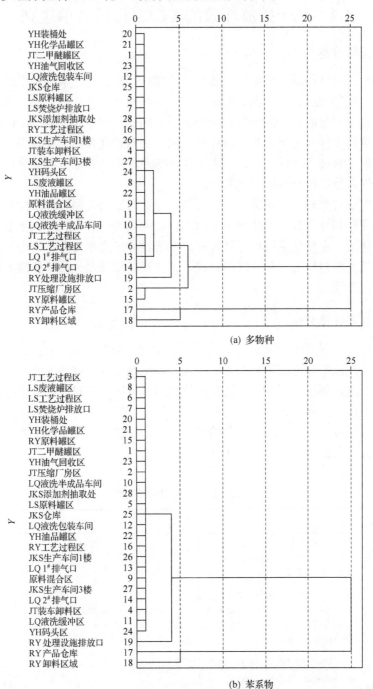

图 4.18　针对不同污染物分别对各监测点进行聚类分析的树状图

4.2　基于排放环节的 VOCs 排放清单建立

4.2.1　排放源分类

　　无论是大尺度还是小尺度的排放清单的建立，决定整个清单精度的关键在于基本排放部门的划分，排放源划分越细致，其最终计算结果的精度就越高，在建立小尺度排放清单时，排放源分类同样重要。因此，科学有效的排放源分类系统是建立高分辨率排放清单的基础，也是准确、细致表现各类污染源中不同污染物排放特征的关键技术方法。然而，也不能一味追求排放源划分的高分辨率，还必须考虑关键参数的可获取性和代表性。

　　本研究仅考虑园区内所有企业的排放，排放污染物类型为挥发性有机物，按照排放类型可划分为有组织排放和无组织排放两大类，有组织排放主要为处理设施排气筒排放，主要包括储罐呼吸过程、工艺过程及废水处理收集废气；无组织排放则包括原辅材料及产品罐区的泄漏、工艺设备泄漏及无收集处理废水处理过程 VOCs 的挥发。

4.2.2　排放量计算方法

　　表 4.13 对主流的排放量计算方法进行了描述，对其适用地域范围、适用污染物、精确度及成本几方面进行了对比。其中，监测计算法精确度最高，本研究最终选择以监测计算法为主，辅以物料衡算法和排放因子法对排放量进行计算。对所选择实地监测的典型企业，均采用监测计算法计算，并对整个企业排放量用物料衡算法进行核算，之后根据企业的活动水平，计算出该行业的排放因子，从而对整个园区企业采用排放因子法计算其排放量。

表 4.13　排放量计算方法比较

方法	描述	适用污染物	地域范围	精确度	成本
监测计算法	在污染源排气管处安装在线监测设备，获得实时数据，通过计算得出时间段内的排放量	目前有在线监测仪器的污染物	排放量大的点源，微观尺度	高	高
污染源调查法	依靠实地调研、采样分析等手段，以得到废气排放口的位置、活动水平、工艺类型、废气处理方法等信息，由此对污染物排放量进行估算	纳入环境统计范畴的污染物	城市局部地区，中小尺度	较高	中等
物料衡算法	通过调研对企业的原辅材料、能源、水的消耗量、生产工艺过程进行全过程分析，对各生产环节中的物质进行全过程物料衡算	无限制	中小尺度	中等	中等

续表

方法	描述	适用污染物	地域范围	精确度	成本
排放因子法	将污染源按经济部门、技术特征等分为若干类别，分别统计每一类污染源的活动水平信息和排放因子信息，计算出污染物排放量	无限制	全国范围区域大尺度	中等	中等
模型反演法	采样卫星遥感和地面信息，从而获得某一污染物的环境分布浓度，之后使用模型反演的技术，计算出排放源强分布	稳定性好，适于远距离传输的污染物	全球范围区域大尺度	中等	中等

1. 监测计算法

(1) 有组织排放量计算方法

有组织排放量计算公式：

$$E_l = Q_i \times C_i \times T_i \tag{4-1}$$

式中：Q_i 为第 i 个排气筒排放流量，m^3/h；C_i 为第 i 个排气筒排放浓度，mg/m^3；T_i 为第 i 个排气筒排放时间，h。

其中，排气筒流量计算公式[7]：

$$Q_i = 3600 \times F_s \times V_s \times \frac{B_a + P_s}{101325} \times \frac{273}{273 + t_s} \times (1 - X_{sw}) \tag{4-2}$$

式中：F_s 为测点的断面面积，m^2；V_s 为测点的平均废气流速，m/s；B_a 为大气压力，Pa；P_s 为测点的废气静压，Pa；t_s 为测点的废气温度，℃；X_{sw} 为测点废气的水分含量，%。

(2) 车间无组织排放量计算方法

通过确定不同生产车间内废气流向、废气处理装置进口 VOCs 量及车间内集气装置效率的方式来计算无组织排放量，公式如下：

$$F_i = \frac{C_{\text{进口}i} \times Q_{\text{进口}i} \times T_{\text{进口}i} \times (1 - \eta_{\text{集气}i})}{\eta_{\text{集气}i}} (\eta_{\text{集气}i} \neq 0) \tag{4-3}$$

式中：F_i 为车间无组织排放量，mg；$C_{\text{进口}i}$ 为第 i 个废气处理装置进口废气浓度，mg/m^3；$Q_{\text{进口}i}$ 为第 i 个废气处理装置进口废气流量，m^3/h；$T_{\text{进口}i}$ 为第 i 个废气处理装置进口废气流通时间，h；$\eta_{\text{集气}i}$ 为第 i 个废气处理装置对应集气装置效率，%，$\eta_{\text{集气}i} \neq 0$。

其中，集气效率计算公式：

$$\eta_{集气i} = \frac{f_{实际i}}{f_{额定i}} \times \eta_{集气额定i} \tag{4-4}$$

式中：$f_{实际i}$ 为第 i 个集气装置实际运行频率，Hz；$f_{额定i}$ 为第 i 个集气装置额定频率，Hz；$\eta_{集气额定i}$ 为第 i 个集气装置额定集气效率，%。其中，$f_{实际i}$、$f_{额定i}$ 由现场调研获得，密闭负压收集装置、包围式操作及一般集气罩的额定集气效率分别为 95%、80% 及 60%(参考台湾挥发性有机物公告系数)。

2. 公式法

(1) 密封点泄漏排放量计算方法

$$E_{TOCs} = \sum_{i=1}^{n} \begin{cases} e_{0,i} \ (0 \leqslant SV < 1) \\ e_{p,i} \ (SV \geqslant 50000) \\ e_{f,i} \ (1 \leqslant SV < 5000) \end{cases} \tag{4-5}$$

式中：E_{TOCs} 为密封点的 TOCs 排放速率，kg/h；SV 为修正后的净检测值，μmol/mol；$e_{0,i}$ 为密封点 i 的默认零值排放速率，kg/h；$e_{p,i}$ 为密封点 i 的限定排放速率，kg/h；$e_{f,i}$ 为密封点 i 的相关方程核算排放速率，kg/h。其中，SV 参照企业的 LDAR 检测数据，排放速率则参考《石化行业 VOCs 排放量计算办法》中推荐速率。

(2) 储罐呼吸排放量计算方法

$$E_{储罐} = \sum_{i=1}^{n} \left(E_{固,i} + E_{浮,i} \right) \tag{4-6}$$

式中：$E_{储罐}$ 为储罐的 VOCs 年排放量，kg/a；$E_{固,i}$ 为固定顶罐 i 的 VOCs 年排放量，kg/a；$E_{浮,i}$ 为浮顶罐 i 的 VOCs 年排放量，kg/a。固定顶管与浮顶罐的计算方法参照 AP-42 的计算公式，不在此赘述。

(3) 废水处理排放量计算方法

$$E_{废水} = \sum_{i=1}^{n} \left(S \times Q_i \times t_i \right) \tag{4-7}$$

式中：S 为排放因子，kg/m³；Q_i 为废水处理设施 i 的处理量，m³/h；t_i 为废水处理设施 i 的年运行时间，h/a；排放因子参考《石化行业 VOCs 排放量计算办法》中推荐系数。

3. 排放因子计算

通过确定产品生产过程中的主要 VOCs 排放环节，计算主要排放环节对应的排气筒排放量及车间内无组织排放量，得到总排放量，结合活动水平(原料使用量)

的获取，得到排放因子。此处忽略不计管道泄漏等少量排放。计算公式如下：

$$EF = \frac{有组织排放量 + 无组织排放量}{原料投入量/产品产量}$$ (4-8)

根据已计算出的各环节排放量，结合各环节 VOCs 物种浓度，计算各环节分物种排放因子，其计算公式如下：

$$EF_{ij} = \left(E_i \times W_{ij} \right) / P$$ (4-9)

式中：EF_{ij} 为第 j 环节 i 物种的排放因子；E_i 为 j 环节的排放总量；W_{ij} 为 j 环节物种 i 的浓度，%；P 为企业的产品产量。

4.2.3　排放量及排放因子计算

1. 园区典型企业排放量计算

表 4.14 为根据典型园区筛选结果进行实地监测企业基本信息，每个行业选取了一家企业进行现场采样，利用监测计算法进行排放量计算。

表 4.14　园区实地监测企业情况简介

企业名称	主要产品	生产工艺	排放环节	处理设施
JKS 润滑油	润滑油	调和	仓库，调和，包装，添加剂抽提处	无
JT 能源	二甲醚	液相复合酸脱水催化	储罐呼吸，设备泄漏，废水处理	储罐呼吸冷凝后排放
CH 化工	甲基叔丁基醚（MTBE）、1-丁烯	混合，合成反应，精馏	混合	火炬燃烧
RY 化工	丙烯酸酯胶黏剂	混合，聚合反应，搅拌，过滤	储罐，反应釜进料口，出料包装口	活性炭吸附
SDM 化工	丙烯酸酯、氨基甲酸丙烯酸酯、环氧丙烯酸酯	聚合反应、洗涤、过滤、包装	反应釜进料口，出料包装口	冷凝回收
LQ 日化	洗衣粉、液洗产品和化妆品	磺化反应	液洗原料混合，包装	无
LS 制药	烟酰胺	氨氧化，萃取，精馏，生化水解，脱色超滤，浓缩和喷雾干燥	原料混合，反应，蒸馏，干燥和清洗等	焚烧炉
YH 储运	油品/化工品	储存与运输	设备泄漏，储罐呼吸，装卸，废水处理	装卸处冷凝回收
BP 油品	油品/化工品	储存与运输	储罐呼吸，装卸，废水处理	装卸处冷凝回收

本研究将每个企业的排放细化为五个环节，分别为储罐呼吸、工艺过程无组织排放、工艺过程有组织排放、废水处理及销毁/吸收，其中储罐呼吸指原辅材料及产品罐区的大小呼吸排放；工艺过程无组织排放包括原材料及产品装卸过程以及生产工艺过程中 VOCs 所经过或者接触设备的泄漏，主要包括泵、压缩机、搅拌机、阀、泄压设备、采样连接系统、开口阀或开口管线、法兰、连接件等；工艺过程有组织排放指产品生产工艺过程中经收集直接排放或经处理后排放的VOCs；废水处理指企业的废水集输、储存、处理处置过程中所产生的 VOCs；销毁/吸收指有组织收集的废气经过废气治理设施销毁/吸收，最终未排放到大气中的那一部分 VOCs。

设置油气回收或收集处理的企业，储罐呼吸部分为有组织排放，根据监测计算法计算其排放量，对于未收集处理的，则采用排放因子法进行计算；关于工艺过程无组织排放，对于有车间的，采用监测计算法计算，没有车间的则采用公式法计算；工艺过程有组织排放均采用监测计算法进行计算；废水处理如未进行加盖及收集处理，则属于无组织排放，采用排放因子法计算，经管道收集则视为有组织排放，采用监测计算法进行计算；销毁/吸收使用监测计算法，为处理设施进出口排放量之差。VOCs 排放总量则为四个过程的排放量之和，不包括有机废气治理设施销毁、吸收或回收的量。使用监测计算法计算完各环节的排放量之后，使用物料衡算法对企业全过程进行物料衡算，并将物料衡算的结果与监测计算法的结果进行对比，得出物料衡算完整性。

典型企业的 VOCs 排放量计算结果如表 4.15 和图 4.19 所示，YH 储运的 VOCs年排放量远远高于其他企业，为 1864.97 t，其余五个企业年排放量均小于 100 t；

表 4.15　典型企业排放量汇总

典型企业	排放量/t						物料衡算完整性/%
	储罐呼吸	工艺过程无组织排放	工艺过程有组织排放 [a]	废水处理	销毁/吸收	排放总量	
JKS 润滑油	4.18	24.67	0	3.64	0	32.49	89.03
JT 能源	15.83	24.2	0	2.89	0	42.92	91.95
CH 化工	0.18	1.95	0.4	1.78	0	4.31	93.54
RY 化工	2.44	22.99	3.11	6.77	12.5	35.31	98.38
SDM 化工	2.256	1.109	4.28	0.116	24.25	7.761	97.77
LQ 日化	11.23	4.19	28.41	3.32	0	47.15	96.8
LS 制药	4.71	15.98	0.26	44.31	4.94	65.26	93.11
YH 储运	1648.38	3.62	210.55	2.42	0.28	1864.97	99.45
BP 油品	121.56	1.27	2.97	0.28	2.11	126.08	93.87

a. 储存与运输行业的工艺过程指油品或有机化工产品装卸过程中的排放

从排放环节来看，不同企业各排放环节占比差异较大，YH 储运主要排放环节为储罐呼吸，RY 化工及 JT 能源主要排放环节则为工艺过程无组织排放，这与行业特征、各企业生产工艺设备及废气处理设施密切相关；另外，各企业的销毁/吸收环节所占比例较低，除 SDM 化工及 RY 化工之外，其他企业均不足 10%，虽然部分企业进行了有机废气治理，但是废气收集和去除效果有限，绝大多数废气仍为无组织排放。

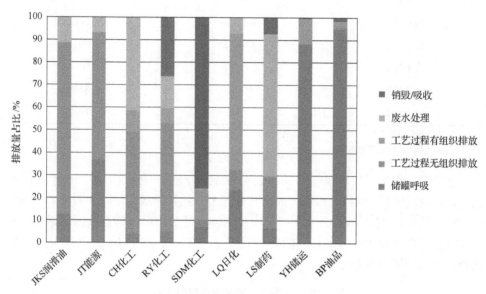

图 4.19 典型企业各环节排放量占比

由计算结果可知，物料衡算完整性均大于 90%但小于 100%，即物料衡算法计算所得排放量均大于监测计算法所计算出的排放量，推测其原因可能是由于部分工艺环节未安装集气罩，无法采集这一部分排放的 VOCs 量；另外，固废所带走的 VOCs 及循环用水所带走的 VOCs 均未纳入监测计算法所讨论的范围，导致实测结果与物料衡算法偏差较大，考虑到废气收集不全面且计算存在一定误差，物料衡算法所得排放量与实测法所得排放量在一定程度上相吻合。

2. 园区行业排放因子建立

企业单位产品产量的 VOCs 排放量，包括各环节分物种排放因子及企业总排放因子，对同类型企业的排放因子取平均值，获得同类型行业的 VOCs 排放因子。园区所有行业均属于 VOCs 产品制造行业，原料中绝大部分 VOCs 都进入产品中，故使用产品产量作为活动水平具有较好的代表性，表 4.16 为典型企业活动水平汇总。

表 4.16　典型企业活动水平汇总(t)

企业	原料使用量	产品产量
JKS 润滑油	29200	29200
JT 能源	167916	149810
CH 化工	55632.467	30380.307
RY 化工	13948.7	14390
SDM 化工	6273.38	12432
LQ 日化	17401.25	197338
LS 制药	13190	10000
YH 储运	450128[a]	438246[b]
BP 油品	1910000	1870000

a. 指油品和有机化工品年入库量

b. 指油品和有机化工品年出库量

　　本研究计算出了实地采样的 9 家企业各环节分物种的排放因子，由于数据量较大，此处仅以 LS 制药为代表，列出其各环节分物种排放因子，如表 4.17 所示。该企业共监测出 12 种 VOCs 物种，其中废水排放环节中己烷的排放因子最高，为 3.635 kg/t。全过程排放因子最高的物种同样是己烷，为 4.859 kg/t，其次为 2-丙基戊醇，排放因子为 0.855 kg/t。

表 4.17　LS 制药分物种排放因子(kg/t)

物种	排放因子				
	储罐呼吸	工艺过程无组织排放	工艺过程有组织排放	废水处理	全过程排放
乙酸乙酯	0.009	0	0	0	0.009
己烷	0	1.210	0.014	3.635	4.859
甲苯	0.291	0.004	0.001	0	0.296
二甲苯	0.055	0.013	0	0	0.068
2-丙基戊醇	0.000	0.232	0.005	0.618	0.855
苯酚	0.006	0	0.002	0	0.008
苯甲醇	0.024	0	0	0	0.024
2,2-二甲基丁烷	0.000	0.011	0	0	0.011
1-辛醇	0	0.110	0.002	0.175	0.287
十四烷	0.019	0.009	0.002	0	0.030
癸醛	0.065	0.009	0.001	0	0.075
其他	0.002	0.001	0	0	0.003

表 4.18 为典型企业排放因子汇总，石油制品制造、有机化学原料制造、合成树脂制造、肥皂及合成洗涤剂制造、化学药品原药制造及储存与运输这六个行业的排放因子分别为 0.0012 kg/t、0.214 kg/t、1.539 kg/t、0.239 kg/t、6.526 kg/t、0.446 kg/t；其中，化学药品原药制造排放因子最高，为 6.526 kg/t；其次为合成树脂制造行业，为 2.454 kg/t。

表 4.18　典型企业排放因子汇总(kg/t)

行业	排放因子				
	储罐呼吸	工艺过程无组织排放	工艺过程有组织排放	废水处理	总排放因子
JKS 润滑油	0.140	0.840	0	0.120	1.100
JT 能源	0.106	0.162	0	0.019	0.287
CH 化工	0.006	0.064	0.013	0.059	0.142
RY 化工	0.170	1.598	0.216	0.470	2.454
SDM 化工	0.181	0.089	0.344	0.009	0.623
LQ 日化	0.057	0.021	0.144	0.017	0.239
LS 制药	0.471	1.598	0.026	4.431	6.526
YH 储运	0.376	0.001	0.048	0.001	0.426
BP 油品	0.450	0.005	0.011	0.001	0.467

在实际情况中，同一行业不同的企业之间工艺过程各不相同，产品类型纷繁复杂，且原辅材料的成分、性质也不尽相同；即使是同一企业，在不同时期，其原材料、产品及相应的生产工艺也有所差别。故本研究所计算出的排放因子只考虑该园区的情况，对整个行业的适用性还需更多的监测数据来验证。

将本研究得到的各行业排放因子与已有的排放因子对比(表 4.19)，整体看来，本研究得出的排放因子小于其他研究的排放因子，究其原因，从时间上看其他研究都比较早，特别是 AP-42 的排放因子，随着工艺设备的革新、VOCs 减排技术的进步及相关标准的加严，我国的 VOCs 减排效率逐渐增加，且早期的研究几乎都未考虑减排设施，故本研究的排放因子更接近于当前行业排放水平；化学药品原药制造行业的排放因子对比差异较大，本研究仅对两家企业进行实地监测，其制造工艺及 VOCs 处理设施均属于国际先进水平，故其系数远远小于其他研究。总的来说，本研究所选取的监测样本较少，代表性不够，而排放因子测试工作需累计大量样本，重复测试，才能得到相对准确的结果。随着我国对 VOCs 排放控制的重视，各行业本土化的排放因子与美国 AP-42 及早期研究差别会逐渐显现，故排放因子应按照行业的发展及时更新，以适应管理工作的需求。

表 4.19　典型行业排放因子对比（kg/t）

行业	本研究	其他研究
石油制品制造	0.0012	3.1[8] 0.6ᵃ
有机化学原料制造	0.214	5[9]
合成树脂制造	1.539	2.2ᵇ
肥皂及合成洗涤剂制造	0.239	0.025[10] 0.144ᶜ
化学药品原药制造	6.526	111.14[11]
储存与运输	0.446	0.5[12] 0.8ᵈ 0.96[13]

　　a. 参考 EEA（European Environmental Agency）. 2006. EMEP/CORINAIR Emission Inventory Guidebook 2006 [EB/OL].http://www.eea.europa.eu/publications/EMEPCORINAIR4

　　b. 参考 EPA（Environmental Protection Agency）. 2010. Emissions Factors and AP 42，Compilation of Air Pollutant Emission Factors [EB/OL].http://www.epa.gov/ttn/chief/ap42/

　　c. 参考台湾 "公私场所固定源申报空气污染防治费之挥发性有机物排放计量公告系数（2009）"

　　d. 参考中国石油化工总公司《散装液态石油产品损耗》的系数

4.2.4　园区高分辨率排放清单

1. 活动水平

活动水平均来源于实地调研数据，为企业自查过的产品产量，园区共 27 家企业，其中三家在调研期间停产，两家多次调研受阻，共获得 22 家企业的活动水平（表 4.20）。

表 4.20　园区企业活动水平汇总（t）

代码	行业类别	企业名称	产品		
			2012 年	2013 年	2014 年
C2511	石油制品制造	LLD 润滑油	0	713	2485
		JKS 润滑油	18000	28226	29200
		JT 化工	196862	195937	196640
		JT 能源	166667	153206	149810
		CH 化工	38447	29747	30380
C2641	涂料制造	EWS 涂料	26	56	56
C2651	合成树脂制造	QS 树脂	4895	5312	5102
		SDM 化学	12939	12272	12432
		RY 化工	14915	11740	14390
		LT 化工	4493	4482	4515
		ASK 化工	91083	85153	112409
		DC 化工	145047	215898	216929

续表

代码	行业类别	企业名称	产品		
			2012 年	2013 年	2014 年
C2681	肥皂及合成洗涤剂制造	LQ 日化	0	116644	197338
C2710	化学药品原药制造	LS 制药	10000	10000	10000
G5990	储存与运输	BP 油品	270000	270000	270000
		ZR 储运	9360000	9360000	9360000
		YH 储运	403734	455266	438246
		XHSH 码头	270000	270000	270000
		JT 码头	2300000	2300000	2300000
		ZSHGD 储运	2500000	2550000	2600000
		HY 储运	1365255	1556545	918249
		HY 码头	209000	209000	209000

2. 分环节排放清单

表 4.21 为园区分环节 VOCs 排放清单，园区 2012～2014 年的排放量分别为 8119.99 t、8466.15 t、8266.63 t。在石油制品制造、有机化学原料制造、合成树脂制造、肥皂及合成洗涤剂制造、化学药品原药制造及储存与运输这六个行业中，储存与运输行业的排放量最大，为 7303.25 t(2014 年)，占整个园区排放的 88.35%；其次为合成树脂制造行业，排放量为 700.35 t，占整个园区排放的 8.5%。故储存与运输行业与合成树脂制造行业是园区 VOCs 减排重点着手的行业，特别是储存与运输行业，其中储罐区的无组织排放及装卸区域是重点环节，固定顶罐更换为浮顶罐，装卸船进行油气回收是主要的控制方向。

2014 年年排放总量超过 100 t 的企业有 10 家，占整个园区排放的 95.37%，故园区 VOCs 减排应从排放量大、占比大的企业着手。图 4.20 为园区企业 2014 年 VOCs 排放量构成分析，其中存储与运输行业的 VOCs 排放量主要来自储罐呼吸，其他行业则为工艺过程无组织排放，除极少数企业工艺过程有组织排放占比超过 50%以外，其他占比均较低，因此无组织排放是园区控制的重点。

4.2.5　清单不确定性分析

大气污染物排放源清单是空气质量监测数据解析、污染物排放趋势分析、模型研究和相关控制策略制定的重要基础[14]。本研究运用监测计算法，以"自下而上"的方式建立了园区分企业分物种排放清单，活动水平数据的获取和排放因子的计算均可能存在不同程度的误差，部分行业不同企业 VOCs 排放差异较大，但仅监测 1～2 家企业来计算排放因子，均会导致排放因子的准确性和代表性不足。这些误差在具体排放源的排放量估算时会随着计算传递给排放清单，最终造成清单结果的不确定性[15]。

表 4.21　园区分环节 VOCs 排放清单 (t)

行业类别	企业名称	2012 年					2013 年					2014 年				
		储罐呼吸	工艺过程	废水处理	管道有组织排放	排放总量	储罐呼吸	工艺过程	废水处理	管道有组织排放	排放总量	储罐呼吸	工艺过程	废水处理	管道有组织排放	排放总量
石油制品制造	LLD润滑油	0.00	0.00	0.00	0.00	0.00	0.10	0.60	0.09	0.00	0.79	0.35	2.09	0.30	0.00	2.74
	JKS润滑油	2.52	15.12	2.16	21.60	41.40	3.95	23.71	3.39	33.87	64.92	4.09	24.53	3.50	35.04	67.16
有机化学原料制造	JT化工	10.98	22.22	7.67	1.31	42.18	10.92	22.11	7.63	1.31	41.97	10.96	22.19	7.66	1.31	42.12
	JT能源	9.29	18.81	6.49	1.11	35.70	8.54	17.29	5.97	1.02	32.82	8.35	16.91	5.83	1.00	32.09
	CH化工	2.14	4.34	1.50	0.26	8.24	1.66	3.36	1.16	0.20	6.38	1.69	3.43	1.18	0.20	6.50
	EWS涂料	4.41	41.54	12.23	5.62	63.80	9.50	89.47	26.35	12.10	137.42	9.50	89.47	26.35	12.10	137.42
	QS树脂	0.86	4.13	1.17	1.37	7.53	0.93	4.48	1.27	1.49	8.17	0.90	4.30	1.22	1.43	7.85
合成树脂制造	SDM化学	2.27	10.91	3.10	3.63	19.91	2.15	10.35	2.94	3.44	18.88	2.18	10.49	2.98	3.48	19.13
	RY化工	2.62	12.58	3.58	4.18	22.96	2.06	9.90	2.82	3.29	18.07	2.53	12.14	3.45	4.03	22.15
	LT化工	0.79	3.79	1.08	1.26	6.92	0.79	3.78	1.08	1.26	6.91	0.79	3.81	1.08	1.27	6.95
	ASK化工	15.99	76.82	21.85	25.52	140.18	14.95	71.82	20.43	23.86	131.06	19.73	94.81	26.97	31.50	173.01
	DC化工	25.46	122.34	34.80	40.64	223.24	37.89	182.09	51.79	60.49	332.26	38.07	182.96	52.04	60.78	333.85
肥皂及合成洗涤剂制造	LQ日化	0.00	0.00	0.00	0.00	0.00	6.64	2.48	1.96	16.79	27.87	11.23	4.19	3.32	28.41	47.15
化学药品原药制造	LS制药	4.71	15.98	44.31	0.26	65.26	4.71	15.98	44.31	0.26	65.26	4.71	15.98	44.31	0.26	65.26

续表

行业类别	企业名称	2012 年					2013 年					2014 年				
		储罐呼吸	工艺过程	废水处理	管道有组织排放	排放总量	储罐呼吸	工艺过程	废水处理	管道有组织排放	排放总量	储罐呼吸	工艺过程	废水处理	管道有组织排放	排放总量
储存与运输	BP 油品	111.56	0.75	0.21	7.97	120.49	111.56	0.75	0.21	7.97	120.49	111.56	0.75	0.21	7.97	120.49
	ZR 储运	3867.33	25.88	7.44	276.32	4176.97	3867.33	25.88	7.44	276.32	4176.97	3867.33	25.88	7.44	276.32	4176.97
	YH 储运	166.81	1.12	0.32	11.92	180.17	188.11	1.26	0.36	13.44	203.17	181.07	1.21	0.35	12.94	195.57
	XHSH 码头	111.56	0.75	0.21	7.97	120.49	111.56	0.75	0.21	7.97	120.49	111.56	0.75	0.21	7.97	120.49
	JT 码头	950.31	6.36	1.83	67.90	1026.40	950.31	6.36	1.83	67.90	1026.40	950.31	6.36	1.83	67.90	1026.40
	ZSHGD 储运	1032.94	6.91	1.99	73.80	1115.64	1053.60	7.05	2.03	75.28	1137.96	1074.26	7.19	2.07	76.76	1160.28
	HY 储运	564.09	3.77	1.08	40.30	609.24	643.13	4.30	1.24	45.95	694.62	379.40	2.54	0.73	27.11	409.78
	HY 码头	86.35	0.58	0.17	6.17	93.27	86.35	0.58	0.17	6.17	93.27	86.35	0.58	0.17	6.17	93.27
园区排放总量		6972.99	394.70	153.19	599.11	8119.99	7116.74	504.35	184.68	660.38	8466.15	6876.92	532.56	193.20	663.95	8266.63

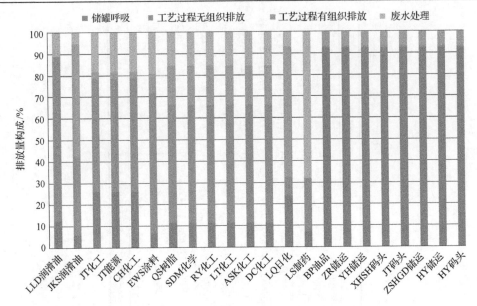

图 4.20　园区企业 2014 年 VOCs 排放量构成分析

　　对排放清单进行不确定分析，一方面有利于模拟工作者更好地了解和运用排放清单，识别排放清单的缺陷，以便在进行模拟研究时评估模拟结果的准确性；另一方面有利于指导未来的清单工作者改进工作，提高污染源信息的准确性，降低清单整体的不确定性。本研究采用定量分析的方法评价园区 VOCs 排放清单的不确定性。

　　排放清单不确定性的定量评估主要分为两个部分：第一是确定输入数据的概率分布函数，即各行业的活动水平和排放因子的概率分布函数；第二是应用 Monte Carlo 方法将众多输入数据的不确定性传递至清单中。输入数据不确定性的科学产生方式是：在样本库中随机抽取样本，通过数值模拟获取被测参数的概率分布函数，采用相对标准方差（CV，标准差与平均值之比）来表征其不确定度[16, 17]；采用 Crystal Ball 软件对不确定性进行定量计算，具体方法如图 4.21 所示。

　　本研究活动水平主要来自各企业的统计数据，均只有一个有效数值。在样本信息有限的情况下，通常假设该参数符合正态分布或对数正态分布，有效值即为平均值，相对标准偏差由数据来源的可靠性和数值的准确性决定。其不确定度（即相对标准差）数值参考 TRACE-P 清单[18]的经验数值，取±30%。在构建排放因子数据库时，本研究排放因子由现场监测的数据计算得出，其不确定度参考 TRACE-P 清单，取±150%。

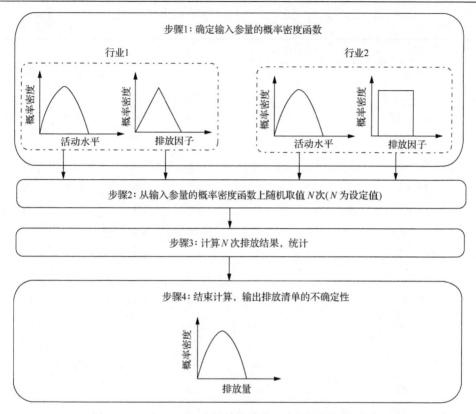

图 4.21　Monte Carlo 定量计算清单不确定性的框架原理图

　　经模型 10000 次重复计算，研究获得了 2012～2014 年园区 VOCs 排放清单的概率密度分布，具体结果如表 4.22 所示。再输入数据时假设其呈对数正态分布形式，因此园区 VOCs 排放量计算结果也呈对数正态分布，95%置信区间的不确定度为 [–128%，+192%]，因为各行业活动水平与排放因子来源较为一致，故行业之间无较大差异。

表 4.22　园区 2012～2014 年 VOCs 排放清单不确定性(%)

企业	2012 年		2013 年		2014 年	
JT 能源	0	0	–135	189	–133	182
CH 化工	–128	176	–129	182	–134	192
EWS 涂料	–131	184	–138	176	–136	188
QS 树脂	–133	182	–134	177	–127	178
SDM 化工	–127	186	–135	180	–137	187
RY 化工	–131	1846	–1321	180	–133	178

企业	2012 年		2013 年		2014 年	
LT 化工	−128	179	−131	177	−128	183
AKS 化工	−137	188	−132	172	−129	185
DC 化工	−137	177	−135	179	−13	182
LQ 日化	−132	177	−136	176	−134	188
LS 制药	−131	171	−138	184	−136	182
BP 油品	−130	179	−142	189	−132	177
ZR 储运	0	0	−136	163	−138	181
YH 储运	−132	181	−129	173	−131	176
ZSHGD 储运	−134	183	−135	184	−132	184
HY 储运	−130	179	−131	179	−132	181
HY 码头	−126	178	−132	184	−134	18
XHSH 码头	−128	176	−131	179	−133	175
JT 码头	−130	179	−129	183	−132	188
JT 能源	−129	176	−118	192	−134	178
CH 化工	−130	180	−129	173	−136	187
EWS 涂料	−130	167	−138	175	−132`	175

目前我国 VOCs 排放清单研究虽已取得一定进展[19-26]，但由于排放因子多借鉴国外，非本地实测系数，所得 VOCs 排放量难免与本地区实际情况有一定偏差，不确定性较大[15, 27]，故清单的不确定性分析及清单精度的提高也是今后清单编制的重点。

4.3　园区企业特征物种筛选

4.3.1　特征污染物筛选方法比选

在环境突发、居民投诉和企业偷排等事件中，快速准确地找到排放源是工作的首要任务。然而，目前由于缺乏企业 VOCs 指纹特征及异常环境浓度溯源方法，无法有效追踪污染事故源头，因此，亟须开展相关方面的研究。目前，关于特征物种筛选的研究较少，多数为优先控制物种的研究[28, 29]及物种氧化机理的研究[30-32]。针对化工园区种类繁多的污染物，我国在特征污染物筛选排序方面的研究尚处于空白阶段。对化工园区的管理主要集中于产业结构优化、废气末端治理、监控网络建设等领域[33-37]，对行业排放特征污染物的控制尚缺乏足够重视。

1. 层次分析法

层次分析法(analytic hierarchy process,AHP)是指将一个复杂的多目标决策问题作为一个系统,将目标分解为多个目标或准则,进而分解为多指标(或准则、约束)的若干层次,通过定性指标模糊量化方法算出层次单排序(权数)和总排序,以作为目标(多指标)、多方案优化决策的系统方法[38]。

利用层次分析法构建模型来解决实际问题时,其基本思路是先按问题要求建立起一个描述系统功能或特征的内部独立的有层次的结构模型,然后通过两两比较因素的相对重要性,给出相应的比例标度,构造上层某因素对下层相关因素的判断矩阵,以确定相关因素对上层因素的相对重要序列;在满足一致性(通过检验)原则前提下,进行目标下的单排序,最后将各子目标下因素的排序逐层汇总后,给出总目标下因素的总排序从而进行方案选择。

层次分析法的本质是一种决策思维方式,把决策规划过程中定性分析与定量分析有机结合起来,用一种统一的方式进行优化处理。层次分析法在环境中的应用主要体现在水安全评价、生态环境质量评价指标体系研究及防治措施比选等方面[39-42]。

2. 综合评分法

综合评分法是在设定评分系统和权重后赋予各参数不同分值的基础上,按一定的指标对待选化合物进行评分,按综合得分的大小进行排序,在这之后设置合适的分数限值来筛选出一定数量的环境特征污染物,从而达到筛选和评价的目的[43]。常规的综合评分法一般选取指标如表 4.23 所示[44]。

表 4.23　综合评分法指标构成及权重

序号	指标	权重
1	环境中的检出率	25
2	潜在危害指数	10
3	环境健康影响度	10
4	是否属于有毒化学品	6
5	区域污染源检出情况	12
6	是否是环境激素	10
7	是否为美国优先控制污染物	7
8	是否为中国优先控制污染物	12
9	是否为持久性有机污染物	8
	合计	100

综合评分法考虑的影响因素较为全面，操作简单，且对其进行了量化评价，适用于评价指标无法用统一的量纲进行定量分析的情形，是目前应用最为广泛的评价系统之一[45]。但是不同污染物部分指标之间存在矛盾，这种情况不能反映到总分值上，或被忽略掩盖；部分参数的分级赋分难度大且带有较强的主观因素。该方法一般用于污染物种类少、判定区域范围不大的情况，范围较大且污染物种类丰富时该方法就具有一定的局限性[46]。

3. Hasse 图解筛选法

Hasse 图解法由 Brüggemann 和 Halfon 等[47]首先提出，其原理为使用向量来描述化合物的危害性，化合物危害性的相对大小及彼此的逻辑关系以图形的方式显示，是筛选优先污染物的方法之一[48]。

Hasse 图解法在实际应用过程中，化合物的危害性用向量表征。向量中的元素为化合物的各种理化指标与生物学指标的测量值，化合物之间相对危害性的大小是通过向量中相应元素的数值大小比较来确定的。在 Hasse 图上，化合物用带数字编号的圆圈表示，按以上规则排列在直线交错的网络中，危害性最大的化合物置于图的顶部，危害性最小的置于底部。在对多个化合物进行排序时，初始的排序图往往需经过简化才能得到最终 Hasse 图，简化过程如图 4.22 所示。

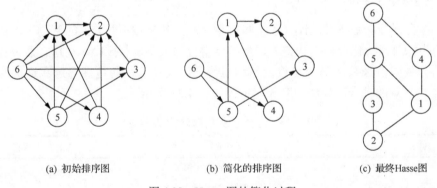

(a) 初始排序图　　　　　(b) 简化的排序图　　　　　(c) 最终Hasse图

图 4.22　Hasse 图的简化过程

Hasse 图解法最大的优点在于直观地表示出了各种化合物相对危害性的大小，便于做出重点监测的决策。但是，Hasse 图解法的图谱绘制过于复杂，操作过程容易出现错误。Hasse 图解法主要应用于水体农药残留预测[49]、生态系统比较[50, 51]及环境数据库评价[52]等领域。

4. 密切值法

密切值法是系统工程中多目标决策的一种优选方法，在样本优劣排序方面具有特殊的优势。此方法的核心和基本途径是将多指标转化为一个能综合反映污染物优先排序的单指标[53]。

利用密切值法来解决实际问题时，其基本思想是：将评价指标分为正向指标和逆向指标，对所有指标进行同向标准化处理，然后找出各评价指标的"最优点"和"最劣点"，分别计算各评价单元与"最优点"和"最劣点"的距离(即密切程度)，将这些距离转化为能综合反映各样本优劣的综合指标——密切值(无量纲)，最后根据密切值的大小确定各被评价单元的优劣顺序。

密切值法具有原理简单、概念清晰、易于实现等特点，同时不需要确定隶属函数等主观性参数，使评价结果更具客观性。多用于水环境质量评价、节能减排效果评价、大气环境监测点优化等方面[53-56]。

对上述筛选方法的分析可以看出，每一种方法自身都存在优缺点及适用范围。特征污染物的筛选是环境综合信息处理应用的典型案例。表 4.24 对以上四种方法进行了对比分析，综合评分法简单但主观性强，Hasse 图解法操作过于复杂，密切值法不能完全反映污染物的特征，经过分析比较，最终选择层次分析法作为本研究特征污染物筛选的方法。

表 4.24 特征污染物筛选方法比较

方法	核心	优点	缺点	适用范围
层次分析法	选取合适的量化指标并对各个指标赋权；构建层次结构	考虑到不同污染源种类及排放量大小	研究侧重点带有一定的主观性	水安全评价、生态环境质量评价指标体系研究、防治措施比选
综合评分法	对各污染物的指标进行分级并加权赋分	考虑较为全面，方法简单易行	不同污染物指标间相互关系得不到反映，分级赋分较困难；带有一定的主观性	优先控制污染物筛选(种类少、区域范围不大)
Hasse 图解筛选法	将污染物的危害性用向量表征	直观地表示出各种化学污染物相对危害性的大小，展示不同指标之间的相互关系	图谱绘制比较烦琐，在污染物质较多的情况下进行排序容易出错	水体农药残留预测、生态系统比较环境数据库评价
密切值法	将评价指标分为正向指标和逆向指标，找出各评价指标的"最优点"和"最劣点"，分别计算密切值	原理简单、概念清晰、易于实现	对相关指标分类较为烦琐，不能有效反映污染物的特征	水环境质量评价、节能减排效果评价、大气环境监测点优化

4.3.2 层次分析法构建

1. 筛选原则

构建层次分析方法的过程中，需要考虑到不同类型污染源排放的特征污染物种类及其排放量均不相同，而同一类型污染源排放的特征污染物种类及其对应排放量也不尽相同,如以不同类型企业为主的化工园区。污染源排放的特征污染物,按照污染物类型可以分为无机特征污染物、有机特征污染物及一些常规的综合性指标,非甲烷总烃、总烃(HC)等,本研究中特征污染物的范围为VOCs,在筛选某污染源的特征物种时,应该尽量遵守以下原则:①作为该污染源排放的主要污染组分,能够反映出该污染源的排放成分谱;②与石化行业的典型污染组分相吻合;③优先选择化工园区VOCs优先控制物种名单所筛选的污染物;④优先选择石油化学工业污染物排放标准中所罗列的物质。

2. 属性选取

特征污染物的筛选需考虑自身的属性,并赋予不同的权重加以区别。本研究选取毒性、光化学反应活性及环境持久性作为污染物的属性,并对选取的属性赋予不同的权重:①毒性,体现为其对环境的破坏力及对人体健康的危害,毒性越强,破坏力越大,对人体健康的危害越大。②光化学反应活性,指受阳光的照射,污染物吸收光子而使该物质分子处于某个电子激发态,而引起其与其他物质发生化学反应的能力。光化学反应活性越大,产生光化学污染的能力越强。③环境持久性,体现为其在大气环境中的停留及迁移范围,持久性越强,其在环境中停留的时间越久,迁移性越强。

3. 量化属性确定

针对上述三种属性,本研究分别找到描述性指标予以量化,进而为不同特征污染物的量化对比提供条件。由于特征污染物的三种属性量化值量纲不统一,数值差异较大,因此必须对其进行归一化处理,使之具有可比性。三种属性的描述性指标如下:①毒性,使用毒性等级评价;②光化学反应活性,使用最大反应增量(maximum incremental reactivity,MIR),用于表达单位质量每种VOCs物种生成O_3的潜力,MIR值越大,表示单位质量的该VOCs物种产生的O_3越多,即对光化学污染的贡献越大;③环境持久性,使用VOCs在空气中的半衰期来评价。

4. 属性权重值确定

计算三种属性权重值的过程如下:①根据特征污染物对环境造成污染的侧重点建立层次结构;②构造判断矩阵;③进行层次排序及其一致性检验;④得出三种属性权重值。以Saaty提出的9级标度法[29]构造判断矩阵,标度法如表4.25所示。

表 4.25 Saaty 标度法

标度 a_{ij}	定义	标度 a_{ij}	定义
1	因素 B_i 与因素 B_j 同等重要	9	因素 B_i 比因素 B_j 极端重要
3	因素 B_i 比因素 B_j 略重要	2,4,6,8	以上两个判断之间的中间状态对应的标度值
5	因素 B_i 比因素 B_j 较重要	1~9 的倒数	因素 B_i 与因素 B_j 比较，$a_{ji}=1/a_{ij}$
7	因素 B_i 比因素 B_j 非常重要		

分别以毒性、光化学活性、环境持久性为侧重点，确定特征污染物三种属性的权重组合。将所选取的三种属性两两进行比较，认为侧重点最高的属性(用 a 表示)相比于另两种属性(分别用 b、c 表示)略重要，余下两种属性(b、c)一样重要，表 4.26 为构造的判断矩阵。

表 4.26 特征污染物属性判断矩阵

	a	b	c
a	1	3	3
b	1/3	1	1
c	1/3	1	1

注：此矩阵随机一致性指标 CR=0，通过一致性检验

经计算，a、b、c 的权重值分别为 0.6、0.2、0.2，研究侧重点不同，特征污染物的相对危害性大小会有所不同，故本方法也存在一定的主观倾向性。考虑到园区大气污染的特点，园区 VOCs 排放特征的研究侧重于特征污染物的光化学活性，其属性所占权重最高，为 0.6，并依此进行后续相关的计算。

5. 评价公式

基于上述分析，污染源对大气环境造成污染能力的评价，可以用如下公式进行定量表征：

$$S_j = \sum_{i=1}^{n} C_{ij} \times Q_{ij} \qquad (4\text{-}10)$$

$$C_{ij} = T_{ij}W_T + P_{ij}W_P + D_{ij}W_D \qquad (4\text{-}11)$$

式中：S_j 为污染源 j 对大气环境造成污染能力的定量表征，称为污染源危害性；C_{ij} 为污染源 j 的第 i 种特征污染物三种自身属性的定量表征，称为特征污染物危害性；Q_{ij} 表示污染源 j 排放的第 i 种污染物能够进入大气环境的数量，称为排放量，t；T_{ij}、P_{ij}、D_{ij} 分别为特征污染物 i 的毒性量化指标、光化学活性量化指标、环境持久性量化指标；W_T、W_P、W_D 分别为毒性、光化学活性、环境持久性的权

重值。

首先根据研究侧重点确定三种属性的权重，并筛选出所需评价污染源的特征污染物，在此基础上确定其三种属性的量化指标，即可依据式(4-11)进行特征污染物的量化。针对不同污染源，Q_{ij} 的算法也存在差异，此处不另做论述。在 C_{ij}、Q_{ij} 均确定的基础上，便可利用式(4-10)进行污染源危害性的计算与分级。

4.3.3　案例分析及讨论

1. 筛选参数量化及取值

遵循前文所阐述的筛选原则，筛选出的各企业特征污染物及其属性参考量化指标等基础信息，由于园区企业较多，篇幅有限，仅针对每个行业选出一家企业进行详细阐述，其他企业筛选过程不作详细说明，直接呈现筛选结果。

美国环境保护局将毒性物质危险根据大鼠经口 LD_{50}(mg/kg) 划分为 6 个等级，其中：≤1 mg/kg 为剧毒，1～50 mg/kg 为高毒，50～500 mg/kg 为中等毒，500～5000 mg/kg 为低毒，5000～15000 mg/kg 为微毒，>15000 mg/kg 为无毒。毒性等级(t)分值(以 A_t 表示)，见表 4.27。

表 4.27　VOCs 毒性等级分值

毒性等级(t)	剧毒	高毒	中等毒	低毒	微毒	无毒
分值(A_t)	6	5	4	3	2	1

VOCs 光化学反应活性，使用最大反应增量来表达单位质量每种 VOCs 物种生成 O_3 的潜力。采用加利福尼亚大学环境研究中心的成果"Updated Maximum Incremental Reactivity Scale and Hydrocarbon Bin Reactivities for Regulatory Applications"来衡量。

VOCs 环境持久性采用其半衰期(DT_{50})来衡量，采用有机污染物半衰期计算软件 EPI Suite V4.10 计算得到。半衰期(DT_{50}，h)分值(以 A_{DT} 表示)，见表 4.28。

表 4.28　VOCs 环境持久性分值

半衰期(DT_{50})	$DT_{50} \leqslant 20$	$20 < DT_{50} \leqslant 50$	$50 < DT_{50} \leqslant 200$	$200 < DT_{50} \leqslant 500$	$500 < DT_{50} \leqslant 2000$	$DT_{50} > 2000$
分值(A_{DT})	1	2	3	4	5	6

2. 筛选结果

采用特征污染物筛选方法———层次分析法筛选出了各企业的特征污染物，值得引起注意的是，某一特征污染物对大气环境的污染是指其危害性计算结果(C)与排放量(Q)的乘积。脱离排放量(Q)进行特征污染物对大气环境的污染严重程度的讨论没有意义。特征污染物危害性计算结果(C)为评价方法计算过程的中间值。依据特征污染物的研究侧重点并计算出其危害性(C)，在得到其排放量(Q)的基础上，便可计算该污染源的危害性，并与其他污染源的危害性结果进行对比分级。

经过一系列计算，园区各行业代表性企业的特征污染物的筛选结果如表 4.29 所示，按照物种的污染能力进行排序，并结合筛选原则，每家企业选取污染能力排名靠前且满足筛选原则的物种作为其特征污染物。筛选结果表明：石油制品制造行业代表性企业的特征污染物为苯甲酸及仲丁苯，有机化学原料制造行业代表性企业的特征污染物为甲苯、二甲苯及己烷，合成树脂制造代表性企业的特征污染物为甲苯、甲基叔丁基醚及乙酸乙酯，化学药品原药制造行业的特征污染物为乙酸乙酯及己烷，肥皂及合成洗涤剂制造代表性企业的特征污染物为甲苯、二甲苯和柠檬烯，储存与运输行业代表性企业的特征污染物为甲苯及二甲苯。

表 4.29　园区各行业代表性企业的特征污染物的筛选结果

物种	污染能力 S_j								
	JKS润滑油	JT能源	CH化工	RY化工	SDM化工	LQ日化	LS制药	YH储运	BP油品
己烷	—	17.04	—	16.66	0.57	28.45	71.42	23.09	
辛烷	0.52	13.86	0.06	—	0.24	—	—	—	0.04
壬烷	—	—	0.13	6.37	—	0.46	—	—	
癸烷	—	0.13	0.09	—	—	0.27	—	—	
十二烷	0.83	—	—	—	—	—	—	—	
十四烷	1.05	—	—	—	—	1.32	—	—	
三氯甲烷	—	6.13	—	—	—	0.61	—	—	
1,2-二氯乙烷	—	0.27	—	—	—	—	—	—	
十甲基环戊硅氧烷	—	—	—	—	—	—	—	431.11	
2,2-二甲基丁烷	—	—	—	0.06	—	—	0.16	—	
苯	1.10	—	—	—	—	—	—	—	1.90
甲苯	0.36	30.15	2.20	260.87	19.63	34.33	9.48	98.90	104.82

续表

物种	污染能力 S_j								
	JKS 润滑油	JT 能源	CH 化工	RY 化工	SDM 化工	LQ 日化	LS 制药	YH 储运	BP 油品
二甲苯	—	2.53	2.15	6.77	0.10	10.00	3.66	803.37	101.63
三甲苯	1.01	—	—	—	—	—	—	8.51	3.93
乙苯	—	—	0.79	—	—	1.21	—	72.77	28.64
正丁苯	1.56	—	—	—	0.07	—	—	43.37	—
仲丁苯	5.54	1.21	—	—	—	—	—	—	64.13
异丙苯	2.12	—	0.21	—	0.03	—	—	—	9.12
三硝基苯	—	—	—	—	—	—	—	2.00	—
苯甲酸	38.37	—	—	—	—	—	—	—	11.83
苯胺	1.60	—	—	—	—	—	—	—	—
苯乙烯	—	0.13	—	—	—	—	—	0.12	—
莰烯	—	—	—	—	—	1.80	—	—	—
柠檬烯	—	—	—	—	—	12.80	—	—	—
乙醇	—	—	—	—	0.05	1.86	—	—	—
苯甲醇	—	—	—	—	—	0.02	0.19	—	—
乙二醇	—	—	—	—	—	—	—	629.93	—
正辛醇	—	—	—	2.31	—	0.05	2.87	109.71	0.09
2-丙基-1-戊醇	—	3.40	1.62	2.48	0.32	5.41	22.56	305.80	—
壬醛	—	0.09	—	0.24	—	0.02	—	5.56	—
癸醛	0.03	0.16	0.09	0.03	—	0.14	—	15.54	0.03
乙酸乙酯	—	4.54	—	24.20	0.20	—	71.42	—	—
丙酸甲酯	2.81	—	—	—	—	—	—	315.06	—

续表

物种	污染能力 S_j								
	JKS 润滑油	JT 能源	CH 化工	RY 化工	SDM 化工	LQ 日化	LS 制药	YH 储运	BP 油品
二甲醚	—	—	—		0.07	—		—	—
二乙醚	—	—	—				—	25.11	—
二丙二醇单甲醚	0.13	—	0.26	0.33				—	23.80
甲基叔丁基醚	0.91	—	0.77	31.82	—		—	167.69	3.01
苯酚	1.90	0.78	0.26	0.43		0.67	0.08	19.65	4.89
2-氯苯乙酮	0.48	—	—	—		—		—	—
异佛尔酮	—	—	0.29			—		—	—
丙烯酸	—	—	—		0.15	—		—	—
丙烯酸甲酯	—	—	—		2.27	—		—	—
丁二酸二甲酯	—	—	—		0.07	—		—	—
2-(己氧基)乙醇	—	—	—		0.25	—		—	—

不同企业的特征污染物不同，由于特征污染物的筛选选取了三种量化参数，分别为毒性、光化学活性、环境持久性，在计算各污染物危害性时，各参数所占比重不同，如将参数赋予不同的权重，则所计算出的结果也随之变化，故特征污染物的筛选工作在一定程度上是偏于主观的研究，尽管选取了主观性最小的研究方法，但仍不可完全避免计算过程中的主观因素。

4.4 园区 VOCs 排放环境影响评估

4.4.1 基本参数设置

1. AERMOD 模型简介

AERMOD 模型是由美国气象学会和美国环境保护局联合合作开发的一种大气扩散模型，开发机构意在将其作为一种新的法规模型替代原有的 ISC (industrial source complex)模型来使用。AERMOD 模型属于高斯扩散模型，适用于定场的烟羽模型，具备如下的几个特征：它的运行基于扩散理论，在此基础上假设污染物符合高斯分布，由于其适用于多种排放源，同时对于乡村和城市，复杂的地形和平坦的地形都可以适应，要求的条件也相对容易达到，数据获取相对轻松并且在广泛的实例验证中效果得到了业内人士的广泛认可，目前我国现行的《环境影响评价技术导则　大气环境》(HJ/T 2.2 2008)中由于其空气污染模式中应用了最新的大气边界层和大气扩散理论，也将其作为推荐中的稳态大气模型来使用。

AERMOD 模型系统的结构主要包括三个部分：扩散模型 AERMOD；气象预处理器 AERMET；地形数据处理器 AERMAP。这三个部分分别对应不同的功能，具体如图 4.23 所示。

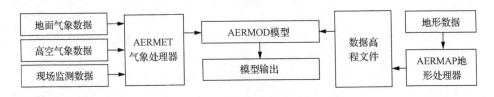

图 4.23　AERMOD 模型结构图

2. 气象参数

AERMOD 的运行需要使用 AERMET 工具模块进行气象数据的处理和导入，该模块需要收集对象区域的风向、风速、温度、压力、云量、能见度、降水量等数据，主要流程如下：

1)先获取电子版的气象数据，包括监测的站点名称、站点号、站点所在地坐标、海拔，详细时间包括记录数据的年月日和所处的时间点，每日记录的频率、温度、实时风向、实时风速、实时气压、实时湿度等。

2)打开 BREEZE AERMOD 的气象数据模块，将数据导入建立相应和AERMOD 核心文件匹配的气象数据文件，必须需要输入的数据包括起止时间、间隔时间、站点号、温度、总云量、风向、风速，其余数据可以视情况而定。AERMOD的运行还需要获取高空数据，由于国内站点不多，环评导则的要求是选用对象 50 km 范围内的数据，同时也可以使用中尺度气象模型的数据，本研究所用的为中尺度气象模型 MM5 模拟的 50 km 内的数据，文件的格式为“.rao”。

3)以上工作完成以后，打开 AERMOD 中的 AERMET Pro 板块，将之前制作的“.fil”文件导入原始地面气象数据文件选项中；在原始高空数据文件选项中导入高空数据。

4)模型区域位置选项设定，与之前地表数据的设置保持一致。随后直接点击生成站点属性，然后选择处理选项 AERMET 开始处理地面气象数据和高空气象数据。最终生成的 PFL 文件与 SFC 文件即为 AERMOD 可以直接使用的气象数据文件。

目前，获取 AERMOD 模型所需的监测数据比较困难，一是由于我国的环境监测体系不健全，二是环境监测业务水平有待提高，所以应加快我国环境监测体系的发展，提高环境监测业务水平，才能更好地为环境治理服务[57, 58]。

3. 地形参数

由于地形地势的高低起伏，山脊河流等对污染物的传输扩散、积累释放等作用会产生重要的影响，因此在进行大气质量模型模拟的过程中，需要考虑地形地势的影响，因此需要使用 AERMOD 空气质量模型中的 AERMAP 模块对地形进行预处理。AERMAP 需要输入一些参数包括评价的范围内任意一点的地理坐标，评价区域地形的高程文件。AERMAP 模块成功运行后，生成 AERMOD 模块运行所需的网格点或任一点的高度尺度、地形高程。地形数据可在网上获取，模型所需的地形数据为 DEM 格式，一般情况下不能直接获得 DEM 格式的数据，而是通过 Global Mapper 等软件将其转换成 DEM 格式，并处理成模型可运行大小。AERMAP 地形处理对于地形有一个独有的有效高度的概念，即在一定研究区域之内有两点可以影响污染源造成的影响，一个是源所在地和受体之间的距离，以及它们之间的高度差。地形高度差越大、二者的距离越近，污染源对接受点的影响也越大。AERMAP 内部存在一个有效高度的计算，正是凭借此，AERMOD 对于污染源所在地和接收点的地形高度差没有限制，所以对于简单地形和复杂地形都可以适用这一模型。

应用 AERMAP 时需要先到网络上获取相关的地形文件资料，首先需要到 http://srtm.csi.cgiar.org/SELECTION/inputCoord.asp 网站下载 SRTM90 数据，下载时可以选择 GeoTiff 和 ArcInfo ASCII 两种格式，打开网站后在相应的地图页面数据，选择华南地区所在的范围图框，如图 4.24 所示。将下载的数据包用 Global Mapper 打开，本次使用的 Global Mapper 版本是 Global.Mapper.v13.DC12092011. x86。用 Global Mapper 将下载的 tif 文件打开以后，在视窗查看相应的地图地形情况，无误后用 Global Mapper 相应的选项导出即可得到 AERMOD 可以识别的以 ".dem" 作为后缀的地形文件数据。随后在 AERMOD 模型运行的过程中，在完成相应的污染源、建筑物、厂界等数据输入后，只需将该".dem"文件插入 AERMOD 核心即可。

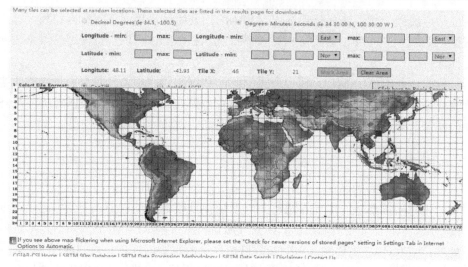

图 4.24　网页下载地形数据文件示意图

4. 污染源参数

污染源参数采用来源于监测数据及实地调研资料，对于多次采样的点位，排放的源排放量将按照多次采样的平均值来计算。

1)有组织排放：有组织排放一般情况为排气筒点源，AERMOD 模型点源的模拟需要知道点源的位置、排气筒的高度、直径、排放率(g/s)、排气温度、流量。

2)无组织排放：无组织排放在本研究中主要是生产车间和储罐，储罐作为排放源时一般将其视为面源，根据 AERMOD 模型运行要求需要收集的数据包括面源的坐标、海拔、排放率、面积、排放高度等。面积参数可以通过地图描点获取，将储罐的高度设为排放高度。厂房视为体源，厂房的高度设为体源高度，体源所需参数为体源的位置、排放高度等。面源和体源所用的初始扩散参数面源取为 0，体源横向初始扩散参数为 5.58，垂直扩散参数为 2.79。

4.4.2　模型验证

1. 模型验证方法

(1)相关性分析

相关性分析是计算模拟值(c_m)数据组和实测值(c_o)数据组之间的相关系数，表达式如下：

$$r = \frac{\sum_{i=1}^{n}(c_m - \overline{c}_m)(c_o - \overline{c}_o)}{\left[\sum_{i=1}^{n}(c_m - \overline{c}_m)\sum_{i=1}^{n}(c_o - \overline{c}_o)\right]^{1/2}} \tag{4-12}$$

相关系数 r 是反映模拟值与实测值线性相关程度的重要指标，r 值越接近 1，相关性越好，说明模拟与实际情况越接近。

(2) 两倍误差分析

两倍误差分析是验证大气扩散模型可靠性的主要方式之一，其原理是以模拟值与实测值的比值落在 0.5~2 之间的百分数为评价标准，具体数学表达式为

$$R = \frac{N(0.5\sim2)}{N} \times 100\% \tag{4-13}$$

式中：R 为模拟值与实测值的比值落在 0.5~2 之间的百分数，$N(0.5\sim2)$ 为模拟值与实测值的比值在 0.5~2 之间的个数，N 为模拟值与实测值的比值总个数。R 值越高，验证模拟的误差就越小，一般 $R \geqslant 80\%$，视为模型的精确度较好[58]。

2. 模型验证结果

采用以上两种方法对园区 9 家企业厂界下风向点位的实测值和模拟值进行对比分析，从而评价 AERMOD 模型的模拟效果。由表 4.30 可知，9 个对照点模拟值与实测值比值范围为 0.22~0.80，R 值为 66.7%，两者的相关系数 r 为 0.72，模拟值 (时均值) 均小于实测值，原因是在模型中仅输入 9 个企业的排放数据，未考虑其他企业及生活源等的排放，故模拟结果总体偏低。综合以上分析，模拟值与实测值两者的差异在可接受范围之内，本次研究的 AERMOD 模型能够较准确地模拟园区 VOCs 浓度分布和扩散过程。

表 4.30　对照点模拟值与实测值比较

对照点	模拟值/(mg/m³)	实测值/(mg/m³)	比值
LS 制药	0.16	0.2	0.80
JT 能源	0.44	1.52	0.29
RY 化工	1.61	3.01	0.53
SDM 化工	0.72	2.50	0.29
CH 化工	0.28	0.51	0.55
JKS 润滑油	0.33	1.51	0.22
YH 储运	0.78	1.55	0.50
LQ 日化	0.85	1.54	0.55
BP 油品	0.41	0.72	0.57

4.4.3　模拟结果分析

工业污染源对大气环境质量有直接影响，但由于高成本和相关实验的难度，

对污染物浓度进行准确的动态分时空监测不是十分可行,因此大气污染物扩散模式被广泛地用来模拟预测污染物的扩散分布情况,评估大气环境质量[59]。

1. 最值及浓度分布

表 4.31 为 2015 年最大网格点处模拟浓度,其中时均浓度及日均浓度分别为 90.94 mg/m³ 及 9.31 mg/m³。

表 4.31　2015 年最大网格点处模拟浓度

计算平均时间	浓度/(mg/m³)	X 坐标/m	Y 坐标/m
1 小时	90.94	763096.90	2527725.10
24 小时	9.31	763096.90	2527725.10

图 4.25 和图 4.26 为 VOCs 时均浓度等值线图,从浓度图中可以明显看出,模拟区域内时均、日均及年均浓度模拟值的最大值均出现在 YH 储运厂区内,其中时均浓度和日均浓度最大值均出现在装卸船处,而年均浓度最大值则出现在装卸车处。以该厂区区域为中心向四周递减,向北影响范围较大。

污染物浓度分布的范围受地面风向和地形的影响大体上呈由北向南走向,不同月份的平均值随着平均风向和风速的改变,污染物浓度分布的范围有所不同,污染天气最严重的月份是 2 月。一般来说,污染物的扩散及分布受水平风场、稳定度、混合层高度及垂直速度变化影响。持续小风、静风条件容易造成污染物的局地累积[60]。另外,污染物浓度的分布还受到研究区域内地形的影响,园区地形平缓,受气流影响较小,污染物的扩散条件较好。

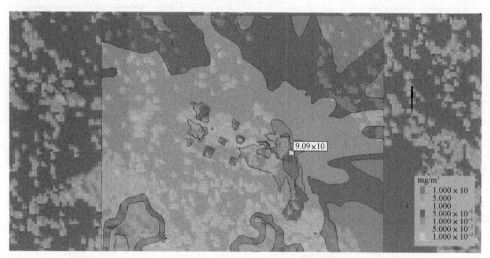

图 4.25　VOCs 时均浓度等值线图

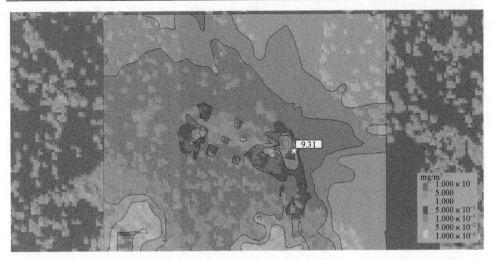

图 4.26　VOCs 日均浓度等值线图

2. 敏感点分析

按环境保护部预警试点项目要求，该岛化工园区周边 5 km 范围的居民点、学校、办公地点等人群聚集区为本项目周边环境敏感点，主要居民集中区有：北侧 0.5 km 为 A 村，人口 3700 人；北侧 2.8 km 处为 B 村，人口 1800 人；西北侧 1.0km 处为 C 村，人口 1865 人；东侧水域无环境敏感点；南侧 1.2 km 处为 D 村，人口 1475 人；东南侧 1.9 km 处为 E 村，人口为 1319 人；西侧 1.2 km 处为 F 村，人口为 2558 人。

敏感点 VOCs 的浓度情况如表 4.32 所示。总体上看，园区北部的敏感点浓度较高，其中位于园区北侧的 A 村浓度最高，最高浓度为时均浓度 1.93 mg/m³，由于我国的环境空气质量标准中没有 VOCs 的相关限制，故参考"大气污染物排综合排放标准"中的非甲烷总烃这一限值进行分析。大气污染物综合排放标准中非甲烷总烃的限值为 5.0 mg/m³，从模型运行结果来看，所有村的时均浓度均未超标，可见该园区的排放对周边敏感点的影响不明显。

表 4.32　敏感点的 VOCs 浓度模拟值

敏感点名称	方位	距离/km	时均浓度/(mg/m³)	日均浓度/(mg/m³)
A 村	北侧	0.5	1.93	0.54
B 村	北侧	2.8	1.53	0.17
C 村	西北侧	1.0	0.67	0.04
D 村	南侧	1.2	1.74	0.33
E 村	东南侧	1.9	1.14	0.10
F 村	西侧	1.2	0.22	0.02

参 考 文 献

[1] Kevin S T. Looking for growth in the chemistry industry [J]. Chemical Engineering Progress, 2012, 108 (1): 12-15.

[2] Zhu B, Zhou W, Hu S, et al. CO_2 emission ad reduction potential in China's chemical industry [J]. Energy, 2010 (35): 4663-4670.

[3] 陈颖, 叶代启, 刘秀珍, 等. 我国工业源 VOCs 排放的源头追踪和行业特征研究[J]. 中国环境科学, 2012 (1): 48-55.

[4] Wei W, Cheng S, Li G, et al. Characteristics of volatile organic compounds (VOCs) emitted from a petroleum refinery in Beijing, China [J]. Atmosphere Environment, 2014, 89: 358-366.

[5] Mo Z W, Shao M, Lu S H, et al. Process-specific emission characteristics of volatile organic compounds (VOCs) from petrochemical facilities in the Yangtze River Delta, China [J]. Science of the Total Environment, 2015, 533: 422-431.

[6] 王继元, 任晓乾, 曾崇余. CO_2 加氢合成二甲醚反应产物的快速分析[J]. 南京工业大学学报, 2004 (26): 85-87.

[7] 肖景方, 叶代启, 刘巧, 等. 消费电子产品生产过程中挥发性有机物(VOCs)排放特征的研究[J].环境科学学报, 2015, 35 (6): 1612-1619.

[8] 邱凯琼. 工业源挥发性有机物减排潜力及其对空气质量的影响研究[D]. 上海: 华南理工大学, 2014.

[9] 魏巍. 中国人为源挥发性有机化合物的排放现状及未来趋势[D]. 北京: 清华大学, 2009.

[10] 赵建国, 罗红成, 黄碧纯, 等. 广州市工业挥发性有机物排放特征研究[J]. 环境污染与防治, 2012, 231 (2): 96-101.

[11] Klimont Z, Streets D G, Gupta S, et al. Anthropogenic emissions of non-methane volatile organic compounds in China [J]. Atmospheric Environment, 2002, 36 (8): 1309-1322.

[12] 陈颖. 我国工业源 VOCs 行业排放特征及未来趋势研究[D]. 广州: 华南理工大学, 2011.

[13] Wei W, Wang S X, Hao J M, et al. Projection of anthropogenic volatile organic compounds (VOCs) emissionsin China for the period 2010—2020 [J]. Atmospheric Environment, 2011, 45 (38): 6863-6871.

[14] Frey H C, Bharvirkar R, Zheng J. Quantitative Analysis of Variability and Uncertainty in Emissions Estimation [M]. Research Triangle Park, NC: North Carolina State University for the U. S. Environmental Protection Agency, 1999.

[15] 魏巍, 王书肖, 郝吉明. 中国人为源 VOC 排放清单不确定性研究[J]. 环境科学, 2011 (2): 305-312.

[16] Abdel-Aziz A, Frey H C. Quantification of hourly variability in NO_x emissions for baseload coal-fired power plants [J]. Journal of the Air and Waste Management Association, 2003, 53 (11): 1401-1411.

[17] El-Fadel M, Zeinati M, Ghaddar N, et al. Uncertainty in estimating and mitigating industrial related GHG emissions [J]. Energy Policy, 2001, 29 (12): 1031-1043.

[18] 刘金凤, 赵静, 李湉湉, 等. 我国人为源挥发性有机物排放清单的建立[J] . 中国环境科学, 2008, 28 (6): 496-500.

[19] Klimont Z, Streets D G, Gupta S, et al. Anthropogenic emissions of non-methane volatile organic compounds in China [J]. Atmospheric Environment, 2002, 36: 1309-1322.

[20] 余宇帆, 卢清, 郑君瑜, 等. 珠江三角洲地区重点 VOC 排放行业的排放清单[J]. 中国环境科学, 2011, 31 (2): 195-201.

[21] 郑君瑜, 张礼俊, 钟流举, 等. 珠江三角洲大气面源排放清单及空间分布特征[J]. 中国环境科学, 2009, 29 (5): 455-460.

[22] 郑君瑜, 郑卓云, 王兆礼, 等. 珠江三角洲天然源 VOCs 排放清单开发及时空特征[J]. 中国环境科学, 2009, 29(4): 345-350.

[23] 田雪峰. 对北京市 VOCs 源的研究[D]. 北京: 北京工业大学, 2001.

[24] 赵斌, 马建中. 天津市大气污染源排放清单的建立[J]. 环境科学学报, 2008, 28(2): 368-375.

[25] 蔡慧华. 佛山市大气污染源排放因子研究与排放量调查一期研究报告[R]. 佛山: 佛山市环境保护局, 2010.

[26] 孙绳武, 鲍翰斌. 空气污染源排放清单编制基本程序及其运行机制[J]. 辽宁城乡环境科技, 2005, 25(1): 36-37.

[27] 钟流举, 郑君瑜, 雷国强, 等. 大气污染物排放源清单不确定性定量分析方法及案例研究[J]. 环境科学研究, 2007, 20(4): 15-20.

[28] 陈颖, 李丽娜, 杨常青, 等. 我国 VOC 类有毒空气污染物优先控制对策探讨[J]. 环境科学, 2011, 32(12): 3469-3475.

[29] 葛鸿铭, 王婷, 郁建桥, 等. 应用物种敏感性分布评价法对太湖梅梁湾入湖河流交汇处优控有机污染物的生态风险分析[J]. 安全与环境学报, 2011, 11(6): 116-121.

[30] 黄明强, 郝立庆, 周留柱, 等. 乙苯光氧化产生二次有机气溶胶的化学成分及反应机理分析[J]. 物理化学学报, 2006, 22(5): 596-601.

[31] Birdsall A W, Elrod M J. Comprehensive NO-dependent study of the products of the oxidation of atmospherically relevant aromatic compounds [J]. Journal of Physical Chemistry A, 2011, 115(21): 5397-5407.

[32] Sun Y, Zhang Q, Hui W, et al. OH radical-initiated oxidation degradation and atmospheric lifetime of N-ethylperfluorobutyramide in the presence of O_2/NO_x [J]. Chemosphere, 2015, 134(1): 241-249.

[33] 匡蕾, 吴起, 汪丽莉. 化工园区整体安全性探索与展望[J]. 中国安全生产科学技术, 2008, 4(4): 73-76.

[34] 李冰. 山东省化工园区安全管理存在的问题及对策研究[D]. 济南: 山东大学, 2011.

[35] 魏利军, 多英全, 于立见, 等. 化工园区安全规划主要内容探讨[J]. 中国安全生产科学技术, 2007, 3(5): 16-19.

[36] 吴宗之, 魏利军, 王如君, 等. 化工园区安全规划方法与应用研究[J]. 中国安全生产科学技术, 2012, 8(9): 46-51.

[37] 吴诗剑, 高松, 徐捷, 等. 上海典型化工集中区 VOCs 污染特征和来源分析[C]//中国环境科学学会. 2013 中国环境科学学会学术年会论文集(第五卷), 2013.

[38] 赵焕臣, 许树柏, 和金生. 层次分析法——一种简易的新决策方法[M]. 北京: 科学出版社, 1986.

[39] 贾龙华, 吴锦利. 层次分析法在空气污染防治措施比选中的应用[J]. 污染防治技术, 2000, 13(2): 86-88.

[40] 王彦威, 邓海利, 王永成. 层次分析法在水安全评价中的应用[J]. 黑龙江水利科技, 2007, 35(3): 117-119.

[41] 王晓明, 许玉, 王秀珍, 等. 运用层次分析法的水质指标和环境保护措施研究[J]. 黑龙江水专学报, 2005, 32(4): 130-133.

[42] 吕连宏, 张征, 李道峰, 等. 应用层次分析法构建中国煤炭城市生态环境质量评价指标体系[J]. 能源环境保护, 2005, 19(5): 53-56.

[43] 黄震. 综合评分指标体系在环境优先污染物筛选中的应用[J]. 上海环境科学, 1997, (6): 19-21.

[44] 崔建升, 徐富春, 刘定, 等. 优先污染物筛选方法进展[C]//中国环境科学学会. 中国环境科学学会学术年会论文集 2009(第四卷), 北京: 北京航空航天出版社, 2009.

[45] 王瑶. 典型陆地石油开采区土壤污染物识别方法及应用[D]. 北京: 华北电力大学, 2012.

[46] 朱菲菲, 秦普丰, 张娟, 等. 我国地下水环境优先控制有机污染物的筛选[J]. 环境工程技术学报, 2013, 3(5): 443-450.

[47] Brüggemann R, Halfon E, Bücherl C. Theoretical Base of the Program "Hasse" [M]. GSF-Forschungszentrum für Umwelt und Gesundheit, 1995.

[48] 刘存, 韩寒, 周雯, 等. 应用 Hasse 图解法筛选优先污染物[J]. 环境化学, 2003, 22(5): 499-502.

[49] Halfon E, Galassi S, Brüggemann R, et al. Selection of priority properties to assess environmental hazard of pesticides [J]. Chemosphere, 1996, 33(8): 1543-1562.

[50] Brüggemann R, Münzer B, Halfon E. An algebraic/graphical tool to compare ecosystems with respect to their pollution-the German river "Elbe" as an example-I: Hasse-diagrams [J]. Chemosphere, 1994, 28(5): 863-872.

[51] Pudenz S, Brüggemann R, Luther B, et al. An algebraic/graphical tool to compare ecosystems with respect to their pollution Ⅴ: Cluster analysis and Hasse diagrams [J]. Chemosphere, 2000, 40(12): 1373-1382.

[52] Brüggemann R, Voigt K. An evaluation of online databases by methods of lattice theory [J]. Chemosphere, 1995, 31(7): 3585-3594.

[53] 楼文高. 用密切值法进行海域有机污染物优先排序和风险分类研究[J]. 海洋环境科学, 2002, 21(3): 43-48.

[54] 卓飞豹, 陈兴伟. 福建省水资源可持续利用的密切值法评价[J]. 水土保持研究, 2008, 15(1): 179-181.

[55] 黄静, 马宏忠, 纪卉. 密切值法在电能质量综合评价中的应用[J]. 电力系统保护与控制, 2008, 36(3): 60-63.

[56] 江磊. AERMOD 空气质量模型在国内大气环境影响评价中的应用研究[D]. 北京: 北京科技大学, 2007.

[57] 白云, 文德振, 刘平波, 等. 环境监测业务管理系统的开发及应用[J]. 环境科学与技术, 2004, 27(S): 90-91.

[58] 任永健, 赖安伟, 高庆先. 山西省阳泉市大气环境质量数值模拟[J]. 环境科学与技术, 2010, 33(2): 174-180.

[59] 迟妍妍, 张惠远. 大气污染物扩散模式的应用研究综述[J]. 环境污染与防治, 2007, 29(5): 376-380.

[60] 蔡旭晖, 郭昱, 陈家宜, 等. 北京石景山区大气污染扩散对市区影响的半定量分析[J]. 环境科学, 2002, 23(S): 51-52.

第5章 工业源VOCs减排潜力及空气质量减排效益模拟

对未来排放源排放情况进行预测，并针对控制对策对空气质量的影响进行评估，可用于指导政府制定和优化控制对策，为其提供科学的数据基础。目前已有很多关于我国的VOCs历史排放变化趋势的研究，但是在全国尺度上，对于VOCs未来控制对策及在不同控制对策下的未来排放趋势的研究却仍然较为少见，目前仅有少数研究者根据现有的清单研究成果，运用情景分析的方法，预测了中国未来排放量的变化。Klimont等[1]在其前期研究建立的 1990～1995 年东亚地区NMVOCs排放清单的基础上，以1995年为基准年，预测了2030年东亚地区的排放情况，他们预估了中国2010年和2020年的未来NMVOCs排放趋势，结果指出工业溶剂使用将会成为中国地区NMVOCs的最大排放贡献源。Ohara等[2]开发的REAS清单以2000年为基准年，构建了三个不同的排放情景，预测了2010年和2020年的未来排放量，结果显示中国地区的人为源VOCs排放在三种排放情景中均呈现快速增长的趋势，并认为亚洲地区的未来排放水平主要受到中国地区排放控制情景的影响。部分前期的研究由于缺乏基础数据，对环境法规的实施效果过于乐观，同时还低估了经济增长的预测，因此对中国的未来排放趋势存在着较大程度的低估[3]。近年来，国内研究者Wei等[4]结合国内情况，基于2005年中国人为源VOCs排放清单，通过对两个不同排放情景下中国未来排放量的预测，发现2005～2020年期间，即使在控制情景下，中国的排放量依然呈现持续增长的趋势。Xing等[5]也以2005年为基准年，构建了一个基准情景和两个控制情景，预估了三个情境下中国 2020 年的多种常规大气污染物的排放量，包括 SO_2、NO_x、VOCs、NH_3 及 PM_{10}，并评估了不同控制对策下各类污染物的排放变化对空气质量（$PM_{2.5}$ 和 O_3）的影响。

根据我国实际情况，对工业源VOCs排放源未来不同情境下的排放情况进行预测，可以有效地分析我国VOCs的减排潜力，同时，对国家颁发的控制政策进行模拟研究，预测控制政策对空气质量的改善效果，可以科学地指导决策人员及时调整政策、优化控制对策。为满足我国政府及环保部门控制大气污染、改善空气质量的政策制定的需要，应该大力开展有关VOCs控制政策的减排评估及其对空气质量改善效应相结合的研究。本章将在我国2010年工业源排放清单研究的基础上，应用情境分析法预测我国2020年和2030年工业源VOCs排放情况，分析工业源VOCs减排潜力，同时应用CMAQ模型模拟减排的空气质量效益，以期为国家工业源 VOCs 的控制政策的确定提供科学依据。

5.1　未来排放量的预测

5.1.1　情景分析与设置

情景分析法(scenario analysis)[6, 7]是在对社会经济、技术、产业、能耗等方面的未来变化提出各种关键假设的基础上，对未来进行详细和缜密的推理来构想未来可能发生的情景。承认未来充满不确定性是情景分析法的最基本的观点，但是研究对象未来的部分活动可以通过对影响研究对象活动的具有规律性或可预测的外部因素进行系统了解，掌握其变化趋势，进而预测其未来活动水平情况[8, 9]。

基准情景，即无控制情景(the business as usual scenario, BAU)，是维持现有的生产力技术和污染控制水平不变，对未来发展过程中的经济、能耗、工业生产及其他人类活动状况的描述。基准情景预测的关键是对社会经济发展指标和污染物排放量指标的预测[10]。工业源 VOCs 的未来排放变化很大程度上受到社会经济发展水平、技术进步及 VOCs 控制政策的影响。基准情景的预测对于评估控制政策的减排效果有很重要的作用，了解基准情景的排放情况有助于掌握污染物排放在无进一步控制措施的状况下仅受社会发展影响的变化趋势，基准情景也是衡量控制政策减排效果的重要基准和参考。

本书为了考察我国未来 VOCs 排放情况及各种控制策略的减排效果和对空气质量的影响，仅考虑 VOCs 的排放变化，其他污染物如 NO_x、$PM_{2.5}$、PM_{10} 和 SO_2等均保持 2010 年水平不变。基准情景的预测思路主要为：在 2010 年全国工业源VOCs 排放清单的基础上，维持 2010 年的 VOCs 控制措施不变，即采用 2010 年排放因子，只考虑未来活动水平的变化，预测我国 2020 年和 2030 年工业源 VOCs排放清单。

控制情景，是以我国现有的，以及即将出台的国家政策法规和标准体系或国外先进的控制对策等为背景，对我国 31 个行业设置主要包括控制技术、减排措施及排放标准三方面内容，未来较长一段时间内的控制预测。

我国目前正在受到光化学烟雾及雾霾的严重威胁，特别是包括京津冀、长江三角洲及珠江三角洲在内的重点区域更是空气质量问题的多发地区。我国 80%的城市空气质量不能达到世界卫生组织(World Health Organization, WHO)颁布的一级标准，另外，我国某些空气质量问题严重的地区的环境空气指标已经超出发达国家的 3～5 倍。我国政府势必将在未来相当长的一段时间内不遗余力地为改善我国环境空气质量而努力。在国务院《大气污染防治行动计划》（"大气十条"）发布后，国家及各地方环保机构相继计划或已经出台了 VOCs 控制相关的政策、整治方案及标准。新的《中华人民共和国大气污染防治法》于 2016 年 1 月 1 日起施行。另外，包括石油炼制、石油化工、煤化工、干洗、电子、纺织、印刷包装、农药、制药、涂料、人造板、储罐管道及涂装和铸造在内的 14 个行业国家标准即将出台，这些都意味着我国未来的 VOCs 防控体系将向发达国家靠拢，且更为完善。未来工业源 VOCs 的排放减排效率与这些控制政策、标准及规范息息相关。

以此为背景，采用情景分析法设置了我国在未来较长一段时间内的工业源 VOCs 控制情景，并设置基准情景以作为研究对比分析。情景设置如表 5.1 所示。2020 年及 2030 年基准情景及控制情景中各行业实施的控制技术如表 5.2 所示。

表 5.1　情景设置

年份	情景
2020	情景Ⅰ（基准情景）：各行业控制措施维持 2010 年情况不变，即行业排放因子不变； 情景Ⅱ（控制情景）：在全国范围内实行工业行业 VOCs 排污控制，控制措施及减排效率主要引自《大气污染防治行动计划》及《重点区域大气污染防治"十二五"规划》
2030	情景Ⅰ（基准情景）：各行业控制措施维持 2010 年情况不变，即行业排放因子不变； 情景Ⅱ（控制情景）：在全国范围内对工业行业 VOCs 排污实行严格控制，控制措施及减排效率主要引自美国新能源排放标准（new source performance standards, NSPS）及合理可行控制技术（reasonably available control technology, RACT）

表 5.2　各情景中各行业控制措施

行业	基准情景	总量控制情景（2020 年）	总量控制情景 （2030 年）
石油炼制	无控制措施	生产、输配、储存及废水处理系统均安装有机废气处理及回收装置[a]	安装压力罐、高效密封的浮顶罐、加处理设施的固定罐、废水处理系统安装固定覆罩和废气回收装置
机械装备制造	无控制措施	无控制措施	提高水性溶剂的使用；加强溶剂管理
储运	无控制措施	储油库、汽油油罐车展开污染治理	全国储油库安装污染治理装置、汽油油罐污染治理
合成纤维生产	无控制措施	无控制措施	加强溶剂管理
合成树脂生产	无控制措施	无控制措施	在生产工艺排放节点及储罐通风口安装废气处理装置
焦炭生产	炼焦化学工业污染物排放标准（GB 16171—2012）[b]	与基准情景相同	安装废气处理装置
纺织印染	无控制措施	无控制措施	使用水性溶剂；安装废气回收处理装置
合成革生产	合成革与人造革工业污染物排放标准（GB 21902—2008）[c]	安装废气处理装置[a]	提高水性溶剂使用比例；提升废气收集及处理效率

续表

行业	基准情景	总量控制情景(2020 年)	总量控制情景 (2030 年)
制鞋、印刷、木材加工、家具生产、交通设备生产、建筑装饰、覆铜板生产	相关行业排放标准 [d]	使用水性溶剂；安装废气处理装置 [a]	提高水性溶剂使用比例；提升废气收集及处理效率
基础化学原料制造、涂料生产、油墨生产、胶黏剂生产、食品生产、化学原料药生产	无控制措施	安装废气收集装置；安装回收净化装置 [a]	提升废气收集及处理效率
原油开采、天然气开采、合成橡胶生产、合成洗涤剂生产、轮胎生产、钢铁生产、纸浆生产、纸制品生产、废弃物处理、能源消耗	无控制措施	无控制措施	无控制措施

a. 重点区域大气污染防治"十二五"规划(2011—2015)；大气污染防治行动计划(2014—2017)

b. 根据《炼焦化学工业污染物排放标准》(GB 16171—2012)，只包含了苯及苯并芘

c. 根据《合成革与人造革工业污染物排放标准》(GB 21902—2008)，包含了苯、甲苯及 VOCs

d. 《室内装饰装修材料　内墙涂料中有害物质限量》(GB 18582—2008)，《室内装饰装修材料　溶剂型木器涂料中有害物质限量》(GB 18581—2009)，《室内装饰装修材料　胶粘剂中有害物质限量》(GB 18583—2008)

在确定了不同行业在不同情景中采取的减排措施后，最终将减排效果量化为排放量，本研究主要通过以下方式确定排放量：工业 NMVOCs 主要通过有组织及无组织两种方式排放至大气环境中，在大量的文献及资料调研后，首先大致确定了不同行业的有组织排放量及无组织排放量间的比例；然后，将各行业在不同情景中对应采取的有组织及无组织减排措施乘以该环节的排放比例，从而获得了各行业最终的减排效率，表 5.3 为各行业不同情景的最终减排效率。

表 5.3　各行业最终减排效率

行业	有组织及无组织排放比例	减排效率(2020 年控制情景)	减排效率(2030 年控制情景)
原油开采	0∶1	0	0
天然气开采	0∶1	0	0
原油加工	3∶7	0.48	0.72
基础化学原料	3∶7	0.40	0.68
储运	5∶5	0.49	0.76
涂料生产	3∶7	0.36	0.68
油墨生产	3∶7	0.36	0.68
合成纤维生产	3∶7	0.35	0.40
合成橡胶生产	3∶7	0.35	0.68
合成树脂生产	3∶7	0.35	0.51
胶黏剂生产	3∶7	0.41	0.68

续表

行业	有组织及无组织排放比例	减排效率(2020 年控制情景)	减排效率(2030 年控制情景)
食品生产	3∶7	0.21	0.51
合成洗涤剂生产	3∶7	0	0
轮胎生产	3∶7	0	0
化学原料药生产	6∶4	0.27	0.67
钢铁生产	3∶7	0	0
焦炭生产	3∶7	0	0.29
纺织印染	3∶7	0.20	0.51
合成革生产	3∶7	0.35	0.68
制鞋	3∶7	0.25	0.68
纸浆生产	3∶7	0	0
纸产品生产	3∶7	0	0
印刷	4∶6	0.39	0.62
木材加工	3∶7	0.18	0.51
家具制造	3∶7	0.38	0.68
机械设备生产	3∶7	0.39	0.68
交通设备制造	4∶6	0.48	0.68
建筑装饰	0∶1	0.09	0.44
覆铜板生产	3∶7	0.19	0.51
废弃物处理	0∶1	0	0
能源消耗	0∶1	0	0

5.1.2　未来排放量估算方法

　　未来排放量的估算,基于 Qiu 等[11]发表的 2010 年我国工业源 VOCs 排放清单及排放因子,本章通过模型推估及文献调研等方法确定了 31 个不同行业未来的活动水平及排放因子,采用排放因子法得出了 31 个行业未来"基准情景"和"控制情景"的排放量,计算公式如下:

$$E_y = \sum\nolimits_m \sum\nolimits_n A_{i,k,y} \times \mathrm{EF}_{i,k,2010} \times (1 - f_i) \qquad (5\text{-}1)$$

式中: E_y 为工业源 VOCs 在第 y 年的排放量; A 为活动水平(如原料消耗量、产品产量); $\mathrm{EF}_{i,k,2010}$ 为 2010 年各行业排放因子; f_i 为 i 排放源的减排效率; i 为特定的某个排放源; k 为特定的某种原料或产品; m 为排放源数量; n 为原料用量或产品产量; y 为预测的年份。

5.1.3　未来活动水平的预测

　　未来活动水平的预测是预测未来排放量的首要阶段，基于 GDP、人口及城市化率的预测，确定了未来各行业的活动水平。

　　通过调研大量已发布的关于我国中长期的经济社会发展趋势预测的研究[12-19]，国家发展和改革委员会能源研究所发表的结果被认为更符合中国发展规划，本研究决定引用此结果：我国 2011~2020 年的人口增长率为年均 5.88%，2021~2030年为 2.08%；2011~2015 年的 GDP 增长率为 7.90%，2016~2020 年为 7.00%，2021~2025 年为 6.60%，2026~2030 年为 5.90%；我国城市化率的预测结果为53.57%(2020 年)、58.88%(2030 年)。

　　对于工业过程排放源的活动水平数据，如产品产量、原料消费量等，由于工业生产活动是由经济发展推动的，因此一般采用定量预测方法预测其活动水平，即构建代表工业活动和人口、社会经济、资源等参数之间内在关系的经济模型，进而预测未来产品产量或者消费量。定量预测方法具体包括回归分析法、神经网络法和时间序列分析法等。本研究以 GDP、城市化率、人口及产业结构调整系数为预测因子，运用回归分析法预测未来活动水平。另外，为更好地对工业各行业活动水平与各指标间开展回归分析法分析，展开大量的统计资料调研，收集了1980~2010 年我国各工业行业的活动水平及前述的各项社会经济指标。各工业行业的活动水平预测方法及预测结果如表 5.4 所示。

表 5.4　31 个行业的活动水平预测方法及预测结果(10^4 万吨)

行业	原料或产品类型	相关指标	2020 年	2030 年
(1) VOCs 的生产类行业				
原油开采[a]	原油	—	1.96	1.86
天然气开采[b]	天然气	—	849.00	1274.00
原油加工	油品	GDP、人口、城市化率	6.79	10.68
基础化学原料	合成氨	GDP	1.10	1.84
	乙烯	GDP	0.29	0.52
	苯	GDP	0.11	0.21
	甲醇	GDP	0.30	0.55
(2) VOCs 的储运类行业				
储运	原油[c]		6.79	10.68
	汽油	GDP	1.59	2.76
	有机溶剂[d]	GDP	3.95	6.99

续表

行业	原料或产品类型	相关指标	2020 年	2030 年
(3) 以 VOCs 为原料类行业				
涂料生产 e	涂料	—	0.22	0.42
油墨生产 f	油墨	—	0.01	0.02
合成纤维生产	合成纤维	GDP、产业结构调整系数	0.64	1.18
合成橡胶生产	合成橡胶	GDP、产业结构调整系数	0.07	0.13
合成树脂生产	合成树脂	GDP、产业结构调整系数	0.87	1.60
胶黏剂生产 g	胶黏剂	—	0.14	0.25
食品生产	植物油	GDP、人口、城市化率	0.81	1.52
	成品糖	GDP、人口、城市化率	0.19	0.28
	白酒	GDP、人口、城市化率	0.19	0.34
	啤酒	GDP、人口、城市化率	0.82	1.29
	发酵酒精	GDP、人口、城市化率	0.19	0.35
合成洗涤剂生产	合成洗涤剂	GDP、人口、城市化率	0.13	0.22
轮胎生产	轮胎	GDP	15.92	29.22
化学原料药生产	化学原料药	GDP、产业结构调整系数	0.05	0.09
钢铁生产	钢铁	GDP、产业结构调整系数	13.66	24.75
(4) VOCs 的使用类行业				
焦炭生产	焦炭	GDP	8.41	14.93
纺织印染	纺织助剂	GDP、人口、城市化率	0.01	0.03
	染料	GDP、人口、城市化率	0.0086	0.01
合成革生产	PU 浆料	GDP	0.02	0.04
制鞋	鞋用胶黏剂	GDP、人口、城市化率	0.01	0.02
纸浆生产	纸浆	GDP、人口、城市化率	0.43	0.67
纸产品生产	纸产品	GDP、人口、城市化率	1.07	2.04
印刷	印刷油墨	GDP、人口、城市化率	0.01	0.02
	胶黏剂	GDP、人口、城市化率	0.0063	0.01
木材加工	木材胶黏剂	GDP、人口、城市化率	0.1	0.18
家具制造	家具涂装涂料	GDP、人口、城市化率	0.01	0.02
机械设备生产	卷材涂料消耗量	GDP、人口、城市化率	0.01	0.01
	防腐涂料消耗量	GDP、人口、城市化率	0.03	0.07

续表

行业	原料或产品类型	相关指标	2020 年	2030 年
机械设备生产	其他涂料消耗量	GDP、人口、城市化率	0.05	0.12
	装配用胶黏剂消耗量	GDP、人口、城市化率	0.001	0.001
交通设备制造	汽车涂料消耗量	GDP、人口、城市化率	0.01	0.03
	汽车用胶黏剂消耗量	GDP、人口、城市化率	0.01	0.01
建筑装饰	建筑内墙涂料消耗量	GDP、人口、城市化率	0.05	0.10
	建筑用木器涂料	GDP、人口、城市化率	0.01	0.02
	建筑其他涂料	GDP、人口、城市化率	0.03	0.07
	建筑用胶黏剂	GDP、人口、城市化率	0.03	0.04
覆铜板生产 h	覆铜板	GDP	0.08	0.15
废弃物处理 i	废弃物	人口、城市化率	2.19	4.20
能源消耗 j	能源	—	0.23 k	0.23

a. 活动水平直接引自文献[20]

b. 活动水平直接引自文献[21]，单位为 $10^9 m^3$

c. 假设原油运输量与原油产量相等

d. 假设有机溶剂运输量等于国内苯及甲醇的产量

e. 涂料使用量的总和

f. 油墨使用量的总和

g. 胶黏剂使用量的总和

h. 单位为 $10^8 m^2$

i. 假设城市垃圾填埋、焚烧、堆肥的比例在 2020 年及 2030 年时与 2010 年保持一致

j. 活动水平直接引自文献[22]

k. 单位为 10^9 tce/a(tce,ton of standard coal equivalent, 吨标准煤)

5.2　未来排放量及减排潜力分析

5.2.1　基准情景 VOCs 排放

　　基于获取的活动水平预测数据，采用 2010 年排放因子数据，经估算获得 2020 年和 2030 年基准情景排放量，如图 5.1 所示。由于我国的社会经济发展和工业发展仍处于快速发展阶段，2020 年和 2030 年的排放量分别达到 2508.44 万吨和 4414.59 万吨，与 2010 年相比，分别增长了 80.39% 和 200.17%，2010~2020 年期间年均增长率高达 7.9%，与我国 GDP 增长速度相近。其中，第三环节 "以 VOCs 为原料的工艺过程" 和第四环节 "含 VOCs 产品的使用" 的增长率较为相近，2010~2020 年的年均增长率分别约为 8.9% 和 8.4%，比另外两个排放环节的排放

量增长快得多，这可能是由于这两个环节涉及的行业较多，且均是应用广泛的行业，行业发展需求较大，活动水平增速较快。

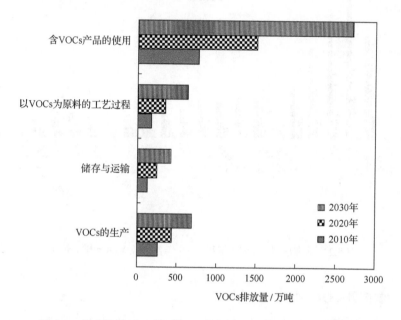

图 5.1　基准情景下四大环节 2020 年和 2030 年 VOCs 排放情况

对于国家欲重点控制的行业，图 5.2 为基准情景下，2020 年和 2030 年各行业的排放量增长情况预测结果。石油炼制、建筑装饰、机械设备制造、储运及包装印刷 5 类行业，基准情景下，2020 年和 2030 年排放量均大幅上升，2030 年排放量均达 200 万吨以上，是国家控制的重点。其中，可以看出，建筑装饰行业在 2010 年是第二大排放行业，在 2020 年和 2030 年排放量却都跃居首位，高达 400.03 万吨和 744.37 万吨，这主要是人们持续增长的住房需求导致建筑行业的快速发展，建筑涂料使用需求快速上涨，从而增加了大量的 VOCs 排放。基准情景下，2020 年 VOCs 排放量超过 100 万吨的行业主要有石油炼制、建筑装饰、机械设备制造、储运、印刷和焦炭生产六类行业，到 2030 年，该六类行业 VOCs 持续增长，除此之外，其他行业如食品加工、合成材料、木材加工、交通设备制造、覆铜板生产、基础化学原料制造、化学原料药和制鞋等 VOCs 均上升至 100 万吨以上。因此，各行业若维持 2010 年控制状态，VOCs 将大幅上升，各行业适用有效的控制对策亟待出台。

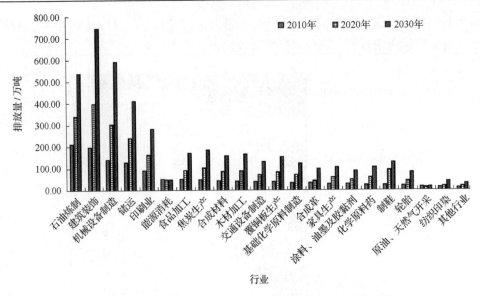

图 5.2　基准情景下 2020 年和 2030 年各行业 VOCs 排放情况

5.2.2　控制情景 VOCs 排放

　　基于控制情景对各行业设置的综合控制效率，分别估算了工业源 2020 年和 2030 年控制情景下 VOCs 的排放量，如图 5.3 所示。工业源四大环节中，"VOCs 的生产"和"储存与运输"环节，在控制情景下，2020 年和 2030 年 VOCs 均得到

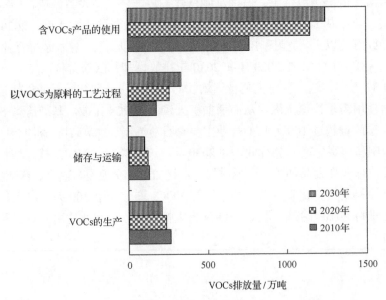

图 5.3　控制情景下四大环节 2020 年和 2030 年 VOCs 排放情况

了有效控制,排放量较 2010 年依次降低。这与我国在石化与储运行业实施的控制
对策紧密相关,如 2014 年发布的《石化行业挥发性有机物综合整治方案》、2015
年出台的《石油炼制工业大气污染物排放标准》和《石油化学工业大气污染物排
放标准》等一系列法规政策和标准规范。"以 VOCs 为原料的工艺过程"和"含
VOCs 产品的使用"环节,控制情景下,VOCs 排放量仍继续上升,其中 2030 年
和 2020 年控制情景排放量相比 2010 年分别增长了 87.57%和 62.14%,与两环节
控制力度、控制难易程度及行业需求紧密有关。

　　未来控制情景下,2020 年和 2030 年我国各工业行业 VOCs 排放量如图 5.4
所示。包括建筑装饰业、机械设备制造业、石油炼制业、储运业及包装印刷业在
内的 5 个行业允许排放量最大,均超过了 100 万吨,占比超过整个工业源 VOCs
排放量的 50%,其中建筑装饰行业由于 VOCs 排放主要来自建筑涂料使用过程中
的有机溶剂的挥发,为开放式操作,难以有效收集操作过程中挥发的 VOCs,除
了以水性溶剂替代外,废气很难有效收集并处理,故排放量达最大。排放总量超
过 50 万吨/年的行业主要包括建筑装饰业、机械设备制造业、石油炼制业、储运
业、合成革生产业、焦炭生产业、印刷业、食品生产业、制鞋业、木材加工业及
覆铜板生产业等 11 个行业,其中除了石油炼制业、储运业、食品生产业外,其余
8 个行业均为 VOCs 使用类行业,由此可以说明,该类排放仍然是 VOCs 排放的
最主要来源,占比超过工业源 VOCs 排放总量的 65%。其余的包括涂料及胶黏剂
生产业、合成纤维生产业、纺织印染业、原油生产业、钢铁生产业、废弃物处理业、

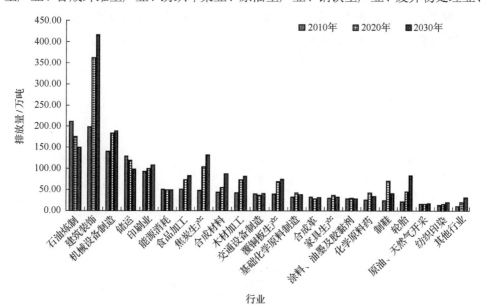

图 5.4　控制情景下 2020 年和 2030 年各行业 VOCs 排放情况

天然气开采业、油墨生产业、合成橡胶生产业、纸浆生产业、纸制品生产业以及合成洗涤剂生产业等在内的 12 个行业,由于行业未来排放总量分别小于 20 万吨,故将其总体归类为其他行业,约占工业源 VOCs 排放总量的 5%,可以视为非主要的工业 VOCs 排放来源。

5.2.3　工业源 VOCs 减排潜力分析

图 5.5 为基准情景及控制情景下我国工业源挥发性有机物 2020 年和 2030 年的排放量。由图可知,在基准情景即维持 2010 年控制措施不变的情况下,我国 2020 年及 2030 年工业源 VOCs 排放量分别达到 2508.44 万吨及 4414.59 万吨,相较于 2010 年排放量分别增长 80.39% 及 200.17%,这是由我国社会经济及城市规模的高速发展带来的。与基准情景不同,控制情景下排放量较基准情景显著降低,2020 年,控制情景下排放量为 1790.27 万吨,虽较基准年排放量上升 28.75%,但较基准情景排放量降低 26.35%,减排效果较明显;2030 年,控制情景下排放量为 1822.36 万吨,虽较基准年排放量上升 31.06%,但较基准情景排放量降低 57.35%,VOCs 排放量大幅减少。由此可以看出,我国在未来相当长的一段时间内,工业源 VOCs 排放仍然会保持增加的趋势,这与国家社会经济发展战略密切相关,在经济高速发展的大前提下,国家产业结构调整跟不上经济发展的速度,以工业为主要经济支柱的产业结构模式在相当长一段时间内无法完全改变,这就成为工业源 VOCs 即使大力控制却仍然不能将排放量降低到基准年水平的主要原因。然而,在控制情景下,2030 年排放量较 2020 年仅高出 33.06 万吨,增长比例为 1.79%,这说明在 2030 年于我国全国范围内实施工业源 VOCs 排放严格控制能有效控制排放,使排放量维持在一个相对稳定的水平。

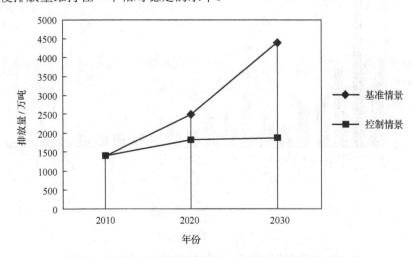

图 5.5　基准情景及控制情景下 2020 年及 2030 年的排放量

5.3 空气质量减排效益模拟

5.3.1 空气质量模型的选择

目前国内外已开发应用的空气质量模型种类众多，且各有其特点，其中较为常用的模型主要有美国的 Models-3/CMAQ 和 CAMx、法国的 CHIMERE、英国的 "Your Air" 系统和 NAME、德国的 EURAD、芬兰的 SILAM、西班牙的 EOAQF、瑞典的 MAQS、荷兰的 LOTOS-EUROS，以及中国的 NAQPMS 和 RegADM 等[23-26]。

当前在国际上应用最为广泛的空气质量模型是美国环境保护局研发的 CMAQ 模型，自 1998 年 6 月首次发布以来，经过不断的改进，现已更新到 5.0.1 版本，被广泛应用于大气污染物的形成、转化和传输，大气污染物物种沉降、特殊大气污染现象的形成等方面。其中，目前国内外的具体应用主要集中于：大气污染问题的模拟；研究源排放变化在不同地区和不同时间对各种污染物浓度的影响，从而评估减排措施对空气质量的改善效应；定量分析各种物理或化学过程对污染物浓度的贡献，研究大气污染物的传输、扩散及转化过程。

CMAQ 作为评估空气质量控制策略的有效工具，其最广泛的应用是通过评估源排放变化对各类污染物浓度的影响，定量分析各种前体物对污染物浓度的贡献，来研究控制对策的空气质量影响效应。在国外，2006 年 Arnold 等[27]模拟了 VOCs 和 NO_x 分别削减 50%排放量的情景下，不同站点臭氧浓度的变化情况。2008 年 Pun 等[28]运用 CMAQ、CMAQ-MADRID 和 REMSAD 三个模型模拟研究了气态污染物(SO_2、NO_x 和 VOCs)浓度变化对 $PM_{2.5}$ 质量浓度的影响，结果表明 VOCs 削减对 $PM_{2.5}$ 浓度的影响在三个模式下的模拟结果差异很大。在国内，近年来随着学者们对光化学烟雾、雾霾等二次污染关注程度的提高，CMAQ 常被应用于研究不同前体污染物排放对二次污染物($PM_{2.5}$ 和 O_3)浓度变化的贡献。2006 年 Tie 等[29]对我国东部和美国东部大气中臭氧浓度进行了模拟，结果发现我国东部臭氧的光化学反应速率比美国东部地区低，主要是因为我国东部大气中的非甲烷烃(NMHCs)浓度水平较低。Wang 等[30]对北京市大气臭氧的敏感性做了情景模拟分析，认为北京地区光化学污染控制主要以 VOCs 控制为主。

然而，国内目前将控制对策的减排效应，尤其是实际控制政策的情景分析与空气质量模拟相结合的研究仍不多。Che 等[31]以珠江三角洲地区的机动车排放为研究对象，结合国内外机动车排放政策，设置了五个控制情景运用 Model-3/CMAQ 模型模拟不同情景下各类污染物的减排效果及空气质量(包括 NO_2、SO_2、PM_{10} 和 O_3)控制效果，模拟结果表明，一次污染物排放量的降低不一定能降低臭氧这类污染物的浓度，要结合各种污染物，尤其是 VOCs 前体物的减排，才能有效控制区域 O_3 污染。Wang 等[32, 33]则以 2005 年为基准年，以全国 31 个省份为研究范围，结合"十一五"规划内容，设置了基准情景、SO_2 控制情景、NO_x 控制情景，应用 Model-3/CMAQ 模拟了 2010 年的空气质量变化情况，结果表明 CMAQ 模型可以有效预测未来的空气质量，"十一五"规划中的 SO_2 控制措施可以带来很大的空气质量改善效应（4%～25% $PM_{2.5}$），NO_x 控制措施对空气质量也有一定的改善效应（3%～12% $PM_{2.5}$）。在国家尺度上，Xue 等[34]以 2010 年排放清单为基础，运用 CMAQ 模型模拟评估了全国"十二五"主要污染物排放总量控制计划中 SO_2 和 NO_x 控制政策对全国大部分地区的空气质量改善效应，并指出 2015 年控制政策下 $PM_{2.5}$ 的浓度虽然略有下降（2.23%），但仍有 77.18%的城市超过了国家标准。

本书选取美国环境保护局发布的 Model-3/CMAQ 空气质量模式系统开展模拟研究工作，Models-3/CMAQ（Community Multiscale Air Quality）是美国环境保护局推行的第三代空气质量模型。"一个大气"理念是 CMAQ 的基本理念，该理念摒弃以往只区分单一污染物的问题，为更符合实际，CMAQ 将所有污染均考虑进模型中，并使用模块化构建，保证在一次模拟工作中，一并完成多污染物（SO_2、NO_x、O_3、颗粒物及酸降沉等）的模拟，可全面有效地评估污染源排放对环境空气质量的影响，该模型目前在科研领域得到广泛认可。CMAQ 模型由接口模块（MCIP）、初始值模块（ICON）、边界值模块（BCON）、光化学分解率模块（JPROC）和化学传输模块（CCTM）这 5 个主要模块组成，最主要的部分为化学传输模块（CCTM）。本研究采用的是 CMAQ 最新版本 5.0.1。

1. 模拟区域及时段

为更全面地反映总量控制对我国空气质量（O_3）的影响，本研究选取全国（不含香港、澳门、台湾）作为模拟研究区域，空间分辨率为 36 km×36 km。选择臭氧污染的典型时段为考虑对象，我国 6～8 月光照强，臭氧生成显著，10～11 月降雨量低，混合层高度低，不利于污染物扩散，污染物累积，故而浓度升高。因此，选取 7 月、10 月两个月作为模拟研究时段。

2. 气象数据、源排放数据及其他

(1)气象数据

模型使用的气象输入文件，来源于 WRF（Weather Research and Forecasting model）3.4.1 版本，匹配模拟区域的选择，气象场区域也为除香港、澳门、台湾外的整个中国大陆地区，空间分辨率同样为 36 km×36 km ，垂直分层从地表到对流层等分为 20 层。模拟的输入数据采用 NCEP FNL 全球分析数据，分辨率为 1°×1°。

（2）源排放数据

本研究采用清华大学开发的 MEIC 清单数据库中的各污染源排放网格数据作为模拟的输入数据。工业源 VOCs 排放数据则来自本研究总量控制目标分配后的排放清单，清单采用中国科学院地理科学与资源研究所公布的 1 km×1 km 人口格栅数据进行网格化分配。

（3）初始条件和边界条件

CMAQ 模型中，模拟开始时间的初始浓度场来自 ICON 模块，模拟区域网格边界的大气污染物浓度来自 BCON 模块。本研究中，采用 CMAQ 模型默认的大气污染物背景值作为初始条件和背景条件，为减少初始条件的影响，研究中舍去了模拟前 5 天的模拟结果。

（4）其他

研究选取了 CMAQ 中 CB05 气相化学机制。

5.3.2　基准年模拟结果及验证

图 5.6 和图 5.7 为基准年（2010 年）7 月、10 月模拟结果，图为臭氧最高时月平均值，结果显示，我国 7 月由于太阳辐射，臭氧浓度较高的区域主要集中在经济发达、臭氧前体物排放较高的华北地区，包括北京、天津、河北、河南、山西、山东各省（直辖市），浓度范围为 190～250 μg/m³。另外，四川盆地由于地形不利于

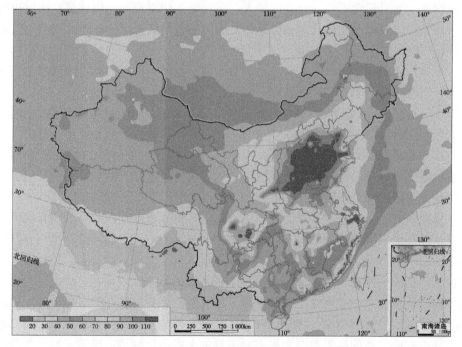

图 5.6　2010 年 7 月我国臭氧浓度分布模拟结果

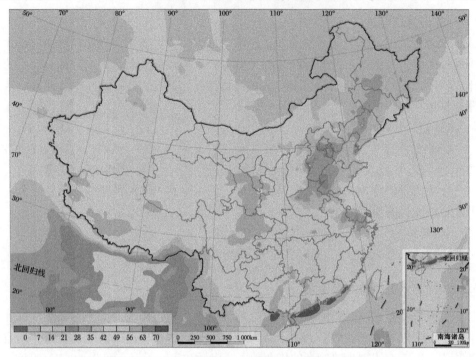

图 5.7　2010 年 10 月我国臭氧浓度分布模拟结果

气流转换，易累积污染物，且湿度较大，有利于光化学反应，因此臭氧浓度也较高。而长江三角洲及珠江三角洲等经济发达的地区臭氧浓度则较华北及四川盆地低，这可能是由于 7 月海面上空洁净空气吹入内陆，对东南沿海大气产生稀释作用。另外，西藏高原地区存在明显的臭氧低谷，原因可能是夏季青藏高原上空盛行上升气流运动，对流层低浓度臭氧向平流层输送，造成了高原地区的臭氧低值。同年 10 月，我国臭氧最高时月平均值则较 7 月显著降低，其中四川盆地继续维持臭氧高值，臭氧浓度范围为 120～150 μg/m³，夏季青藏高原臭氧低值区消失，与同纬度的西北高原地区臭氧浓度无太大差别，浓度范围为 100～130 μg/m³，而华南地区由于日照充足、气温高，臭氧浓度也较高。以上臭氧浓度分布模拟结果与国内外大量研究结果一致[35-44]。

　　模拟研究工作中，包括源清单、气象模拟、参数设置在内的环节均存在不确定性，各环节不确定性的累积与传递，导致最终模拟结果与实际监测结果存在偏差。目前，国内外大量学者在采用 CMAQ 定量评估空气质量时均会对模拟值与监测值进行相关性评估。2010 年，臭氧尚未列入各大城市常规监测，故本研究选择由广东省环境监测中心和香港特别行政区环境保护署共同发布的《粤港珠江三角洲区域空气监控网络 2010 年监测结果报告》里公布的实测数据与模拟结果展开对比，该报告所公布的臭氧监测数据主要来自位于广州、深圳、珠海及佛山等地的

13 个监测站，指标分别为臭氧每月最高及最低时平均值、臭氧每月最高及最低日平均值、臭氧每月均值，本研究将报告中公布的 2010 年 7 月及 10 月的 130 个臭氧监测数据作为实际值验证模型模拟效果，如图 5.8 所示，R^2 为 0.665，模拟值低于实际监测值，但基本可以反映实际。

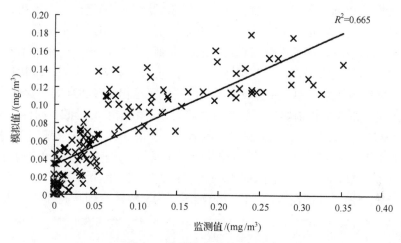

图 5.8　模拟值与监测值对比

本研究采用标准化平均偏差（NMB）与标准化平均误差（NME）评估模拟结果的准确性，计算公式如下：

$$NMB = \frac{\sum_{1}^{n}(C_m - C_0)}{\sum_{1}^{n}C_0} \times 100\% \tag{5-2}$$

$$NME = \frac{\sum_{1}^{n}|C_m - C_0|}{\sum_{1}^{n}C_0} \times 100\% \tag{5-3}$$

式中：C_m 是模拟值；C_0 是监测值。

计算结果显示，7 月份的 NMB 和 NME 分别为–0.27%和 50.97%，10 月份的 NMB 和 NME 分别为–31.06%和 47.20%。一般来说，NMB 和 NME 值的范围在 ±50%以内，则表示模拟效果较好，本研究模拟结果可一定程度地反映实际情况。

5.3.3　未来空气质量模拟评估

1. 2020 年控制情景下的空气质量评估

2020 年我国工业源 VOCs 允许的排放总量为 1790.27 万吨，相较于基准情景降低 26.35%，减排 640 万吨。如图 5.9 所示，2020 年 7 月及 10 月，基准情景及总量控制情景臭氧浓度全国分布并未有明显差异，总量控制情景臭氧浓度范围也未见明显降低。将 2020 年 7 月基准情景浓度分布减去总量控制情景，如图 5.10 所示，可得到浓度降低较为明显的区域，包括辽宁、北京、天津、河北、山西、河南、山东、江苏、上海、安徽、浙江、广东、湖南、福建在内的华北、长江三角洲及珠江三角洲等地区减排效果较其他地区明显，其中，北京南部、天津、河北廊坊、山东东营、江苏南部、上海、浙江北部、广东广州、广东佛山及福建漳州等地臭氧减排效果最佳，这些地区均属于经济发达、人口密集、现状排放量大的地区，按照前述章节中总量分配方法，这些地区承担的 VOCs 削减责任均较大，VOCs 为臭氧形成关键前驱体，故其减排将带来臭氧浓度的降低。同样，将 2020 年 10 月基准情景浓度分布减去总量控制情景，如图 5.11 所示，相较于同年 7 月，我国 10 月臭氧浓度总体降低，总量控制情景下臭氧浓度削减值也较 7 月低，且主要集中在京津冀、长江三角洲及珠江三角洲三大区域，其中包括安徽东部、北部、江苏、上海及浙江北部在内的长江三角洲区域为臭氧浓度削减高峰区，珠江三角

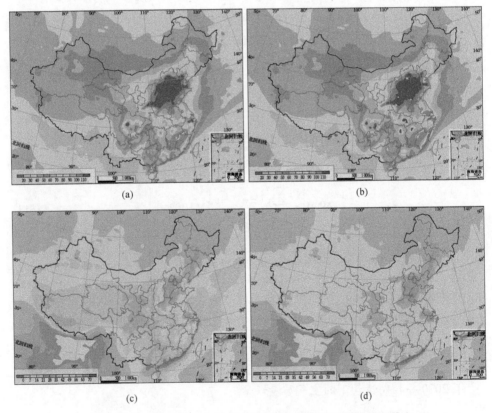

(a)　　　　　　　　　　　　　　　　(b)

(c)　　　　　　　　　　　　　　　　(d)

图 5.9　2020 年 7 月、10 月基准及总量控制情景下臭氧浓度分布

(a) 基准情景 7 月；(b) 控制情景 7 月；(c) 基准情景 10 月；(d) 控制情景 10 月

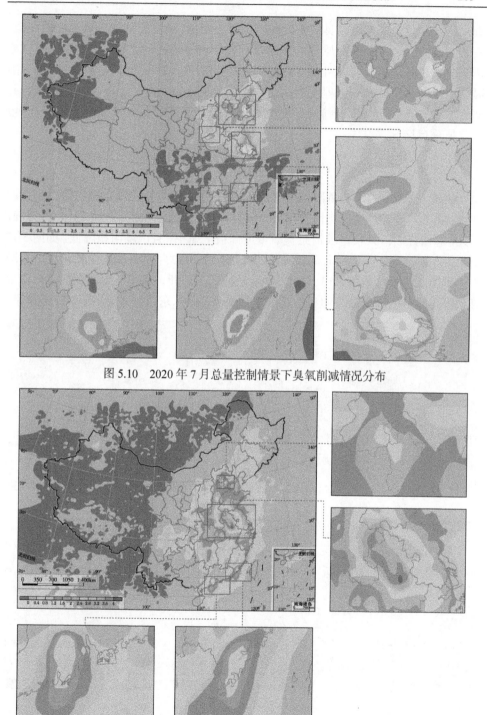

图 5.10　2020 年 7 月总量控制情景下臭氧削减情况分布

图 5.11　2020 年 10 月总量控制情景下臭氧削减情况分布

洲地区及福建东南部地区臭氧浓度削减也较为明显。环境空气中臭氧浓度的高低，不止与 VOCs、NO$_x$ 等前驱体的排放量有关，也与光照、气温、湿度及风等气象因素息息相关，2020 年工业源 VOCs 总量控制情景较基准情景减排 640 万吨，削减效果在部分区域有一定程度的体现，需加大削减力度，并配合 NO$_x$ 的削减，并研究 NO$_x$ 与 VOCs 协同减排对环境空气质量的曲面响应关系，方能达到国家环境空气质量目标。

2. 2030 年控制情景下的空气质量评估

相较于 2020 年，本研究工作假设 2030 年我国将在全国范围内实行工业源 VOCs 排放严控，总量控制情景排放量较基准情景降低 57.35%，即 2451.85 万吨。因此，总量控制情景较基准情景臭氧浓度高值区缩小，且浓度明显降低，如图 5.12 所示。为进一步分析臭氧削减区域及削减量，将 2030 年 7 月基准情景浓度分布减去总量控制情景，如图 5.13 所示，华北、长江三角洲、珠江三角洲及福建东南部等地区臭氧浓度降低效果明显，其中北京南部、山东东营、河南洛阳、江苏南京、

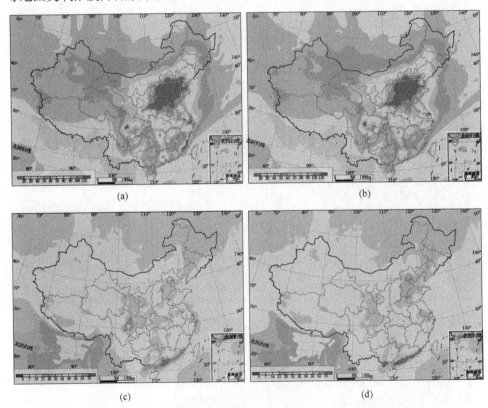

(a)　　　　　　　　　(b)

(c)　　　　　　　　　(d)

图 5.12　2030 年 7 月、10 月基准及总量控制情景下臭氧浓度分布
(a)基准情景 7 月；(b)控制情景 7 月；(c)基准情景 10 月；(d)控制情景 10 月

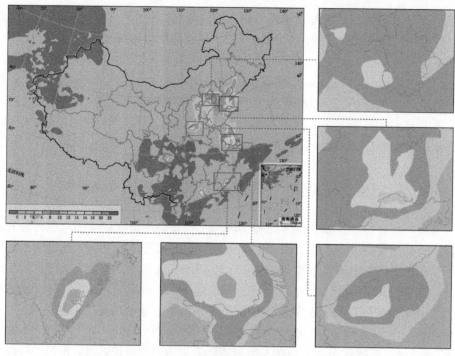

图 5.13　2030 年 7 月总量控制情景下臭氧削减情况分布

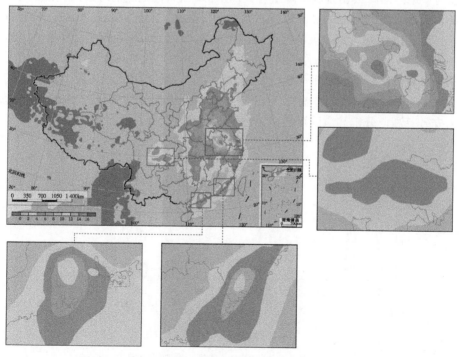

图 5.14　2030 年 10 月总量控制情景下臭氧削减情况分布

江苏扬州、浙江杭州、上海、福建漳州、福建厦门、广东广州及广东佛山等地为臭氧浓度降低的峰值区，相较于 2020 年，呈现更好的浓度降低趋势。同年 10 月，如图 5.14 所示，包括北京、天津、河北、山东、河南、江苏、安徽、湖北、湖南、浙江、四川盆地、珠江三角洲、福建漳州厦门一带在内的 13 个省份（地区）在总量控制情景下均相对基准情景臭氧浓度明显降低，浓度降低峰值区出现在长江三角洲安徽北部、江苏东南部及浙江北部，值得注意的是，常年居高的四川盆地地区臭氧浓度也有明显降幅。

5.4　重点地区臭氧浓度削减情况分析

为进一步评价工业源 VOCs 减排为环境空气质量中臭氧浓度的降低带来的效果，本研究分别提取了 7 月、10 月臭氧浓度较高的典型地区在总量控制情景下相对于基准情景的臭氧浓度削减量。如图 5.15 所示，选取北京南部、天津、河北廊坊、山东东营、河南洛阳、江苏南京、上海、浙江杭州、广东广州及福建漳州作为 7 月重点地区评价其臭氧浓度削减情况，在总量控制情景下，2020 年 7 月，典型地区臭氧浓度有 2.75～8.50 μg/m³ 的削减效果，而 2030 年 7 月，则有 19.30～40.87 μg/m³ 的削减效果，上海的臭氧浓度降低最为明显，地区臭氧浓度的降低，不仅与该地区的污染物排放量降低有关，也与周围其他地区的污染控制密不可分。因此，长江三角洲地区的臭氧浓度明显降低得益于其所属的经济发展区域共同减排。如图 5.16 所示，选取天津武清区、北京大兴区、安徽芜湖、江苏南京、浙江杭州、广东广州及福建漳州作为典型地区评估 10 月臭氧削减情况。2020 年 10 月，典型地区臭氧浓度削减范围为 2.61～30.07 μg/m³，而 2030 年 10 月，由于加大控制力度，臭氧浓度削减范围提升为 13.52～84.63 μg/m³，浓度削减效果最明显的城市为安徽芜湖，分析其原因可能是该地区人口密度较高，且削减量较高。

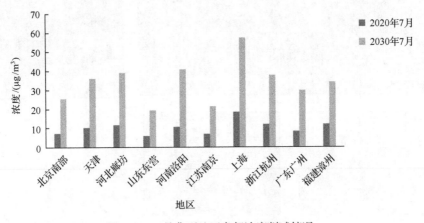

图 5.15　7 月典型地区臭氧浓度削减情况

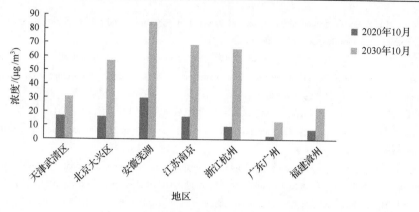

图 5.16　10 月典型地区臭氧浓度削减情况

参 考 文 献

[1]　Klimont Z, Streets D G, Gupta S, et al. Anthropogenic emissions of non-methane volatile organic compounds in China [J]. Atmospheric Environment, 2002, 36 (8): 1309-1322.

[2]　Ohara T, Akimoto H, Kurokawa J, et al. An Asian emission inventory of anthropogenic emission sources for the period 1980—2020 [J]. Atmospheric Chemistry and Physics, 2007, 7 (16): 4419-4444.

[3]　Klimont Z, Cofala J, Xing J, et al. Projections of SO_2, NO_x and carbonaceous aerosols emissions in Asia [J]. Tellus Series B—Chemical and Physical Meteorology, 2009, 61 (4): 602-617.

[4]　Wei W, Wang S, Hao J, et al. Projection of anthropogenic volatile organic compounds（VOCs）emissions in China for the period 2010—2020 [J]. Atmospheric Environment, 2011, 45 (38): 6863-6871.

[5]　Xing J, Wang S X, Chatani S, et al. Projections of air pollutant emissions and its impacts on regional air quality in China in 2020 [J]. Atmospheric Chemistry and Physics, 2011, 11 (7): 3119-3136.

[6]　Bensoussan B E, Fleisher C S. Strategic and Competitive Analysis: Methods and Techniques for Analysing Business Competition 2002[M]. New Jersey: Prentice Hall, 2003.

[7]　Schwartz P. The Art of the Long View [M]. New York: Currency Doubleday, 1991.

[8]　曾忠禄, 张冬梅. 不确定环境下解读未来的方法: 情景分析法[J]. 情报杂志, 2005, 24 (5): 14-16.

[9]　岳珍, 赖茂生. 国外"情景分析"方法的进展[J]. 情报杂志, 2006, 25 (7): 59-60.

[10]　王淑兰, 云雅如, 胡君, 等. 情景分析技术在制定区域大气复合污染控制方案中的应用研究[J]. 环境与可持续发展, 2012, 37 (4): 14-20.

[11]　Qiu K Q, Yang L X, Ye D Q, et al. Historical industrial emissions of non-methane volatile organic compounds in China for the period of 1980—2010 [J]. Atmospheric Environment, 2014, 86: 102-112.

[12]　姜克隽, 胡秀莲, 庄幸, 等. 中国 2050 年低碳情景和低碳发展之路[J]. 中外能源, 2009, 14 (6): 1-7.

[13]　ERI（Energy Research Institute）. A study of sustainable energy and carbon emissions scenarios in China [J]. Energy of China, 2003, 6: 5-11.

[14]　IEA. World Energy Outlook 2004 [M]. OECD, 2004.

[15]　Li Z, Ito K, Komiyama R. Energy demand and supply outlook in China for 2030 and a Northeast Asian energy community—The automobile strategy and nuclear power strategy of China [J]. Japan: The Institute of Energy Economics, August, 2005, 31: 22-29.

[16] Jiang K, Hu X. Energy demand and emissions in 2030 in China: Scenarios and policy options [J]. Environmental Economics and Policy Studies, 2006, 7(3): 51-62.

[17] 郭金童, 赵光明. 基于 IOWA 的我国能源需求组合预测模型的应用研究[J]. 未来与发展, 2010, 1: 68-73.

[18] Suo R, Wang F. The application of combination forecasting model in Chinese energy consumption [J]. Mathematics in Practice and Theory, 2010, 40(18): 80-85.

[19] 张建民. 2005～2020 年中国能源需求情景及碳排放国际比较研究[J]. 中国能源, 2011, 33(1): 33-37.

[20] Yao Z G. Application of improved logistic model in forecast of oil production [J]. Petroleum Geology and Recovery Efficiency, 2010, 17: 93-94.

[21] Chen Z. Energy consumption forecast in China based on the relationship between economy growth and energy consumption [J]. Journal of Northwest University (Philosophy and Social Sciences Edition), 2011, 41: 65-70.

[22] Jiang K, Hu X, Zhuang X, et al. China's low-carbon scenarios and roadmap for 2050 [J]. Sino-Global Energy, 2009, 14: 1-7.

[23] Wang Z, Maeda T, Hayashi M, et al. A nested air quality prediction modeling system for urban and regional scales: Application for high-ozone episode in Taiwan [J]. Water, Air, and Soil Pollution, 2001, 130(1-4): 391-396.

[24] 王体健, 李宗恺, 南方. 区域酸性沉降的数值研究[J]. 大气科学, 1996, 20(5): 606-614.

[25] Vautard R, Builtjes P, Thunis P, et al. Evaluation and intercomparison of ozone and PM_{10} simulations by several chemistry transport models over four European cities within the CityDelta project [J]. Atmospheric Environment, 2007, 41(1): 173-188.

[26] 王自发, 谢付莹, 王喜全, 等. 嵌套网格空气质量预报模式系统的发展与应用[J]. 大气科学, 2006, 30(5): 778-790.

[27] Arnold J R, Dennis R L. Testing CMAQ chemistry sensitivities in base case and emissions control runs at SEARCH and SOS99 surface sites in the southeastern US [J]. Atmospheric Environment, 2006, 40(26): 5027-5040.

[28] Pun B K, Seigneur C, Bailey E M, et al. Response of atmospheric particulate matter to changes in precursor emissions: A comparison of three air quality models [J]. Environmental Science and Technology, 2008, 42(3): 831-837.

[29] Tie X X, Brasseur G P, Zhao C S, et al. Chemical characterization of air pollution in Eastern China and the Eastern United States [J]. Atmospheric Environment, 2006, 40(14): 2607-2625.

[30] Wang X, Song Y, Zhang Y, et al. CMAQ modeling of near-ground ozone pollution during the CARE Beijing-2006 campaign in Beijing, China [C]. Proceedings of the EGU General Assembly Conference Abstracts, F, 2010.

[31] Che W, Zheng J, Wang S, et al. Assessment of motor vehicle emission control policies using Model-3/CMAQ model for the Pearl River Delta region, China [J]. Atmospheric Environment, 2011, 45(9): 1740-1751.

[32] Wang L, Jang C, Zhang Y, et al. Assessment of air quality benefits from national air pollution control policies in China. Part I: Background, emission scenarios and evaluation of meteorological predictions [J]. Atmospheric Environment, 2010, 44(28): 3442-3448.

[33] Wang L, Jang C, Zhang Y, et al. Assessment of air quality benefits from national air pollution control policies in China. Part II: Evaluation of air quality predictions and air quality benefits assessment [J]. Atmospheric Environment, 2010, 44(28): 3449-3457.

[34] Xue W, Wang J, Niu H, et al. Assessment of air quality improvement effect under the National Total Emission Control Program during the Twelfth National Five-Year Plan in China[J]. Atmospheric Environment, 2013, 68: 74-81.

[35] 杜君平, 朱玉霞, 刘锐, 等. 基于 OMI 数据的中国臭氧总量时空分布特征[J]. 中国环境监测, 2014, 30(2): 191-195.

[36] 肖钟湧, 江洪. 亚洲地区 OMI 和 SCIAMACHY 臭氧柱总量观测结果比较[J]. 中国环境科学, 2011, 31 (4): 529-539.

[37] 郑向东, 韦小丽. 中国 4 个地点地基与卫星臭氧总量长期观测比较[J]. 应用气象学报, 2010, 21 (1): 1-10.

[38] 魏鼎文, 赵廷亮, 秦方, 等. 中国北京和昆明地区大气臭氧层异常变化[J]. 科学通报, 1994, 39 (16): 1509-1511.

[39] 肖钟湧, 江洪. 利用遥感监测青藏高原上空臭氧总量 30a 的变化[J]. 环境科学, 2010, 31 (11): 2569-2574.

[40] 周秀骥, 罗超, 李维亮, 等. 中国地区臭氧总量变化与青藏高原低值中心[J]. 科学通报, 1995, 40 (15): 1396-1398.

[41] Bracher A, Lamsal L N, Weber M, et al. Global satellite validation of SCIAMACHY O₃ columns with GOME WEDOAS [J]. Atmospheric Chemistry and Physics, 2005, 9: 2357-2368.

[42] Pawan K B. OMI Ozone Products[R]. NASA Goddard Space Flight Center, Greenbelt, Maryland, USA, 2002.

[43] Coldewey-Egbers M, Weber M, Lamsal L N, et al. Total ozone retrieval from GOME UV spectral data using the weighting function DOAS approach [J]. Atmospheric Chemistry and Physics, 2005, 5: 5015-5025.

[44] Gregory C R, George C T, Donald J W, et al. Seasonal trend analysis of published ground-based and TOMS total ozone data through 1991 [J]. Journal of Geophysical Research, 1994, 99 (D3): 5449-5464.

第6章 我国工业源 VOCs 总量控制研究

总量控制制度作为控制 VOCs 的一种环境政策工具，已经在日本、美国、欧盟等发达国家及地区得到了合理应用，且都取得了较好的成绩。在过去 10 年中，总量控制制度对削减国内 SO_2、NO_x 排放，遏制环境质量退化，建立政府环境保护目标责任制等都起到了积极有效的作用。在当前我国各地挥发性有机物污染控制工作基础薄弱、环境监管体制不完善的背景下，总量控制制度作为一种自上而下约束地方政府及各级环境监管机构的压力传导机制，不失为一种行之有效的 VOCs 污染控制手段。我国于"十二五"初期颁布的《重点区域大气污染防治"十二五"规划》中首次尝试了针对 VOCs 进行总量控制，规划中要求包括"三区十群"在内的重点区域的重点行业进行 VOCs 削减，削减比例范围在 10%～18%；2016 年 3 月颁布的"十三五"规划纲要中明确提出"在重点区域、重点行业推进挥发性有机物排放总量控制，全国排放总量下降 10%以上"，使 VOCs 的防控上升到一个新的高度。然而，由于缺乏可行的削减量核算方法配套实施，且排放基数存在一定争议，故 VOCs 的总量控制尚存在一定的难度。

在国内，针对 VOCs 如何实行总量控制已经被越来越多的人关注。首先，由于如何科学合理地确定总量目标值与社会经济发展、企业竞争、地方政治等密切相关，所以总量控制目标的确定目前还是一个备受争论、没有统一定论的难题。其次，总量的分配同样是总量控制中一个非常棘手的问题，分配指标及分配方法的选取均应符合公平性、可行性及典型性等原则，而传统的分配方法很难同时满足上述要求，需要寻求更科学合理的总量分配方法。

基于上述背景及关键问题的分析，本书通过情景分析法，全面考虑国家未来的发展规划及控制水平，预测工业源 VOCs 削减潜力，确定了未来较长一段时间的 VOCs 控制总量目标；通过对工业各行业 VOCs 排放特征的研究，确定 VOCs 排放的相关指标，构建分配因子集，通过信息评估的方法，确定各分配因子权重，并运用信息熵法将总量分配至各省、市、区、县。本书立足于目前国内基本情况，开展工业源 VOCs 总量控制方案的研究，为政府和相关环保部门制定大气污染控制政策、改善空气质量提供科学依据和技术支撑。

6.1　总量控制与分配的进展

6.1.1　总量控制的国际进展

时至今日，包括美国、日本、欧盟、瑞典、罗马尼亚、波兰及韩国在内的国家及地区均实行了不同类型的总量控制，且都取得了较好的成绩。下面将选取美国、欧盟、日本及我国为代表，论述总量控制的发展历程及最新研究进展。

1. 美国

20 世纪七八十年代，美国特拉华河(Delaware River)实行了 COD 总量控制，在世界范围内最先开始实施排污总量控制。20 世纪 80 年代，美国正式出台法律，实施以环境质量控制为基准的污染物排放总量控制[1]。美国的大气总量控制政策有"气泡"政策、补偿政策和储存政策。"气泡"政策是指把一定空间范围视为一个整体，即"气泡"，该范围内可能包含一家至多家工厂，同一个范围内的不同工厂可以在保证控制总量的同时，彼此之间调节污染物削减量，即把削减责任更多地落到资金需求低、相对容易减排的污染源上，达到总量控制成本最优化；补偿政策是指对新增加的排污源或扩大的原有排污源，通过削减原有排污源排污量的方式，来补偿新的排污量；储存政策指工厂可以通过采取法律保护的手段，将超额减排的排污量存入银行[2]。政策实行以来，美国的大气污染物控制取得了显著的成绩，例如最早启动的"酸雨计划"以及相继推出的"NO$_x$ 预算计划"(NBP)、"清洁空气汞排放规划"(CAMR)、"清洁空气州际规划"(CAIR)等，削减了大量的污染物。至今，美国已经对 SO$_2$、NO$_x$、VOCs 及汞等多种污染物进行总量综合控制。

此外，美国在各州之间实行以"点源兑换法"及"点源-非点源兑换法"为基础的排污交易法，以期更有效地分配既定的总量[3-6]。"点源兑换法"是指允许将部分已经分配给某个污染源的排放总量调配给其他难以用更经济的方式达到要求控制总量的污染源，"点源-非点源兑换法"是指允许污染源采用非点源控制方法来取代点源开展进一步控制。采用排污交易法配合总量控制可以有效减少控制排污的费用，同时促进不同地区间的经济协调发展。

2. 欧盟

欧盟各国签署了远程大气污染跨界输送协议(Air Pollution of Cross-Border Transport Protocol)，协议中规定了欧盟地区污染物减排的总目标并将其分配至各国，实现了区域间污染物减排协同合作[①]。然而，空气质量问题依然是欧洲值得关注的环境问题之一。据欧洲环保署粗略估算，每年约有 37 万人由于环境空气污染而过早死亡[②]，其他如对基础设施、农作物、生态及文化遗产也造成不良影响。据统计，欧盟于 2000 年由于空气污染对社会健康影响造成损失共计 3000 亿～8000 亿欧元，为欧盟总 GDP 的 3%～9%[7]。

以此为背景，欧盟于 2001 年出台了《国家污染物总量控制指令》(National Emission Ceilings Directive, NECD)，该指令于 2001 年 11 月 27 日生效，指令中规定了包括 SO_2、NO_x、VOCs 和 NH_3 等会引发酸雨、富营养化和光化学污染的污染物排放总量，各成员国自行通过商议决定实施何种减排措施可以达到排放控制目标。在此基础上更新的 27 国合并 NEC 指令 (consolidated NEC Directive for the EU 27) 就囊括了欧盟所有成员国并于 2007 年 1 月 1 日起实施，指令要求：相较于 1990 年，2010 年二氧化硫、氨、氮氧化物及挥发性有机物分别减少 63%、17%、41% 及 40%。表 6.1 中给出了欧盟 2007 年颁布的 NEC 指令中对各国 VOCs 排放总量的要求。

表 6.1　NEC 指令对欧盟 27 个成员国 VOCs 排放总量的规定

国家	VOCs/kt	国家	VOCs/kt
比利时	139	保加利亚	175
捷克	220	丹麦	85
德国	995	爱沙尼亚	49
希腊	261	西班牙	662
法国	1050	爱尔兰	55
意大利	1159	塞浦路斯	14
拉脱维亚	136	立陶宛	92
卢森堡	9	匈牙利	137
马耳他	12	荷兰	185
奥地利	159	波兰	800
葡萄牙	180	罗马尼亚	523
斯洛文尼亚	40	斯洛伐克	140
芬兰	130	瑞典	241
英国	1200	EU27	8848

---

① European Commission-Environment-Air. http://www.europa.eu

② NEC-2020 emission reduction scenarios-assessment of intermediary GAINS emission reduction scenarios for Denmark aiming at the upcoming 2020 National Emission Ceilings EU directive. http://www.europa.eu

3. 日本

20 世纪 70 年代，日本为全面改善国内环境空气和水的质量状况，提出并逐渐开展了污染物总量控制，至 1983 年，日本国内已经将 30 个地区纳入总量控制规定管辖的特定地区[8]。

针对 SO_2、NO_x、VOCs 等大气污染物总量管控，日本在 20 世纪 70 年代修订《大气污染防治法》①时，首次将排污总量控制纳入法律法规体系，但起初的受控物仅为 SO_2。其后，工业源及机动车排放的 NO_x 也陆续纳入国家总量控制范围。在日本，总量控制包括排放口及区域总量控制两类，根据国家及地区法律、法规及政策①，上述两者的主要区别包括：前者主要强调排污总量和浓度上限，即"临界值"；后者主要强调排污总量的最低控制水平，以达标为要求。前者在全国范围内实施，不受地域限制；后者较前者更为严格，主要是确定削减量计划、污染源所获得的排放总量和削减总量额度。

日本的《大气污染防治法》中还强调了"公害发生设施密集区域"，在该类区域会强制实施较其他区域更为严格的排放标准。日本共计在国内规划了 24 个二氧化硫总量防控区、3 个氮氧化物总量防控区，另外，日本在一部分地区实施更加严格的粉尘和其他有害气体排放标准。针对某一个指定地区而言，"削减总量"被视为目标值；对某一家特定工厂而言，"总量控制标准"也被视为控制目标。为达控制目标，并需在总量控制的基础上采取法律保障及一系列相关配套措施。

日本在实施总量控制的过程中总结了以下经验[9]：①应注意到总量控制会促进其他控制政策的完善，因此，需要顾及整体性及公平性；②早期的总量控制目标主要以经济、人口、产业调节等条件为出发点，并结合污染治理水平的条件下制定，今后的总量控制目标的确定需要更加全面地衡量平衡性和综合性；③在总量控制实施的过程中，需要及时总结经验及困难，不断完善总量控制方案。

4. 中国

我国的总量控制在 "六五"期间已经初步开始，但早期主要是停留在环境容量的研究、部分流域的控制上，并未建立国家层面的总量管理体系。直到"十五"及 "十一五"期间，我国开始实行大范围乃至国家层面的总量控制，纳入管控体系的污染物包括 COD 及 SO_2，规定到 2010 年，污染物排放量相较于 2005 年降低 10%[10]，为支持总量控制的实施，国家推出了一系列包括《主要污染物总量减排考核办法》、《主要污染物总量减排监测办法》在内的辅助措施。"十一五"期间主要是通过工程减排完成总量控制目标，所以相关工艺设备及末端处理技术有了

_____

① http://www.env.go.jp

比较大的提高。时至"十二五"，国家出台了《"十二五"主要污染物总量控制规划》，将 NO_x 增加至总量管理体系。到 2012 年，针对大气污染重点防控区域的《重点区域大气污染防治"十二五"规划》出炉，规划中针对国内空气质量污染较为严重的"三区十群"重点行业进行了详细的整改规定，并提出了包括 SO_2、NO_x、VOCs 及工业烟粉尘在内的污染物削减比例。规划中要求：至 2015 年，各重点区域的重点行业现役源 VOCs 排放量较 2010 年削减 10%～18%。相较于"十一五"期间主要以末端减排来控制排放量，规划中则提出了更多可行的方式来完成预期目标，主要包括：明确区域控制重点，实施分区分类管理；严格环境准入，强化源头管理；加大落后产能淘汰，优化工业布局等。针对 VOCs 排放的重点行业，如石化行业、有机化工行业、表面涂装类行业及溶剂使用等行业，规划中明确对各行业的末端处理设施及效率、绿色原料的使用率等提出要求。

　　尽管我国前期总量控制已经取得一定成绩，但是仍存在一些问题[11-16]。首先是排放基准年排放数据的确定，基数的确定是总量控制方案制定的基础，因此，选定一个比较具有公信力的基准年排放数据尤为重要；其次，要确定国家层面的控制总量，应做好相关削减行业的减排潜力分析，并对削减地区潜力技术开展经济分析；再次，应当适当运用市场经济手段促进减排，如排污交易、排污收费及技术改进补贴等；最后，应该提高排放总量控制实施规划的可达性，及时出台"行业最佳可行技术"、"减排工作方案"等指南以辅助地方及企业完成减排目标。

6.1.2　总量分配的研究进展

　　控制总量如何合理地分配至全国各地是总量控制中一个非常棘手的问题，原因是总量的分配关乎各污染源间的利益，我国早期的 COD 总量分配就由于忽略了污染物排放与社会经济的相关性，导致控制总量的分配方法引起了较大的争论。因此，公平、科学、合理的分配方法是总量控制方案制定的核心。

　　现存的分配方法主要有：①污染物总量排污比例分配法[17, 18]，该方法较为传统，对所有污染源都采用"一刀切"的做法，对地方实际经济情况缺乏有效考虑，因此，在实际应用中往往引来较大争议；②排污绩效法[19-23]，该方法常用于行业所排放的污染物总量控制方案的设计，该方法科学、合理并且能够促进产业结构调整，排污绩效法是通过确定总量控制范围内该行业的平均排放绩效，如行业单位原材料消耗的排污强度，然后再根据行业减排潜力的预测，设定未来一定时期该行业的排放控制目标及行业产出规模确定平均排放强度，排污绩效法在我国早期电力行业 SO_2 总量控制的工作中得到成功应用；③基于污染物削减费用最小化法[24-28]，是一种通过模型模拟设计的经济优化总量分配方式，意在寻求成本最低的总量分配方案，分配的对象较为多元化，可以包括行业、区域等，如 2000 年，丹麦为完成欧盟下达的 VOCs 总量控制目标，应用 GAINS 模型将控制总量分配至各行业，并计算得出成本最低的分配方案，但模型预测的结果常常带有较大的不确定性，故在应用模型时应该根据实际情况调节参数，并选择基准年份进行模型验证，保证模拟结果的准确性；④基于公平性考虑的分配方法[29-33]，公平性一直是总量分配方案研究中非常重要的议题，国内外已有不少学者对此提出看法，一般认为能涵盖排污现状、环境行为、环境影响、经济贡献及污染源布局的分配方法相对公平，但现存的单一分配方法很难满足上述要求；⑤基于环境容量的分配方法[34-36]，环境容量指通过模型模拟，确定一定区域内环境可以承受污染物的最大量，再根据环境容量值分配控制总量，该方法比较能够满足环境质量的要求，但忽略了社会经济、产业结构调整等其他重要因素。

我国目前还没有针对 VOCs 设计出一套合理的总量分配方案，我国幅员辽阔，各地经济发展、地形地貌、污染控制水平各异，而 VOCs 排放强度却与这些因素息息相关，因此，在总量分配的过程中，既不能只考虑单一因素，也不能只注重公平性、经济性的研究，要多重因素共同考虑，同时顾及公平、有效、经济、改善空气质量的分配原则。多重因素分配法比较适合分配国家层面的排放总量控制目标，由国家向省、市、区(县)逐级分配排放指标。多重因素通常是通过评价各分配因子的权重后确定，考虑分配因子一般包括：人口、土地面积、经济实力、污染现状、环境容量水平等。目前，国内外已经有不少学者将多重因素带入总量分配的过程中。李如忠等[37]将环境条件、经济状况、社会条件等因素作为分配指标，利用层次分析法，计算各指标权重，从而确定了分配方案，方法可行，但其各因素间重要性的确定是通过专家打分而获得，因此，该方法易受专家主观意见影响。肖伟华等[38]、王金南等[39]则多重因素共同考虑，采用基尼系数法来评价初始分配方案的公平性。众所周知，由洛伦兹曲线确定的基尼系数在衡量收入分配问题时的"警戒值"为 0.4，但在环境领域，不少专家认为可以适当浮动此数值，由此给研究带来了一定的不确定性，但该方法仍然是衡量总量分配公平性的科学方法。Yi 等[40]则以哥本哈根会议时中国承诺削减碳排放为背景，构建了一个以历史责任、经济实力及减排的潜力为主要因素的多因素总量分配模型，并讨论了不同因素倾向时，总量分配结果的不同，该研究在一定程度上为我国碳排放量削减提供了总量分配思路。信息熵作为一种可以用来衡量系统的均衡性的信息处理方法，已经在社会、经济等诸多领域等到广泛应用[41-43]。信息熵可用来衡量系统的均衡性，个体越相近，则信息熵值越大，系统越均衡。因此，在污染物的总量分配方面，很多学者开始利用信息熵法确定各分配指标的权重，从而得到各分配指标在总量分配过程中的重要程度，构建得出总量分配方案[44-47]，信息熵法较层次分析法及基尼系数法更为客观、稳定。

6.2　总量控制研究思路和方法

6.2.1　总量控制研究思路

1. 研究目标

研究意在为国家制定挥发性有机物总量控制方案提供技术支撑，完善我国 VOCs 管理控制体系，改善环境空气质量。具体目标如下：

1)研究现行 VOCs 减排政策，掌握我国工业源 VOCs 控制动态，通过情景分析法，预测未来活动水平，并分析削减潜力，确定我国未来较长一段时间内的工业源 VOCs 排放趋势，由此得出我国工业源的 VOCs 总量控制目标。

2)分析工业各行业 VOCs 排放特征，总结得出影响工业源 VOCs 排放的主要因素，合理确定总量分配因子，构建多重因子总量分配模型，将 1)中确定的控制总量分配至我国各省、市、区(县)。

2. 研究内容

研究通过情景分析法确定总量控制目标、信息熵法搭建总量分配模型，主要内容可分为以下两部分：

(1)总量控制目标的确定

本研究采用 Qiu 等发表的我国 2010 工业源 VOCs 排放清单为基准年排放基数，拟定 2020 年及 2030 年为目标年，结合对我国工业行业 VOCs 控制措施及经济发展趋势的分析，应用回归分析法，预测 2020 年及 2030 年我国工业各行业活动水平，采用情景分析法，设置基准情景及总量控制两个情景，得出不同控制情景下的减排效率，结合活动水平的预测，得出 2020 年及 2030 年的工业源 VOCs 总量控制目标。

(2)总量的分配

在调研各行业排放特征的基础上，充分考虑分配指标选择的可行性、系统性、综合性、典型性及直接相关性等原则，识别我国工业源 VOCs 排放主要影响因子，最终构建总量分配因子集，通过信息熵法搭建多重因素分配模型，通过查询我国各省统计年鉴、人口调查报告及经济发展报告等相关资料，获得各省、市、区(县)分配因子，通过信息熵法评估各因素间权重，并将国家层面的工业源 VOCs 控制总量分配至省、市、区(县)。

6.2.2 研究方法与技术路线

1. 研究方法

本研究使用的研究方法主要包括回归分析法、情景分析法和信息熵法,下面针对三类方法分别展开介绍。

(1)回归分析法

针对行业未来活动水平的获取,本研究采用回归分析法开展预测工作。回归分析法是指利用数据分析统计的方法获得工业活动水平与各项指标(GDP、城市化率、人口等)的相关联性,求得关联函数,用以预测未来时间的活动水平。

部分工业行业,如石油及天然气开采业等,该类行业在未来的活动水平不仅与国家社会经济发展相关,更与我国石油及天然气的储存量密不可分。因此,这类行业的活动水平预测主要是引用国家权威机构发布的研究信息。大部分与人们生活联系较大的行业与 GDP、城市化率、人口三个指标相关,如制药业、食品业等。另外,本研究假设一些国家支柱性行业,如钢铁生产业,只与 GDP 相关联;另一部分行业,如生活垃圾处理,只与城市化水平及人口数量相关。

(2)情景分析法

情景分析法具体内容见第 5 章,运用情景分析的方法,确定了 2020 年及 2030年经济、人口、城市化率、产业结构调整及能源需求情况,运用回归分析法,确定污染源未来的活动水平。本研究全面分析我国 VOCs 污染控制政策的发展趋势,设定未来较长一段时间的 VOCs 污染控制情景,构建不同的 VOCs 减排方案,结合资料调研,确定不同控制方案下各行业的 VOCs 排放因子,从而获得不同控制情景下 2020 年及 2030 年的工业源 VOCs 排放控制总量。

(3)信息熵法

信息熵法是广泛应用于分析决策领域的科学方法。在本研究将信息熵法应用于总量分配中,信息熵用以表达不同分配因子的权重。当不同分配对象的分配因子值越分散,该分配因子对于整个分配过程就更为重要,同时也就意味着该分配因子的权重越大,信息熵值越小。信息熵值可以通过下列计算方法得出。

1)构建分配对象集(X_i):

$$X_i = \{x_1, x_2, x_3, \cdots, x_n\}, i = 1, 2, 3, \cdots, n \tag{6-1}$$

2)构建分配因子集(X_j):

$$X_j = \{x_1, x_2, x_3, \cdots, x_m\}, j = 1, 2, 3, \cdots, m \tag{6-2}$$

3)构建分配对象对应因子的初始矩阵(A_{ij})：

$$A_{ij} = \begin{bmatrix} x_{11} & x_{12} & \cdots & x_{1m} \\ x_{21} & x_{22} & \cdots & x_{2m} \\ \vdots & \vdots & & \vdots \\ x_{n1} & x_{n2} & \cdots & x_{nm} \end{bmatrix} \tag{6-3}$$

式中：x_{ij}为第i个地区第j个指标值；n为分配对象省、市、区、县的个数；m为指标个数。

4)构建分配对象对应因子的标准矩阵(B_{ij})：

$$B_{ij} = \begin{bmatrix} X_{11} & X_{12} & \cdots & X_{1m} \\ X_{21} & X_{22} & \cdots & X_{2m} \\ \vdots & \vdots & & \vdots \\ X_{n1} & X_{n2} & \cdots & X_{nm} \end{bmatrix} \tag{6-4}$$

5)计算信息熵值$[H(X)_j]$：

$$p_{ij} = \frac{X_{ij}}{\sum_{i=1}^{n} X_{ij}} \tag{6-5}$$

$$K = \frac{1}{\ln n} \tag{6-6}$$

$$H(X)_j = -K\sum_{i=1}^{n} p_{ij}\ln(p_{ij})(0 \leqslant H(X)_j \leqslant 1) \tag{6-7}$$

6)计算分配因子权重(w_j)：

$$d_j = 1 - H(X)_j \tag{6-8}$$

$$w_j = \frac{d_j}{\sum_{j=1}^{m} d_j} \tag{6-9}$$

7)计算相对削减水平(C_i)：

$$C_i = \sum_{j=1}^{m} X_{ij} \times w_j \tag{6-10}$$

8)计算削减水平差异指数(γ_i)：

$$\gamma_i = \frac{C_i}{\overline{C}} \tag{6-11}$$

9) 计算分配对象获得的排放总量 (W_i) :

$$r_i = r \times \gamma_i \tag{6-12}$$

$$R_i = W_{i(0)} \times r_i \tag{6-13}$$

$$W_i = W_{i(0)} \times (1 - R_i) \tag{6-14}$$

式中: $W_{i(0)}$ 为 i 地区的 VOCs 现状排放量; r 为全国 VOCs 目标削减率。

2. 技术路线

本研究以我国工业重点行业为对象, 全面考虑国家及区域未来的发展规划及控制水平, 确定控制总量, 结合分配指标选取原则, 构建总量分配指标集, 运用信息学方法, 确定各指标间权重, 将确定的总量分配至我国各区、县。技术路线图如图 6.1 所示。

图 6.1　研究技术路线

6.3　总量控制目标的确定

总量控制目标指未来的允许排放量。对我国未来工业源 VOCs 排放增量及削减潜力的预测是确定总量控制目标的关键。总量控制目标采用情景分析法,在基准年(2010 年)的基础上,对工业源 VOCs 的排放设置"基准情景"和"控制情景"两个情景,分别分析在这两个情景下,我国工业源 VOCs 两个目标年(2020年和 2030 年)的排放量。具体情景设置和未来排放量预测方法及内容见第 5 章。基于 Qiu 等发表的 2010 年我国工业源 VOCs 排放清单,本书总共包含了 31 个工业行业,其中国家层面的总量控制目标是由不同行业控制目标值相加所得。

根据前述研究及计算方法,本章得出了我国各工业行业 2020 年及 2030 年VOCs 排放总量控制目标值,在行业总量目标确定的基础上,研究进一步得出未来国家层面的工业源 VOCs 控制总量,为后续总量分配工作提供支撑。

1. 各行业 2020 年总量控制目标值确定结果

2020 年,我国各工业行业在控制情景下所允许排放的总量控制目标如图 6.2所示。包括建筑装饰业、机械设备生产业、石油炼制业、储运业及合成革生产业在内的 5 个行业允许排放量最大,均超过了 100 万吨,占到整个工业源 VOCs 允许排放量的 51.86%,其中建筑装饰行业由于 VOCs 排放主要来自建筑涂料使用过程中有机溶剂的挥发,为开放式操作,难以有效收集操作过程中挥发的 VOCs,除了以水性溶剂替代外,废气很难有效收集并处理,故总量控制目标值最大,达到 349.38 万吨。控制总量超过 50 万吨/年的行业主要包括建筑装饰业、机械设备生产业、石油炼制业、储运业、合成革生产业、焦炭生产业、印刷业、食品生产业、制鞋业、木材加工业及覆铜板生产业等 11 个行业,其中除了石油炼制业、储运业、食品生产业外,其余 8 个行业均为 VOCs 使用类行业,由此可以说明,该类排放仍然是 VOCs 排放的最主要来源,占到工业源 VOCs 允许排放总量的65.21%。其余的包括合成纤维生产业、纺织印染业、原油生产业、钢铁生产业、胶黏剂生产业、废弃物处理业、天然气开采业、油墨生产业、合成橡胶生产业、纸浆生产业、纸制品生产业及合成洗涤剂生产业等在内的 12 个行业,由于行业允许排放总量分别小于 20 万吨,故在图 6.2 中将其总体归类为其他行业,控制总量共计为 95.18 万吨,占工业源 VOCs 控制总量的 5.33%,可以视为非主要的工业VOCs 排放来源。

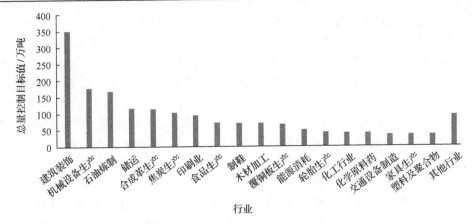

图 6.2　各行业 2020 年总量控制目标

2. 各行业 2030 年总量控制目标值确定结果

研究结果显示，至 2030 年，由于在全国范围内的工业行业实施严格 VOCs 排放控制，故即使我国国民经济仍然保持快速发展，工业源 VOCs 排放也得到了有效的控制，各工业行业 VOCs 允许排放总量相较于 2020 年并未出现明显增加。如图 6.3 所示，VOCs 允许排放总量超过 100 万吨的行业主要包括建筑装饰业、机械设备生产业、石油炼制业、焦炭生产业及印刷业等 5 个行业，共计允许排放 961.68 万吨，占总量的 53.05%，是今后工业源 VOCs 减排的重点管控行业。VOCs 允许排放总量超过 50 万吨的行业共有 12 个，分别为建筑装饰业、机械设备生产业、石油炼制业、焦炭生产业、印刷业、储运业、食品生产业、轮胎生产业、木材加工业、覆铜板生产业、能源消耗业和塑料及聚合物生产业，共计允许排放量

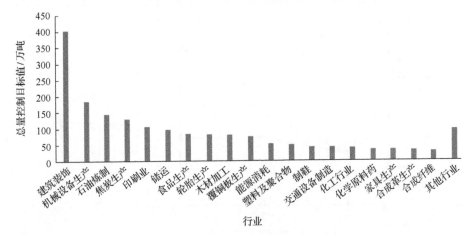

图 6.3　各行业 2030 年总量控制目标

为 1472.19 万吨，占总量的 81.21%，其中，除了石油炼制业、储运业、食品生产业、能源消耗业和塑料及聚合物生产业外，其余 7 个行业均为 VOCs 使用类行业，由此说明，至 2030 年，该类排放仍然为我国工业源 VOCs 排放的主要来源，允许排放量共计 1194.60 万吨，占总量的 65.90%。其余包括纺织印染业、涂料生产业、钢铁生产业、原油生产业、合成橡胶业、天然气开采业、胶黏剂生产业、废弃物处理业、油墨生产业、纸制品生产业、纸浆生产业及合成洗涤剂生产业在内的 12 个行业，允许排放量不足 20 万吨，总计 95.88 万吨，占总量的 5.23%。

3. 未来国家层面总量控制增加值

图 6.4 为基准情景及总量控制情景下我国工业源 VOCs 2020 年和 2030 年的排放量。由图可知，在基准情景即维持 2010 年控制措施不变的情况下，我国 2020 年和 2030 年工业源 VOCs 排放量分别达到 2508.44 万吨和 4414.59 万吨，相较于 2010 年排放量分别增长 80.39% 和 200.17%，这是由我国社会经济及城市规模的高速发展带来的。与基准情景不同，总量控制情景下排放量较基准情景显著降低，2020 年，总量控制情景下排放量为 1790.27 万吨，较基准情景排放量降低 26.35%，较基准年排放量上升 28.75%；2030 年，总量控制情景下排放量为 1822.36 万吨，较基准情景排放量降低 57.35%，较基准年排放量上升 31.06%。由此可以看出，我国在未来相当长的一段时间内，工业源 VOCs 排放仍然会保持增加的趋势，这与国家社会经济发展战略密切相关，在经济高速发展的大前提下，国家产业结构调整跟不上经济发展的速度，以工业为主要经济支柱的产业结构模式在相当长的一段时间内无法完全改变，这就成为工业源 VOCs 即使大力控制却仍然不能将排放量降低到基准年水平的主要原因。然而，在总量控制情景下，2030 年排放量较 2020 年仅高出 33.06 万吨，增长比例为 1.79%，这说明在 2030 年于我国全国范围内实施工业源 VOCs 排放严格控制能有效控制排放，使排放量维持在一个相对稳定的水平。

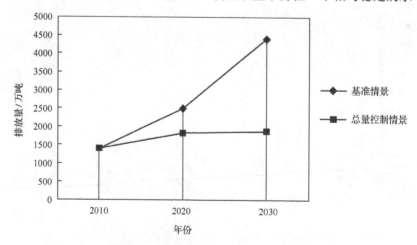

图 6.4　基准情景及总量控制情景下 2020 年和 2030 年的排放量

6.4 总量控制总量的分配

在总量控制目标确定结果的基础上，本节将重点探讨总量如何科学合理地分配的问题。将首先从工业行业的 VOCs 排放特征的调研出发，确定工业源 VOCs 排放的主要关联因子，从而选定总量分配因子；然后，利用信息熵方法，确定代表各分配因子在总量分配体系中重要程度的权重值，统计各省、市、区(县)分配指标信息，将总量分配至各省、市、区(县)；最后，将总量控制情景的分配结果与基准情景的分配结果作对比，评估总量控制情景下我国 31 个省市未来的削减责任。

6.4.1 总量分配因子的选择

1. 工业源 VOCs 排放特征调研

本研究所涉及的工业 VOCs 排放源共计为 31 个不同的行业，不同行业的 VOCs 排放量与 GDP、人口数量、城市化率及行业控制水平等因素相关，为更好地确定总量分配因子的科学合理性，本研究基于现场观测或文献调研，全面掌握 31 个工业行业的 VOCs 排放特征，为后续总量分配因子的确定打下基础。现将不同行业的 VOCs 排放特征总结于表 6.2。

表 6.2 31 个工业行业的 VOCs 排放特征

行业	主要排放环节	VOCs 主要物种	2010 年排放量/万吨
原油开采	钻井、油井接转、油井联合	烯烃、烷、醇、羰基化合物等	12.18
天然气开采	管道及储罐泄漏	甲烷	4.74
原油加工	管道阀门泄漏、储罐、废水处理等	烯烃、烷、苯、腈类等	212.28
基础化学原料	产品的合成及提取	醇、烯烃、苯、胺类等	33.82
储运	储罐呼吸	烷烃、苯类等	129.50
涂料生产	涂料稀释过程	与涂料类型相关，主要包括醇、酮、苯及烷烃类	18.12
油墨生产	搅拌、研磨、包装	芳香烃、醇、酯及酮类等	3.54
合成纤维生产	洗涤、漂染	胺、醛类及醇类	16.96
合成橡胶生产	胶料裂解、有机溶剂使用	烷烃、烯烃、芳香烃及苯类	2.43
合成树脂生产	增塑剂的高温及氧化	苯二甲酸二辛酯	25.00
胶黏剂生产	pH 调节、真空泵排气	醛、苯、酮类等	7.41
食品生产	浸出、粕处理、发酵等	醇、醛、酯类等	51.86
合成洗涤剂生产	喷雾塔内物质汽化	低碳烷基苯等表面活性剂	0.02

行业	主要排放环节	VOCs 主要物种	2010 年排放量/万吨
轮胎生产	硫化、炼胶	苯类及烷烃类	22.13
化学原料药生产	提取、转化、精制等过程	酮、苯、酯及烷烃类	25.81
钢铁生产	炼焦、烧结、热轧、冷轧	苯、烷烃及烯烃类	3.50
焦炭生产	焦炉、煤炉过程	烷烃、烯烃等	48.58
纺织印染	涂料印花	苯、醇及醛类	14.21
合成革生产	化学处理及机械加工过程	醛类	33.81
制鞋	鞋底喷漆及铁盒、商标印刷、清洗等	苯、酯、烷烃、酮类等	24.26
纸浆生产	浆料分离过程产生的蒸汽	甲醇及萜烯	0.56
纸产品生产	有机溶剂的使用	烷烃及醇类	0.49
印刷	油墨的调制、印色及产品烘干	苯系物、醇、酯及酮类	92.64
木材加工	制材、干燥、制胶、人造板的热压	醛类及苯系物	42.48
家具制造	家具表面涂装工序	苯、酯、醛、酚类	30.93
机械设备生产	表面处理及清洗等过程	苯、醇、醚类等	140.66
交通设备制造	交通设备表面涂装	苯、醇、酯、醚类等	40.14
建筑装饰	建筑涂料的使用过程	醛、苯、烷烃类	198.73
覆铜板生产	点胶、涂布等工序	苯、酯、烷烃、酮类等	39.90
废弃物处理	废弃物挥发	苯、烯烃、烷烃等	4.06
能源消耗	—	—	52.06

2. 总量分配因子的确定

在全面掌握工业源 VOCs 排放特征后，本研究选定了人均 GDP、人均 VOCs 排放强度、VOCs 排放工业行业产值比例及单位国土面积 VOCs 排放强度为总量分配因子，各因子的含义如下：

1）人均 GDP：该因子能有效评估某特定区域的 VOCs 减排能力，同时也综合体现了 VOCs 排放平等和经济贡献公平性的要求，某特定区域的人均 GDP 值越大，则该区域就应该更多地承担 VOCs 减排的责任。

2）人均 VOCs 排放强度：体现个人 VOCs 污染排放公平性的要求，一个人 VOCs 排放越多，则应该承担更大的 VOCs 削减责任，对一个区域而言，该指标值越大，则该区域应该承担更多的责任。

3）VOCs 排放工业行业产值比例：我国目前正在加大力度转换国内经济发展模式，调整产业结构，因此，总量分配也应该刺激产业结构调整。VOCs 排放工业行业产值比例是一项衡量区域经济发展模式的有效指标，该指标用于工业源 VOCs 总量分配时，其含义为工业行业产值比重越大的地区产业结构调整空间越大，因此，该区域需要承担的 VOCs 削减量越大，所分配得到的控制总量越小。

4) 单位国土面积 VOCs 排放强度：总量控制离不开环境空气质量改善的意愿，而国土面积与大气环境容量有比较强的相关性，单位国土面积 VOCs 排放强度越大，证明该区域的大气环境容量越小，为改善环境空气质量，该区域应该承担相对更多的 VOCs 削减责任，所分配得到的 VOCs 总量就越小。

6.4.2 总量分配结果分析

在总量分配因子确定后，针对如何确定各因子重要性的权重及如何将总量分配至各区域，本研究选用信息熵法开展计算，共计将总量分配至我国 2361 个区、县，但由于结果数据量庞大，本章中仅对各省、市及自治区的分配结果展开讨论，并选择北京市为代表，对区县分配结果进行介绍。

1. 分配因子权重的确定

统计我国 31 个省、市及自治区(不含香港、澳门、台湾)的 4 项分配因子值，根据信息熵法，本研究计算得出 4 个分配因子的权重及信息熵值，如表 6.3 所示。4 个分配因子的信息熵值 $H(X)_j$ 大小排序为：工业行业产值比例 > 人均排放强度 > 人均 GDP > 单位国土面积排放强度，其中，单位国土面积排放强度的信息熵值最小，为 0.670771，根据信息熵值大小的含义，这意味着该分配因子最能突出分配对象之间的异质性，即 31 个省、市及自治区的单位国土面积排放强度值离散程度最大，在总量分配中起到最重要的作用；反之，工业行业产值比例的信息熵值最大，表明我国各省、市及自治区的产业结构模式差异性不大，则该分配因子在总量分配的过程中起到的作用最小。与信息熵值相反，熵权值 (w_j) 直接代表了各分配因子在总量分配过程中所占的权重，故 4 个分配因子的熵权值大小顺序与信息熵值正好相反，顺序为：单位国土面积排放强度 > 人均 GDP > 人均排放强度 > 工业行业产值比例。根据 6.2.2 小节中信息熵法总量分配过程可知，信息熵效用 (d_j) 等于 1 减去信息熵值 $H(X)_j$，各项指标的重要性也隐含在其中。

表 6.3　四个分配因子的各项指标值

分配因子	人均 GDP	人均排放强度	工业行业产值比例	单位国土面积排放强度
信息熵 $H(X)_j$	0.907581	0.928268	0.977656	0.670771
信息熵效用 d_j	0.092419	0.071732	0.022344	0.329229
熵权值 w_j	0.179202	0.13909	0.043325	0.638382

2. 各省市总量的分配

将 6.3 节中总量控制情景下得出的 2020 年和 2030 年的总量控制目标,利用信息熵法分配至我国内地 31 个省、市及自治区,分配结果如表 6.4 所示,其中 C_i 值代表各分配对象的工业源 VOCs 相对削减水平,由信息熵权系数法理论可知,要得到总量分配最终结果,需对 C_i 值进行进一步处理,求得 γ_i,即分配对象的削减水平差异指数,才能计算出分配总量,具体数据处理过程如 6.2.2 小节中所述,在此不做赘述。研究结果可知, γ_i 值较高的省市,如山西、河南及重庆等,被认为需要承担更大的减排义务;相反, γ_i 值较低的省市,如北京、贵州、西藏及海南等,被认为可以承担较小的 VOCs 削减责任。另外,包括天津、河北、山西、内蒙古、辽宁、吉林、黑龙江、江苏、浙江、安徽、福建、江西、山东、河南、广东、重庆、四川、陕西、青海及宁夏在内的 20 个省、市及自治区的 C_i 值超出全国平均水平,全国平均水平为 0.0211,这意味着这些省、市及自治区相较于其他 11 个地区需要付出更多的努力来削减工业源 VOCs 排放。

表 6.4　2020 年和 2030 年工业源 VOCs 总量分配结果

省、市、自治区	C_i	排放基数/万吨	γ_i	总量(2020 年)/万吨	总量(2030 年)/万吨
北京	0.0105	21.48	0.4992	23.91	24.10
天津	0.0229	36.31	1.0831	46.96	47.82
河北	0.0228	59.07	1.0800	76.75	78.17
山西	0.0247	28.16	1.1697	36.97	37.68
内蒙古	0.0237	27.33	1.1237	35.49	36.15
辽宁	0.0235	79.76	1.1130	104.62	106.62
吉林	0.0226	27.55	1.0697	35.37	35.99
黑龙江	0.0218	31.75	1.0324	40.52	41.23
上海	0.0184	50.48	0.8695	62.44	63.4
江苏	0.0228	128	1.0823	167.17	170.31
浙江	0.0224	111.47	1.0629	144.87	147.55
安徽	0.0226	35.6	1.0706	45.9	46.73
福建	0.0222	111.47	1.0511	144.49	147.14
江西	0.0235	23.12	1.1143	29.87	30.41
山东	0.0236	149.28	1.1163	196.54	200.33
河南	0.0249	69.27	1.1776	92.06	93.89

续表

省、市、自治区	C_i	排放基数/万吨	γ_i	总量(2020年)/万吨	总量(2030年)/万吨
湖北	0.0211	40.77	1.0007	51.84	52.73
湖南	0.0199	32.98	0.9418	41.25	41.91
广东	0.0218	123.28	1.0304	159.14	162.02
广西	0.0205	22.02	0.9693	27.5	27.94
海南	0.0120	8.08	0.5697	8.74	8.8
重庆	0.0239	21.49	1.1312	27.81	28.32
四川	0.0219	42.97	1.0375	55.13	56.11
贵州	0.0170	8.27	0.8039	9.52	9.62
云南	0.0194	15.26	0.9171	18.62	18.89
西藏	0.0140	0.27	0.6644	0.33	0.38
陕西	0.0234	32.84	1.1064	42.63	43.42
甘肃	0.0209	15.41	0.9900	19.13	19.43
青海	0.0239	3.11	1.1338	3.46	3.49
宁夏	0.0213	5.76	1.0079	6.77	6.85
新疆	0.0207	27.91	0.9805	35.13	35.7

　　针对 2020 年和 2030 年的总量分配结果，由表 6.4 可知，包括山东、江苏、广东、浙江、福建及辽宁在内的 6 个省份的允许排放总量超过了 100 万吨，占全国总量的 51.19%和 51.23%，这是由于这些省份基准年的排放量较大，即便承担的削减责任再多，分配得到的控制总量也较高，国家在制定总量分配方案的时候，可以适当提高对这些城市的要求，以期尽快使这类污染严重的区域空气质量得到改善。另外，控制总量少于 10 万吨的省份包括海南、贵州、西藏、青海及宁夏等 5 个省份，占全国总量的 1.61%和 1.60%，原因是这些省份的基准年排放量小，GDP、人均排放量及单位国土面积排放量等指标数值也较其他地区低，所以分配到的 2020 年和 2030 年的工业源 VOCs 控制总量也较低。但是，总量控制方案的制定与实施可以促进国家工业布局的调整，因此，国家在真正制定总量分配方案的时候，可以适当考虑对这些省份放宽要求，以刺激其经济发展。

3. 各省市削减量的分配

　　同样利用信息熵法，本小节将基准情景下得出的 2020 年和 2030 年的排放量分配至各省，从而得出了各省在基准情景(即工业源 VOCs 维持 2010 年控制条件不变情景)下的排放量。总量控制情景下的各省排放量分配值减去基准情景下的分配值，得出各省未来为达到总量控制目标必须削减的工业源 VOCs 排放量。下面将对未来我国各省的工业源 VOCs 削减责任、削减量分布展开详细讨论。

表 6.5 为 2020 年我国工业源 VOCs 削减量分布，研究结果表明，2020 年我国工业源 VOCs 共计需减排 642.36 万吨，其中，我国的山东、江苏、广东、浙江和福建 5 个省份所承担的削减责任最大，削减量均超过 50 万吨，5 个省份的削减量总和为 302.31 万吨，占全国总削减量的 47.06%。与此同时，辽宁、河南、河北、四川、上海、湖北、天津、安徽、陕西、山西、黑龙江、湖南、内蒙古、吉林、新疆、江西和重庆等省份工业源 VOCs 削减责任在全国处于中等水平，削减量范围为 10 万～50 万吨，17 个省份的削减量总计 309.8 万吨，占全国总削减量的 48.23%。最后，包括广西、甘肃、云南、北京、贵州、宁夏、海南、西藏和青海在内的 9 个省份 2020 年工业源 VOCs 排放削减责任最低，削减量低于 10 万吨，总计 30.25 万吨，占到全国总削减量的 4.71%。总体来说，工业源 VOCs 排放重点削减区域主要分布在我国东南部沿海，东北、华北及华中地区次之，西部地区最弱，这种分布也符合我国工业经济发展布局，即工业较发达的地区，人均 GDP 越高、VOCs 排放量越大，需要承担的削减责任就越大。

表 6.5　2020 年和 2030 年工业源各省市 VOCs 削减量分布

省、市、自治区	2020 年		2030 年	
	削减量/万吨	占比/%	削减量/万吨	占比/%
北京	3.88	0.60	14.87	0.60
天津	17.06	2.66	65.31	2.66
河北	28.33	4.41	108.44	4.41
山西	14.12	2.20	54.04	2.20
内蒙古	13.09	2.04	50.10	2.04
辽宁	39.83	6.20	152.49	6.20
吉林	12.52	1.95	47.93	1.95
黑龙江	14.04	2.19	53.77	2.19
上海	19.16	2.98	73.36	2.98
江苏	62.75	9.77	240.23	9.77
浙江	53.51	8.33	204.88	8.33
安徽	16.50	2.57	63.17	2.57
福建	52.91	8.24	202.55	8.24
江西	10.81	1.68	41.39	1.68

续表

省、市、自治区	2020 年		2030 年	
	削减量/万吨	占比/%	削减量/万吨	占比/%
山东	75.70	11.78	289.81	11.78
河南	36.51	5.68	139.79	5.68
湖北	17.74	2.76	67.90	2.76
湖南	13.25	2.06	50.73	2.06
广东	57.45	8.94	219.94	8.94
广西	8.78	1.37	33.60	1.37
海南	1.07	0.17	4.08	0.17
重庆	10.14	1.58	38.82	1.58
四川	19.48	3.03	74.57	3.03
贵州	2.01	0.31	7.68	0.31
云南	5.39	0.84	20.64	0.84
西藏	0.97	0.15	3.72	0.15
陕西	15.68	2.44	60.03	2.44
甘肃	5.97	0.93	22.86	0.93
青海	0.57	0.09	2.18	0.09
宁夏	1.62	0.25	6.19	0.25
新疆	11.55	1.80	44.22	1.80
合计	642.36	100.00	2459.29	100.00

研究结果表明，2030 年我国工业源 VOCs 共计需减排 2499.20 万吨，2030 年我国工业源 VOCs 削减量分布，如表 6.5 所示，削减责任较大的省份共计 8 个，分别为山东、江苏、广东、浙江、福建、辽宁、河南和河北，削减量分别超过 100 万吨，总计 1558.13 万吨，占全国削减总量的 63.36%。另外，四川、上海、湖北、天津、安徽、陕西、山西、黑龙江、湖南、内蒙古、吉林、新疆、江西、重庆、广西、甘肃、云南和北京等 18 个省份的工业源 VOCs 排放削减责任居中，削减量范围为 10 万～100 万吨，削减量共计 877.32 万吨，占全国削减总量的 35.67%。最后，包括贵州、宁夏、海南、西藏和青海在内的 5 个省份或自治区工业源 VOCs 削减责任最小，削减量低于 10 万吨，共计 23.84 万吨，占全国削减总量比重为 0.97%。与 2020 年不同，2030 年总量控制情景较基准情景削减量更大，重点削减省市范围更广，削减责任小的城市更少。削减责任大的省份主要集中在京津冀、长江三角洲及珠江三角洲等人民生活水平较高、工业较发达的地区，高的 VOCs

排放量削减同时也符合该区域人民迫切的改善环境空气质量的意愿。削减责任小的地区仍然集中在我国西部,如宁夏、西藏及青海等,经济欠发达、环境空气质量较好的地区。

4. 区县总量的分配(以北京市为例)

前述内容已经对我国未来工业源 VOCs 排放总量控制目标的省、市、自治区的分配结果及削减量分布进行了详细的介绍和讨论。实际上,本研究运用信息熵的方法,将前述的 2020 年和 2030 年基准情景及控制情景的总量分配至我国 2361 个区县,但由于数据量巨大,此处仅以我国首都北京市为代表,对其未来工业源 VOCs 排放的区县级别总量分配结果展开讨论。

北京市位于我国京津冀地区,是我国政治、经济、文化的中心城市。北京共计拥有 16 个区,人口共计 1961.06 万人(第六次人口普查),2010 年国民生产总值 14113.6 亿元,其中工业总产值为 2464.30 亿元,国土面积为 16410.54 km²,2010 年工业源 VOCs 排放量为 21.48 万吨,地区环境空气质量污染严重,人民改善空气质量意愿迫切,故本研究选择北京市为代表展开我国未来工业源 VOCs 排放总量控制方案的介绍。

按照前述分配方法开展总量分配工作,表 6.6 为北京市 4 个分配因子的各项指标值,如表所示,4 个分配因子的信息熵值 $H(X)_j$ 大小排序为:工业行业产值比例>人均 GDP>人均排放强度>单位国土面积排放强度,由信息熵值的定义可知,单位国土面积排放强度信息熵值最小,为 0.696997,在总量分配过程中起到的作用最大,相反,工业行业产值比例信息熵值最大,为 0.904882,这表明该指标在总量分配过程中起到的作用最小。

表 6.6　北京市 4 个分配因子的各项指标值

分配因子	人均 GDP	人均排放强度	工业行业产值比例	单位国土面积排放强度
信息熵 $H(X)_j$	0.794748	0.868478	0.904882	0.696997
信息熵效用 d_j	0.205252	0.131522	0.095118	0.303003
熵权值 w_j	0.279295	0.178967	0.129430	0.412308

图 6.5 和图 6.6 为北京市各区县 2020 年及 2030 年工业源 VOCs 总量的分配情况,如图所示,2020 年和 2030 年北京市的工业源 VOCs 控制总量分别为 23.91 万吨和 24.10 万吨,由于 2030 年的总量控制情景是假设在我国全国范围内实施严格的工业行业 VOCs 排放控制措施,故 2020 年和 2030 年的控制总量值相差不大。总体来说,北京市的工业源 VOCs 总量值偏低,各地区均低于 5 万吨/年,其中,获得总量分配值较大的区域主要包括大兴区、顺义区、海淀区、房山区、朝阳区

及昌平区，总量范围为 2 万～4.5 万吨/年；相反，获得总量分配值较小的区域主要包括延庆县、东城区、平谷区、门头沟区及密云县，总量低于 0.5 万吨/年。北京市各地区获得总量分配值的大小主要与该地区的人口、国民生产总值、排污现状及国土面积等因素相关，即前面内容中所确定的总量分配因子。

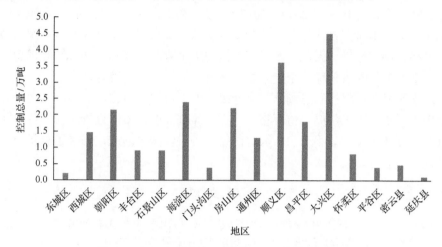

图 6.5　2020 年北京市工业源 VOCs 总量分配情况

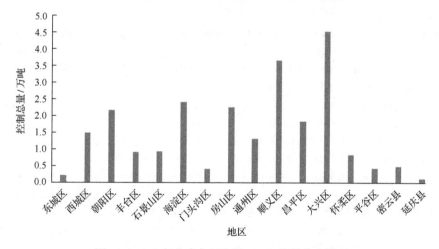

图 6.6　2030 年北京市工业源 VOCs 总量分配情况

6.5　我国工业源 VOCs 总量控制的建议与展望

本研究为我国工业源 VOCs 总量控制提供了一条可行的思路，但本着改善环境空气质量的目标，工业源 VOCs 总量控制尚需其他政策、方案协同实施，今后的研究可以从排污收费、排污交易及总量控制的健康效益方向展开。另外，由于资料数据、研究时间和客观条件的限制，本研究在开展过程中有些方面还需要深入讨论和完善，具体建议如下：

1) 本研究工作的开展于 2014 年初期至 2014 年末，该时期为我国"十二五"规划末期，"大气十条"(2014～2017 年)发布初期，国家并未出台长期的大气污染控制方案，本研究设计的总量控制情景是基于未来国家将会开展工业源 VOCs 排放严格控制的假设。因此，本研究得出的总量控制目标不是基于实际规划，而是基于国家强烈的改善环境空气质量的意愿及可行的控制措施。

2) 本研究针对将控制总量分配至全国各省、市、区(县)，需要统计大量的人口、国土面积、国民生产总值等指标，在统计过程中，本研究发现我国各地区的统计数据存在统计方式不一致、公开的统计资料较少等问题，影响了总量分配的准确性。

参 考 文 献

[1] 施问超, 张汉杰, 张红梅. 中国总量控制实践与发展[J]. 污染防治技术, 2010, 23(2): 39-42.

[2] 马中, Dan D, 吴健, 等. 论总量控制与排污权交易[J]. 中国环境科学, 2002, 22(1): 89-92.

[3] Tietenberg, Tom H. Emissions Trading: An Exercise in Reforming Pollution Policy[M]. Washington DC: Resources for the Future, 1985.

[4] Bernstein J D. Alternative approaches to pollution control and waste management: Regulatory and economic instruments[R]. The World Bank, 1993.

[5] 王金南, 董战峰, 杨金田, 等. 排污交易制度的最新事件与展望[J]. 环境经济, 2008, 10: 31-45.

[6] 马中, 杜丹德. 总量控制与排污权交易[M]. 北京: 中国环境科学出版社, 1999.

[7] Brendan G. Achieving environmental policy objectives for industrial pollution: An overview of OECD practices[R]. Environment and Globalization Division, 2007.

[8] 赵华林, 郭启民, 黄小赠. 日本水环境保护及总量控制技术与政策的启示——日本水污染物总量控制考察报告[J]. 环境保护, 2007, 24: 82-87.

[9] Committee on Japan's Experience in the Battle against Air Pollution (CJEBAP). Japan's Experience in the Battle against Air Pollution[M]. Japan: Pollution-related Health Damage Compensation and Prevention Association, 1997.

[10] 董战峰. 国家水污染物排放总量分配方法研究[D]. 南京: 南京大学, 2010.

[11] 梁月娥, 何德文, 柴立元, 等. 大气污染物总量控制方法研究进展[J]. 工业安全与保护, 2008, 34(5): 45-47.

[12] 谭昌岚. 大气污染物总量控制方法研究与应用[D]. 大连: 大连理工大学, 2005.

[13] 韩薇. 大气污染物总量控制目标值确定方法实例研究[D]. 长春: 东北师范大学, 2007.

[14] 宋国君. 论中国污染物排放总量控制与浓度控制[J]. 环境保护, 2006, 6: 11-13.

[15] 陈炜, 魏东星, 杨云飞. 大气污染物区域总量控制目标确定方法的研究[J]. 环境导报, 2002, 1: 13-15.

[16] 吴舜泽, 王金南. 全方位推进总量减排系统工程[J]. 中国环境报前沿专刊, 2007, 3: 9.

[17] 吴悦颖, 李云生, 刘伟江. 基于公平性的水污染物总量分配评估方法研究[J]. 环境科学研究, 2006, 19(2): 66-70.

[18] 封金利, 杨维, 施爽, 等. 水污染物总量分配方法研究[J]. 环境保护与循环经济, 2010, 6: 34-37.

[19] 朱法华, 王圣. SO₂ 排放指标分配方法研究及在我国的实践[J]. 环境科学研究, 2005, 18(4): 36-41.

[20] 李超慈. 基于电力二氧化硫排放总量控制的燃煤电源规划模型研究[D]. 北京: 华北电力大学, 2010.

[21] Xue R J, Zhu F H, Zhu G F, et al. Discussion on distribution of SO₂ emission allowance in power industry in Jiangsu Province[J]. Pollution Control Technology, 2003, 16(1): 182-186.

[22] Sun W M, Zhu F H, Zhu G F, et al. Research on distribution of SO₂ emission allowance for power industry[J]. Electricity Power Environmental Protection, 2003, 19(3): 14-17.

[23] 王金田, 杨金田, Stephanie B G, 等. 二氧化硫排放交易——中国的可行性[M]. 北京: 中国环境科学出版社, 2002.

[24] Vincent J R. Testing for environmental Kuznets curves within a developing country[J]. Environment and Development Economics,1997, 2(4): 417-431.

[25] Gene M. Economic growth and the environment[J]. The Cuarterly Journal of Economics, 1995, 110(2): 353-377.

[26] Thomann R V. Estuarine water quality management and forecasting[J]. Journal of Sanitary Engineering Division, 1964, 89(SA5): 9-36.

[27] 王金南, 潘向忠. 线性规划方法在环境容量资源分配中的应用[J]. 环境科学, 2005, 26(6): 195-198.

[28] Ecker J G. A geometric programming model for optimal allocation of stream dissolved oxygen[J]. Management Science, 1975, 21(6): 658-668.

[29] Wang K, Zhang X, Wei Y M, et al. Regional allocation of CO₂ emissions allowance over provinces in China by 2020[J]. Energy Policy, 2013, 54: 214-229.

[30] 王媛, 张宏伟, 杨会民, 等. 信息熵在水污染物总量区域公平分配中的应用[J]. 水利学报, 2009, 40(9): 1103-1115.

[31] Pan X Z, Teng F, Wang G H. Sharing emission space at an equitable basis: Allocation scheme based on the equal cumulative emission per capita principle[J]. Applied Energy, 2013, 54(10): 99-110.

[32] Jekwu I. Equity, environmental justice and sustainability: Incomplete approaches in climate politics[J]. Global Environmental Change, 2003, 13: 195-206.

[33] 林高松, 李适宇, 江峰. 基于公平区间的污染物允许排放量分配方法[J]. 水利学报, 2008, 37(1): 52-57.

[34] Zhou G, Lei K, Fu G, et al. Calculation method of river water environmental capacity[J]. Journal of Hydraulic Engineering, 2014, 45(2): 227-233.

[35] Li Y X, Qiu R Z, Yang Z F, et al. Parameter determination to calculate water environmental capacity in Zhangweinan Canal Sub-basin in China[J]. Journal of Environmental Sciences, 2010, 22(6): 904-907.

[36] 张永良. 水环境容量基本概念的发展[J]. 环境科学研究, 1992, 5(3): 59-61.

[37] 李如忠, 钱家忠, 汪家权. 水污染物允许排放总量分配方法研究[J]. 水利学报, 2003, 5: 112-121.

[38] 肖伟华, 秦大庸, 李玮, 等. 基于基尼系数的湖泊流域分区水污染物总量分配[J]. 环境科学学报, 2009, 29(8): 1766-1771.

[39] 王金南, 逯元堂, 周劲松, 等. 基于 GDP 的中国资源环境基尼系数分析[J]. 中国环境科学, 2006, 26(1): 111-115.

[40] Yi W J, Zou L L, Guo J, et al. How can China reach its CO₂ intensity reduction targets by 2020?A regional allocation based on equity and development[J]. Energy Policy, 2011, 39: 2407-2415.

[41] 张妍, 杨志峰, 何孟常, 等. 基于信息熵的城市生态系统演化分析[J].环境科学学报, 2005, 25(8): 1127-1134.

[42] 汪小龙, 袁志发, 郭满才, 等. 最大信息熵原理与群体遗传平衡[J]. 遗传学报, 2002, 29(6): 562-564.

[43] 黄晓冰, 陈忠暖. 基于信息熵的地铁站点商圈零售业种结构的研究——以广州 15 个地铁站点商圈为例[J]. 经济地理, 2014, 34(3): 38-44.

[44] 黄定轩. 基于客观信息熵的多因素权重分配方法[J]. 系统工程理论方法应用, 2003, 12(4): 321-324.

[45] 周玉芬, 曾剑, 孙鹏程. 基于信息熵的山西省"十二五"水污染物总量分配初探[J]. 能源与环保, 2013, 2: 157-159.

[46] 吴悦颖, 李云生, 刘伟江. 基于公平性的水污染物总量分配评估方法研究[J]. 环境科学研究, 2006, 19(2): 66-70.

[47] 刘巧玲, 王奇. 基于区域差异的污染物总量削减总量分配研究——以 COD 削减总量的省际分配为例 [J]. 长江流域资源与环境, 2012, 21(4): 512-517.

第 7 章 基于反应性的工业源 VOCs 排放与控制研究

近年来，随着工业化和城市化进程的加快，我国区域高浓度近地面臭氧(O_3) 和二次气溶胶(SOA)污染频发[1-3]。国家和地方给予高度重视，在污染治理上做了大量工作，并取得了一定的成效。随着 2013 年《大气污染防治行动计划》实施至今，2015 年我国 $PM_{2.5}$、PM_{10}、SO_2、NO_2 年均浓度相对于 2013 年年均值分别下降了 23.6%、10.3%、37.5%和 31.8%[4-7]。然而，臭氧 8 h 最大值年均情况从 2013 年的 139 μg/m³到 2015 年的 134 μg/m³，基本维持不变，并且在 2014 年上升到 145 μg/m³[6-8]。

VOCs 作为 O_3 和 $PM_{2.5}$ 形成的重要前体物[1, 9, 10]，其对臭氧形成的评估与关键贡献者的识别具有重要意义。国外在 VOCs 的控制上，为了寻求更有效和经济的改善空气质量的控制对策，已经逐步从总量控制转变为控制具体的对臭氧形成贡献大的高反应性 VOCs 物种。美国环境保护局在其州实施计划发展中发行了鼓励各州考虑 VOCs 反应性概念的指导意见[11]。随后，得克萨斯州在其臭氧不达标的区域，采用基于反应性的法规来控制高反应性的 VOCs[12]。基于反应性管理体制最具革新性和最有力的案例是加利福尼亚州空气资源局的气溶胶涂料法规，2005 年美国环境保护局将其列为示范性工程项目[13, 14]。欧洲的反应性法规在其交通源控制取得明显成效后，在固定污染源的控制上也进行了研究，结果证实反应性政策与简单的总量控制对策相比，会带来更大的臭氧削减效益[15, 16]。

以 2010 年我国工业源挥发性有机物总量排放清单为基础，通过大量的文献调研，获取并筛选具有代表性的 VOCs 污染源成分谱信息，结合 VOCs 各物种的最大增量反应活性指标(MIR)，建立 2010 年我国工业源 VOCs 基于 OFP 的反应性排放清单。识别高反应性的 VOCs 关键物种，主要污染源和污染省份，以期为我国臭氧控制政策的制定提供科学的依据和支撑。

7.1 物种与反应性排放清单的建立

7.1.1 物种清单与成分谱研究现状

VOCs 物种排放清单和化学反应机制是评估反应性 VOCs 控制对策必不可少的两个参数[15]。目前，我国相关的一系列物种排放清单已被建立，主要包括全球和国家尺度的物种清单[17-19]以及珠江三角洲和长江三角洲等区域性物种清单[20-23]。然而，由于过去本土化污染源成分谱的缺失，大多数物种清单主要采用国外的或其他区域的成分谱信息。这种情况不包含 Mo 等[17]和 Ou 等[20]建立的物种清单，其在研究中应用了更新的本土化成分谱信息。Mo 等[17]建立的国家尺度物种清单以 75 种 VOCs 物种作为研究对象，不能全面反映实际多类污染源的真实排放情况。如其清单中并没有考虑 1, 2, 3, 5-四甲苯，该物种是珠江三角洲区域 OFP 贡献前十的物种之一[20]。因此，建立更新的尽可能涵盖各污染源成分谱信息的国家尺度物种排放清单极其必要。另一方面，为了反映 VOCs 反应性和随后的臭氧生成情况，最大增量反应活性值（MIR）和臭氧生成潜势（OFP）已被广泛应用[2, 20, 22, 24-26]。

在污染源成分谱的研究上，欧美国家在本土化 VOCs 成分谱的研究较为成熟，美国环境保护局收集汇总了北美地区的 VOCs 及 PM 的排放源成分谱，建立了本土化的系统 SPECIATE 数据库，广泛应用于受体模型源解析、空气质量模型物种谱输入中，该成分谱数据库公开使用，现仍在不断完善和更新；欧洲也对其交通运输、溶剂使用、生产与存储过程及燃烧过程四大污染源的 87 个细类子源建立了其对应的成分谱信息[27]。

国内关于 VOCs 污染源成分谱的研究工作开展较晚，但也取得了一定的成果。工业源"VOCs 的生产"、"储存与运输"、"以 VOCs 为原料的工艺过程"和"含 VOCs 产品的使用"四大环节成分谱研究均有开展，尤其是一些排放量大的国家重点控制的行业，如石油炼制、印刷、涂装等。"VOCs 的生产环节"中，Liu 等[28]在珠江三角洲区域对石油化工行业 92 种成分谱进行了测试分析，得出了炼油厂和化工行业研究的 92 种成分谱的贡献情况；Mo 等[29]在长江三角洲区域建立了基于具体过程的石化行业成分谱，丙烷、丙烯、乙烷、异丁烷是石油化工最主要的贡献物种，苯乙烯、甲苯、1, 3-丁二烯是基础化工行业最主要的成分谱。"储存与运输"环节，Liu 等[28]开展了珠江三角洲区域汽油和柴油储运过程中的 VOCs 成分谱测试工作。"以 VOCs 为原料的工艺过程"环节，Zheng 等[30]对涂料和胶黏剂制造行业成分谱进行了研究，He 等[31]对制药工业 VOCs 成分谱进行了测试分析，Shi 等[32]对金属冶炼行业成分谱也进行了研究，该环节仍有很多污染源成分谱的研究还是空白，有待进一步加强。"含 VOCs 产品的使用"环节，该环节成分谱的测试研究工作开展较多，主要有 Liu 等[28]在珠江三角洲区域针对固定燃烧源、印刷、建筑装饰行业等建立的成分谱，Yuan 等[33]在北京针对建筑装饰、家具制造、汽车制造和印刷行业建立了相应的成分谱，Zheng 等[30]在珠江三角洲区域针对印刷、木制家具制造、金属表面涂装和制鞋行业建立了成分谱等。

总体上说，我国部分地区已就部分重点污染源开展了排放源测试及化学成分谱的建立工作，但不同区域的工业结构、使用的有机原辅材料及生产工艺的差异，使区域污染源成分谱也有所不同，另外随着工业化和城市化的加快，污染源成分谱特征也会不断改变，因此，排放源化学成分谱研究仍需进一步深入开展，以建立有代表性的表征重点污染源排放特征的化学成分谱。

7.1.2　总量排放清单与成分谱库的建立

工业源总量排放基数优先选取 Qiu 等[34]的研究成果，主要基于以下优势：①科学的源分类系统，采用"源头追踪"的思路，按照 VOCs 物质在整个工业活动中的流动过程，将所有工业排放源分为"VOCs 的生产"、"储存与运输"、"以 VOCs 为原料的工艺过程"和"含 VOCs 产品的使用"四大环节；②综合的污染源涵盖范围，清单基本涵盖了所有的工业大源，共 98 类子污染源；③本土化排放因子的优先使用，清单建立过程中优先使用本土化的排放因子，对于尚无本土排放因子的污染源选取国外的排放因子。

VOCs 成分谱库在工业源四大环节成分谱研究现状的基础上，优先选取本土的行业有代表性的且更新的成分谱研究成果，对于少量缺少本土成分谱研究的污染源参考国外的研究成果。以 188 种 VOCs 成分谱为研究对象，将其分为六大类：烷烃、烯炔烃、芳香烃、卤代烃、含氧有机化合物和其他，如表 7.1 所示。其中，"其他"包含了部分污染源中未明确的且含量小于 1%的物种或目前尚无 MIR 值的 VOCs 物种。研究优先选取国内最新的 VOCs 成分谱。其中，工业源成分谱包括"VOCs 的生产"环节(Mo 等[29]的研究成果)，"储存与运输"(Liu 等[28]的研究成果)，"以 VOCs 为原料的工艺过程"环节具代表性的成分谱研究成果[29-32]，"含 VOCs 产品的使用"环节多项成分谱研究成果[28, 30-33, 35-37]。对少量尚无 VOCs 本土成分谱信息的污染源采用美国 SPECIATE 数据库成分谱信息。污染源范围及对应成分谱来源信息见表 7.2。为使建立的成分谱库更精确，污染源成分谱库建立的整个过程都有严格的质量控制与保证。

表 7.1　我国工业源污染源成分谱 188 种个体物种信息

序号	物种	序号	物种	序号	物种	序号	物种
	烷烃(45)	9	环戊烷	18	正己烷	27	1,4-二甲基环己烷
1	乙烷	10	2-甲基戊烷	19	环己烷	28	1,1,3-三甲基环己烷
2	正丙烷	11	3-甲基戊烷	20	2-甲基己烷	29	2,2,5-三甲基己烷
3	异丁烷	12	甲基环戊烷	21	3-甲基己烷	30	1,2-二甲基环己烷
4	正丁烷	13	2,3-二甲基戊烷	22	甲基环己烷	31	1-乙基-4-甲基环己烷
5	2,2-二甲基丁烷	14	2,4-二甲基戊烷	23	丙基环己烷	32	正庚烷
6	2,3-二甲基丁烷	15	2,2,3-三甲基戊烷	24	乙基环己烷	33	2-甲基庚烷
7	异戊烷	16	2,2,4-三甲基戊烷	25	2,4-二甲基己烷	34	4-甲基庚烷
8	正戊烷	17	2,3,4-三甲基戊烷	26	1,3-二甲基环己烷	35	3-甲基庚烷

序号	物种	序号	物种	序号	物种	序号	物种
36	3-乙基庚烷	67	1-己烯	98	对乙基甲苯	129	1,1,2-三氯乙烷
37	正辛烷	68	顺式-2-己烯	99	1,2,3-三甲苯	130	三氯乙烯
38	3-甲基辛烷	69	反式-2-己烯	100	1,2,4-三甲苯	131	顺式-1,2-二氯乙烯
39	4-甲基辛烷	70	环己烯	101	1,3,5-三甲苯	132	反式-1,2-二氯乙烯
40	2,6-二甲基辛烷	71	1-庚烯	102	间二乙苯	133	全氯乙烯
41	正壬烷	72	反式-3-甲基-2-庚烯	103	邻二乙苯	134	3-氯丙烯
42	2-甲基壬烷	73	1-甲基环庚烯	104	对二乙苯	135	1,2-二氯丙烷
43	正癸烷	74	顺式-2-庚烯	105	1-甲基-3-丙苯	136	顺式-1,3-二氯丙烯
44	正十一烷	75	反式-2-庚烯	106	1-甲基-4-丙苯	137	反式-1,3-二氯丙烯
45	正十二烷	76	顺式-3-庚烯	107	1,2,3,4-四甲苯	138	氯苯
烯炔烃(41)		77	反式-3-庚烯	108	1,2,3,5-四甲苯	139	邻二氯苯
46	乙烯	78	1-辛烯	109	1,2,4,5-四甲苯	140	间二氯苯
47	乙炔	79	反式-2-辛烯	110	1,2-二甲基-4-乙苯	141	对二甲苯
48	丙烯	80	1-壬烯	111	1,3-二甲基-4-乙苯	142	氯甲苯
49	甲基乙炔	81	正十一烯	112	1,3-二甲基-2-乙苯	**含氧有机化合物(46)**	
50	1-丁烯	82	α-蒎烯	113	1,3-二甲基-5-乙苯	143	甲醛
51	1,3-丁二烯	83	β-蒎烯	114	1,4-二甲基-4-乙苯	144	甲醇
52	顺式-2-丁烯	84	莰烯	115	茚	145	甲酸
53	反式-2-丁烯	85	柠檬烯	116	萘	146	乙酸甲酯
54	2-甲基-1-丁烯	86	萜烯	**卤代烃(26)**		147	1-丁醇-3-乙酸甲酯
55	3-甲基-1-丁烯	**芳香烃(30)**		117	氯甲烷	148	2-甲基-2-丙酸甲酯
56	2-甲基-2-丁烯	87	苯	118	溴甲烷	149	二甲氧基甲烷
57	1-戊烯	88	甲苯	119	二氯甲烷	150	碳酸二甲酯
58	异戊二烯	89	乙苯	120	三氯甲烷	151	乙醛
59	顺式-2-戊烯	90	间/对二甲苯	121	四氯化碳	152	乙醇
60	反式-2-戊烯	91	邻二甲苯	122	氯乙烷	153	乙酸
61	环戊烯	92	苯乙烯	123	氯乙烯	154	乙酸乙酯
62	4-甲基-1-戊烯	93	α-甲基苯乙烯	124	1,2-二溴乙烷	155	二乙醚
63	3-甲基-1-戊烯	94	正丙苯	125	1,1-二氯乙烷	156	丙烯酸乙酯
64	反式-2-甲基-2-戊烯	95	异丙苯	126	1,1-二氯乙烯	157	2-乙氧基乙酸乙酯
65	2-甲基-1-戊烯	96	间乙基甲苯	127	1,2-二氯乙烷	158	乙二醇丁醚
66	顺式-3-甲基 2-戊烯	97	邻乙基甲苯	128	1,1,1-三氯乙烷	159	丁酸甲酯

续表

序号	物种	序号	物种	序号	物种	序号	物种
160	异丙醇	168	正丁醇	176	甲基异丁基酮	184	2,6-二甲基-4-庚酮
161	丙酮	169	异丁醇	177	2-戊酮	185	芳樟醇
162	乙酸异丙酯	170	仲丁醇	178	3-戊酮	186	异佛尔酮
163	乙酸正丙酯	171	2-丁酮	179	乙酸仲戊酯	187	四氢呋喃
164	1-甲氧基-2-丙醇	172	乙酸正丁酯	180	2-乙基-1-己醇	188	1,4-二噁烷
165	2-甲氧基-1-丙醇	173	乙酸异丁酯	181	己酮		其他
166	1-甲氧基-2-乙酸丙酯	174	3-甲氧基-1-丁醇	182	环己酮		
167	丙酸正丙酯	175	甲基叔丁基醚	183	2-乙基乙酸己酯		

表 7.2　我国工业源 VOCs 污染源及其成分谱信息

污染源		文献
	①VOCs 的生产	石油开采	[29]；美国 SPECIATE 数据库
		天然气开采	
		石油炼制	
		基础化学原料制造	
	②储存与运输	储存与运输	[28]
工业源	③以 VOCs 为原料的工艺过程	涂料与油墨制造	[29-32]
		合成纤维	
		合成橡胶	
		合成树脂	
		胶黏剂制造	
		食品加工	
		日用化学品制造	
		化学原料药	
		橡胶制品	
		金属冶炼	
	④含 VOCs 产品的使用	固定燃烧源	[28, 30-33, 35-37]；美国 SPECIATE 数据库
		炼焦	
		造纸与纸制品	
		纺织印染	
		皮革制造	
		制鞋	
		印刷和包装印刷	
		木材加工	
		家具制造	
		机械设备制造	
		交通运输设备制造	
		建筑装饰	
		电子制造	
		服装干洗	
		环境治理	

7.1.3　物种与反应性排放清单的建立

1. VOCs 物种排放清单

基于反应性的 VOCs 排放清单建立的前提是物种排放清单的建立，物种排放清单通过 2010 年我国工业源总量排放基数及各污染源的成分谱信息建立。个体 VOCs 物种排放量通过式(7-1)计算：

$$E_i = \sum_j E_j \times R_{ij} \tag{7-1}$$

式中：i 为特定的 VOCs 物种；j 为污染源；E_i 为物种 i 的总排放量；E_j 为污染源 j 的总排放量；R_{ij} 是物种 i 在污染源 j 中的质量分数。

2. VOCs 反应性排放清单

在物种清单建立的基础上，以臭氧生成潜势(OFP)为本研究中反应性的指标，其可通过物种排放量与其对应的 MIR 值的乘积[20, 22, 25]得出。个体物种的 OFP 计算如下：

$$OFP_i = \sum_j E_{ij} \times MIR_i \tag{7-2}$$

式中：OFP_i 为物种 i 的总 OFP 值；E_{ij} 为物种 i 在污染源 j 中的排放量；MIR_i 为物种 i 的最大增量反应活性值。其中 MIR 值来自 Carter[38]的最新研究成果。

3. VOCs 空间反应性排放清单

在 OFP 分省市排放清单的基础上，将省市排放清单按照合理的分配因子分配至各市、区，进一步将区县的 OFP 以人口数据为分配因子分配至网格。将 OFP 分配至区县的过程中，根据不同工业行业相关性的参数不同，选取了不同的分配因子进行分配，如表 7.3 所示，可用以下公式进行分配：

$$OFP_{p,c} = \frac{S_{p,c}}{\sum S_{p,c}} \times OFP_p \tag{7-3}$$

式中：OFP_p 为 p 省份对应的 OFP，$OFP_{p,c}$ 为 p 省份在区县 c 的 OFP；$S_{p,c}$ 为 p 省份在区县 c 的分配参数。

表 7.3 省市 OFP 分配至区县的分配参数

参数	污染源类别
GDP	含 VOCs 产品的使用(不包含固定燃烧源)
人口	固定燃烧源
工业产值	VOCs 的生产 储存与运输 以 VOCs 为原料的工艺过程

资料来源: 中国统计年鉴区域经济 (2011), 省级统计年鉴 (2011), 中国统计年鉴(2011)

在建立的区县 OFP 排放清单基础上, 采用 GIS 技术和人口分配因子将区县 OFP 分配至 36 km×36 km 分辨率的网格。其中, 人口数据来源于 Yang 和 Jiang 建立的 2002 年中国 1 km×1 km 人口数据[39]。

7.2 基于反应性与总量的工业源 VOCs 排放特征

7.2.1 基于 OFP 与总量的物种排放特征

2010 年我国工业源挥发性有机物排放总量和总 OFP 分别为 13356 kt 和 41180 kt。反应性清单中, 烷烃贡献的 OFP 为 4409 kt, 烯炔烃为 11572 kt, 芳香烃为 22357 kt, 卤代烃为 141 kt, 含氧有机化合物为 2701 kt。OFP 清单建立过程中, 因现有污染源成分谱不完善, 部分物种被不同程度地低估了, 如研究中含氧有机化合物在交通源并未被评估。基于 OFP 的物种排放特征与基于总量的特征有一定的差异, 六大类成分谱的排放特征如图 7.1 所示。烯炔烃和芳香烃为 OFP 清单中最主要的两大成分谱贡献者, 其在总的 OFP 清单中占比分别为 28.10%和 54.29%, 相对于 VOCs 总量排

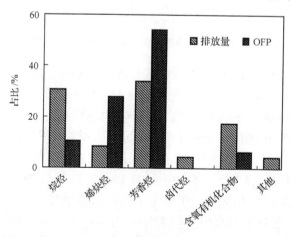

图 7.1 2010 年我国工业源 VOCs 物种排放量与 OFP 特征

放清单中的 8.50%和 33.96%都有所提高。相反,烷烃、卤代烃和含氧有机化合物在总量排放清单中占比分别为 30.68%、4.6%和 17.64%,然而其 OFP 占比却下降至 10.71%、0.34%和 6.56%。

　　图 7.2 为工业源四大环节对应的五类物种成分谱的 OFP 贡献情况。其中"含 VOCs 的生产"环节,贡献最大的成分谱为烯炔烃类,占该环节的 69.44%,其次为烷烃和芳香烃,占比分别为 17.30%和 13.17%;"储存与运输"环节各类成分谱占比分别为烯炔烃 52.61%、芳香烃 13.17%、烷烃 12.03%;"以 VOCs 为原料的工艺过程"环节,OFP 贡献主要成分谱为芳香烃,占该环节总 OFP 的 47.18%,其他类成分谱占比分别为烷烃 23.71%、烯炔烃 10.41%、卤代烃 0.96%和含氧有机物 17.74%;"含 VOCs 产品的使用"环节,超过 70%的 OFP 来源于芳香烃类成分谱,其次为烯炔烃 10.24%、含氧有机物为 9.21%、烷烃为 6.92%和卤代烃为 0.45%。其中,"VOCs 的生产"和"储存与运输"环节由于现有成分谱的研究对象并未将含氧有机物纳入,因此该两环节 OFP 贡献中含氧有机物无占比。另外,卤代烃在各环节中占比较小(不超过 1%)的原因主要有两方面:一方面卤代烃在污染源成分谱研究中列入研究对象的污染源较少,使得一些潜在的卤代烃未被评估;另一方面是卤代烃本身的 MIR 值相对其他类成分谱的要小得多。

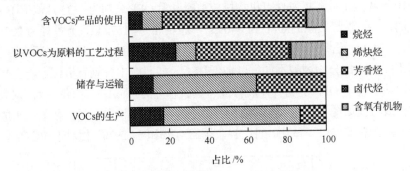

图 7.2　2010 年我国工业源四大环节物种 OFP 特征

　　物种排放量及其 MIR 值会在 VOCs 排放量和 OFP 占比上带来较大差异。图 7.3(a)为我国工业源 VOCs 排放量贡献前 15 种物种及其对应的 MIR 值信息。OFP 清单中,贡献前 15 种 VOCs 物种,其对应的排放量占比及 MIR 值信息如图 7.3(b)所示。OFP 贡献前 15 物种分别为:间/对二甲苯、甲苯、丙烯、邻二甲苯、乙苯、间乙基甲苯、1,2,4-三甲苯、乙烯、1-丁烯、1,3-丁二烯、1,2,3-三甲苯、顺式-2-丁烯、反式-2-丁烯、1,3,5-三甲苯和甲醛。这 15 种物种占工业源总 OFP 的 69.49%,仅占 VOCs 排放总量的 30.93%。在 OFP 贡献前 15 物种中,4 种 MIR 值高于 7 的芳香烃化合物,包括间乙基甲苯(3.32%)、1,2,4-三甲苯(3.31%)、1,2,3-三甲苯(2.09%)和 1,3,5-三甲苯(1.71%),不在总量清单的前 15 种物种清单上。烯烃中 OFP

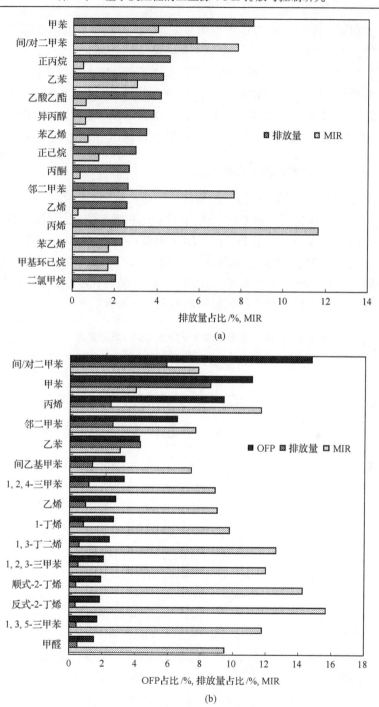

图 7.3　2010 年我国工业源 VOCs 排放量(a)和 OFP(b)贡献前 15 种物种

贡献最大的丙烯，在 OFP 贡献中占据第 3 位，然而在总量贡献中却排名 12，主要是由于其较高的 MIR 值(11.66)。其他 5 种烯烃，如乙烯 2.81%、1-丁烯 2.67%、1,3-丁二烯 2.41%、顺式-2-丁烯 1.93%和反式-2-丁烯 1.86%，均不在总量前 15 贡献的物种清单中，其出现在 OFP 前 15 清单中也主要是由于其 MIR 值较高。相反，9 种排放量大但 MIR 值小的物种均未被列入 OFP 前 15 清单中。因此，排放量大的物种其 OFP 值不一定大，OFP 值由排放量及其 MIR 值综合确定。

7.2.2　基于 OFP 与总量的污染源排放特征

表 7.4 为 2010 年我国工业源分污染部门的排放量和 OFP 信息。表 7.4 同时列出了各污染源在排放量清单和 OFP 清单中的占比和排名情况。我国工业源四大环节中，环节四"含 VOCs 产品的使用"OFP 贡献最大为 59.84%，其次为"VOCs 的生产"，占 19.83%，"储存与运输"占 14.42%，"以 VOCs 为原料的工艺过程"占 5.91%。工业源 OFP 贡献子污染源中，建筑装饰、石油炼制、储存与运输、机械设备制造、交通设备制造和包装印刷为主要污染源。

表 7.4　2010 年我国工业源子行业污染源排放量与 OFP

污染源	排放量		OFP		排放量名次	OFP 名次
	kt/a	%	kt/a	%		
①VOCs 的生产	2630.00	19.69	8166.36	19.83	—	—
石油开采	122.00	0.91	72.66	0.18	21	23
天然气开采	47.00	0.35	27.04	0.07	23	25
石油炼制	2123.00	15.90	6753.90	16.40	1	2
基础化学原料制造	338.00	2.53	1312.77	3.19	13	8
②储存与运输	1295.00	9.70	5939.13	14.42	—	—
储存与运输	1295.00	9.70	5939.13	14.42	4	3
③以 VOCs 为原料的工艺过程	1769.18	16.41	2434.00	5.91	—	—
涂料和油墨制造	216.00	1.62	515.68	1.25	19	15
合成材料	444.00	3.32	655.87	1.59	9	14
胶黏剂制造	74.00	0.55	197.68	0.48	22	21
食品加工	519.00	3.89	326.45	0.79	7	19
日用化学品制造	0.18	0.00	0.01	0.00	28	28
化学原料药	258.00	1.93	322.46	0.78	16	20
橡胶制品	221.00	1.65	375.40	0.91	18	17
金属冶炼	37.00	0.28	40.45	0.10	25	24
④含 VOCs 产品的使用	7662.80	57.37	24640.35	59.84	—	—

续表

污染源	排放量		OFP		排放量名次	OFP 名次
	kt/a	%	kt/a	%		
固定燃烧源	521.00	3.90	1575.00	3.82	6	7
炼焦	486.00	3.64	717.84	1.74	8	13
造纸和纸制品制造	10.08	0.08	25.88	0.06	27	26
纺织印染	142.00	1.06	941.07	2.29	20	11
皮革制造	338.00	2.53	475.86	1.16	14	16
制鞋业	243.00	1.82	350.10	0.85	17	18
印刷	926.00	6.93	2043.99	4.96	5	6
木材加工	425.00	3.18	905.46	2.20	10	12
家具制造	309.00	2.31	1031.89	2.51	15	10
机械设备制造	1407.00	10.53	4482.87	10.89	3	4
交通运输设备制造	401.00	3.00	2339.91	5.68	11	5
建筑装饰	1987.00	14.88	8381.25	20.35	2	1
电子制造	399.00	2.99	1271.26	3.09	12	9
服装干洗	27.00	0.20	0.84	0.00	26	27
环境治理	41.00	0.31	97.12	0.24	24	22
总和	13356.00	100.00	41179.84	100.00	—	—

　　建筑装饰业、石油炼制、储存与运输、机械设备制造、交通设备制造、印刷、固定燃烧源、基础化学原料制造、电子制造业和家具制造业是工业贡献源 OFP 贡献最大的 10 类污染子行业，占工业源总 OFP 的 83.51%。其中有 7 个子行业均来自于环节四 "含 VOCs 产品的使用" 环节，因此该环节全过程控制，尤其是源头控制在整个工业源 OFP 削减中占据重要地位。值得一提的是，OFP 贡献前 10 类子行业中，没有来自环节三 "以 VOCs 为原料的工艺过程"，因此，该环节的控制相对于其他环节在 OFP 的削减上效果并不明显。

　　污染源成分谱及其对应的 MIR 值差异使各污染源排放量和 OFP 的比重存在很大不同。各污染源排放量和 OFP 的排名情况如表 7.4 所示，各污染源的权重名次基本均发生了变化。食品制造业占工业源总排放量的 3.89%，在各子行业中排放量贡献中名列第 7，然而该行业 OFP 在整个工业源中的占比减小，并且其排名由第 7 名落后到第 19 名。相反，纺织印染业排名由工业源总量中的第 20 名前进到 OFP 贡献中的第 11 名。工业源 VOCs 总量贡献前 10 子行业分别为石油炼制、建筑装饰、机械设备制造、储存与运输、印刷、固定燃烧源、食品制造、炼焦、合成材料和木材加工业。然而，在 OFP 贡献中，总量贡献前 10 子行业中的合成材料、食品制造、炼焦和木材加工业却被基础化学原料制造、家具制造、交通设备制造和电子制造业替代。

7.2.3　基于 OFP 与总量的分省市和空间排放特征

2010 年我国工业源分省市 OFP 排放清单显示，OFP 贡献最大的四大省市分别为山东(4485 kt)、江苏(4292 kt)、广东(3780 kt)和浙江(3659 kt)，该四大省市贡献了工业源总 OFP 的 39.38%；16 个贡献最小的省份，其 OFP 均低于 1000 kt，占工业源总 OFP 的 21.46%；其余 11 个省份工业源贡献的 OFP 在 1000～2500 kt 之间，包括辽宁、河南、河北、上海、湖北、福建、四川、天津、安徽、湖南和陕西。

图 7.4 为 2010 年我国工业源挥发性有机物 OFP 分省市排放情况及工业源四大环节在各省市的 OFP 贡献情况与总量研究的结果对比，通常情况下，OFP 的省市分布情况与 VOCs 总量的省市分布情况基本一致。OFP 贡献最大的八大省市，包括山东、江苏、广东、浙江、辽宁、河南、河北和上海，也是 VOCs 总量贡献最大的八大省市，省市贡献顺序一致。这八大 OFP 贡献省市贡献的 OFP 占工业源总 OFP 的 58.1%。总量与 OFP 的省市分布也存在一定的差异，如重庆在 VOCs 总量贡献中名列第 23 位，然而在 OFP 贡献中，其贡献的重要性有所提高，为第 18 位。相反，山西在总量分省市贡献中排名 19 位，在 OFP 贡献中其重要性有所下降，为第 24 位。工业源四大贡献环节中，环节四"含 VOCs 产品的使用"是大多数省市 OFP 贡献的最主要环节，如山东、江苏、广东和浙江。这种情况很大可能是由于该环节涵盖的污染子源范围广、排放量大或该环节子污染源贡献的成分谱如苯系物的 MIR 值相比其他环节的高。然而，在炼油业较发达的省市，如辽宁、海南、甘肃和新疆等，环节一"VOCs 的生产"是其工业源 OFP 贡献最主要的环节。

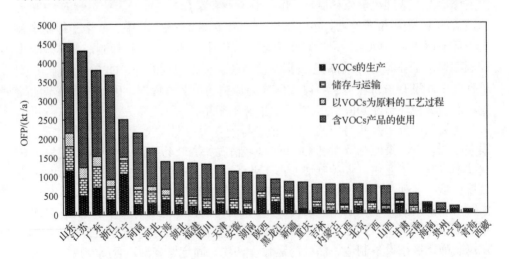

图 7.4　2010 年我国工业源挥发性有机物 OFP 分省市分布

为了更加直观地分析我国工业源挥发性有机物 OFP 的排放空间分布情况，并为后续的区域空气质量模拟研究工作提供源排放数据，采用 GIS 技术，建立了全国工业源 36 km×36 km 的 OFP 网格化清单。如图 7.5 所示，我国工业源 OFP 空间分布呈现显著的空间特征，东部地区的 OFP 比西部地区明显高很多。高 OFP 主要分布在一些经济发达或工业化的区域，如环渤海经济圈、长江三角洲、珠江三角洲和四川盆地等，尤其是北京、天津、上海、杭州和广州这些城市。OFP 地理空间分布特征与总量对应的分布特征从整体上来看基本一致。高 OFP 的区域或城市基于反应性 VOCs 控制对于空气质量的改善具有重要意义。

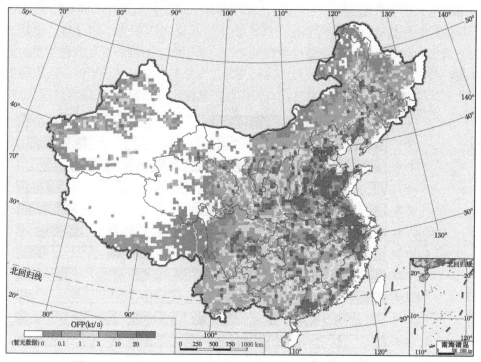

图 7.5 2010 年我国工业源挥发性有机物 OFP 空间分布

7.3 基于 VOCs 反应性的 O_3 控制对策

工业源物种排放清单的建立表明，并不是所有排放量大的物种都会产生大的 OFP。值得一提的是，美国环境保护局列出了 60 类光化学反应性微不足道的有机化合物，同时将这些微不足道的有机物从其国家层面的 VOCs 定义中豁免。在我国工业源反应性清单的研究中，以 188 种成分谱为对象，对其排放量进行估算。其中有 10 种 MIR 值小于 0.36 的物种在上述豁免清单中，包括乙烷、二氯甲烷、三氯甲烷、四氯化碳、1,1,1-三氯乙烷、1,1,2-三氯乙烷、全氯乙烯、乙酸甲酯、碳酸二甲酯和丙酮。这 10 种豁免的物种与清单中其他 12 种 MIR 小于 0.36 的物种 2010 年排放量为 1306.71 kt，占工业源总排放量的 9.78%，仅占总 OFP 不到 1%。总之，考虑到一些物种的控制对空气质量的改善并没有效果，O_3 控制应该更注重一些高反应性且 OFP 贡献大的物种、行业或省市，而不是简单的 VOCs 排放总量。

图 7.6 为我国工业源 OFP 贡献前 15 种物种及其对应的污染源分布情况。对芳香烃，如间/对二甲苯、邻二甲苯、乙苯、间乙基甲苯、1,2,4-三甲苯、1,2,3-三甲苯和 1,3,5-三甲苯，其最主要的污染源为建筑装饰、机械设备制造、交通设备制造和印刷等工业溶剂使用源；丙烯、乙烯和 1,3-丁二烯，其超过 65% 的 OFP 均来自于石油炼制和基础化学原料制造；顺式-2-丁烯和反式-2-丁烯，储存与运输是其 OFP 最大的贡献源，贡献了超过 50% 的 OFP；1-丁烯，石油炼制是其最主要的贡献源，其次为建筑装饰、储存与运输和基础化学原料制造；对于甲醛，纺织印染行业是其最主要的贡献源。总之，石油炼制、基础化学原料制造、储存与运输和

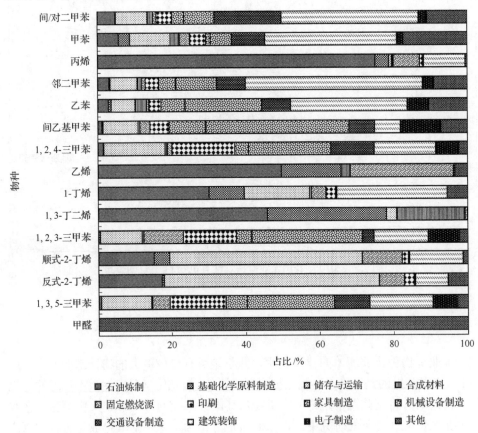

图 7.6　我国工业源 OFP 贡献前 15 种物种及其对应的污染源分布

工业溶剂使用源如建筑装饰、机械设备制造、交通设备制造和印刷,是工业源 OFP 贡献前 15 种物种最关键的污染源。表 7.5 为工业源前 15 种物种在各省市的分布情况。江苏、山东、浙江、广东、辽宁、河南和河北,对前 15 种关键物种贡献的 OFP 均超过了 1000 kt,7 省市占总 15 种 OFP 的 55.04%。前 15 种 OFP 贡献物种的省市分布也有所差异,主要是来源于各省市工业结构的不同。总之,为了更有效地控制和削减 O_3,工业源 OFP 贡献前 15 种物种,其对应的关键污染源和污染省市在实际控制中应优先考虑。

　　近年来,我国出台了一系列 VOCs 控制对策,各类 VOCs 相关的排放标准,如“挥发性有机物排污收费试点办法”、“十三五”规划纲要中 VOCs 控制目标和“重点行业挥发性有机物削减行动计划”等。然而,这些政策大多建立在效率相对低的基于 VOCs 总量的控制基础上。考虑到目前我国 O_3 污染的严峻局势,亟须出台更有效的 O_3 控制对策,而基于 VOCs 反应性的控制对策很大程度上将成为未来我国 VOCs 控制的趋势。我国工业源反应性排放清单的建立对基于反应性的 O_3 控制对策具有重要的启示。首先,考虑到挥发性有机物定义的确定决定着我国未来 VOCs 的控制方向,因此,国家层面的基于反应性的挥发性有机物定义极其必要。为了减轻 VOCs 总量控制的重担,与定义对应的包含微反应性物种豁免清单的建立或 VOCs 低反应性物种的替代政策很有必要,值得强调的是,有些 VOCs 物种的反应性虽然小到可以忽略不计,但由于其带来的健康效应,如致癌等,也需在 VOCs 控制的范围内;其次,从 OFP 贡献关键物种来看,间/对二甲苯、甲苯、丙烯、邻二甲苯、乙苯、间乙基甲苯、1,2,4-三甲苯、乙烯、1-丁烯、1,3-丁二烯、1,2,3-三甲苯、顺式-2-丁烯、反式-2-丁烯、1,3,5-三甲苯和甲醛,OFP 贡献前 15 种物种及其对应的污染源将是我国 VOCs 重点控制的方向。OFP 贡献重点污染源可以通过控制该行业 OFP 贡献的关键物种来进行控制,如石油炼制行业可以通过控制丙烯、乙烯、1,3-丁二烯、1-丁烯和间/对二甲苯等该行业 OFP 贡献高的物种进行有效控制。部分重要污染源对应该行业前 5 种 OFP 贡献物种情况如表 7.6 所示;最后,基于反应性的 VOCs 控制对策应与区域 O_3 控制的敏感性相结合(VOCs 控制区或 NO_x 控制区)。区域 O_3 控制的敏感性随空间和季节的变化而变化,但有些区域一年大多数情况处于 VOCs 控制状态,如北京、长江三角洲和珠江三角洲区域,这些区域建议优先考虑基于反应性的 VOCs 控制对策。其他区域可根据季节变化等灵活选取控制方法。

表 7-5　工业源前 15 种物种在各省市的分布情况 (2010 年)

OFP/(kt/a)	间/对二甲苯	甲苯	丙烯	邻二甲苯	乙苯	间乙基甲苯	1,2,4-三甲苯	乙烯	1-丁烯	1,3-丁二烯	1,2,3-三甲苯	顺式-2-丁烯	反式-2-丁烯	1,3,5-三甲苯	甲醛
北京	107.93	78.82	92.28	49.71	31.95	22.76	23.95	21.03	21.93	29.53	14.48	16.77	16.46	12.12	0.07
天津	318.20	155.64	119.13	80.42	58.70	45.85	57.74	30.51	21.24	18.83	21.87	15.22	15.30	26.56	1.08
河北	228.27	200.20	132.18	101.43	68.29	61.78	57.80	45.96	49.10	34.60	38.64	37.83	39.81	29.85	28.54
山西	69.04	108.42	26.78	36.52	26.98	34.69	23.29	22.70	28.54	24.63	17.03	14.31	18.69	13.30	0.95
内蒙古	97.23	92.07	33.46	42.69	33.58	31.09	27.67	20.94	19.44	16.42	20.22	14.07	13.95	14.82	0.48
辽宁	268.87	217.19	478.67	123.99	82.27	65.20	62.60	105.71	85.15	77.40	40.34	54.11	55.46	31.66	3.58
吉林	106.60	72.77	72.56	42.19	30.40	24.42	24.76	20.51	18.56	23.45	16.05	14.45	14.02	12.61	0.97
黑龙江	90.81	78.67	132.23	41.42	30.42	28.17	25.93	35.34	27.59	29.15	17.94	19.03	19.19	13.42	0.52
上海	217.10	145.44	170.34	82.53	63.32	48.14	48.49	45.06	34.11	44.60	28.20	22.47	21.86	24.20	1.24
江苏	763.41	523.53	303.86	352.74	204.07	128.06	144.05	81.96	108.92	85.72	90.40	71.54	63.46	73.94	91.16
浙江	725.46	507.27	259.09	332.97	180.48	106.10	124.64	58.18	89.94	35.25	70.41	55.69	48.60	63.31	112.35
安徽	164.46	128.75	65.66	79.20	47.77	34.84	37.89	24.09	31.16	20.02	24.81	24.99	23.29	19.60	10.83
福建	177.08	160.60	106.45	87.65	55.52	44.61	41.44	30.61	30.81	19.21	28.54	24.61	23.07	22.12	39.64
江西	112.80	86.03	50.86	56.11	35.13	29.84	27.56	14.62	18.90	8.02	18.92	15.56	15.17	14.76	13.23
山东	539.27	393.25	486.75	251.59	167.45	147.15	126.27	143.15	118.53	145.51	85.39	85.04	82.37	67.75	142.27

续表

OFP/(kt/a)	间/对二甲苯	甲苯	丙烯	邻二甲苯	乙苯	间乙基甲苯	1,2,4-三甲苯	乙烯	1-丁烯	1,3-丁二烯	1,2,3-三甲苯	顺式-2-丁烯	反式-2-丁烯	1,3,5-三甲苯	甲醛
河南	292.71	240.64	117.22	134.72	84.88	72.22	71.09	51.20	53.30	42.93	48.49	43.86	41.55	37.08	71.28
湖北	201.71	156.17	111.10	99.67	57.35	41.13	44.28	37.40	40.15	31.69	29.37	27.71	24.88	22.84	34.32
湖南	165.22	125.56	71.78	80.15	50.70	37.51	38.03	23.61	28.19	23.94	26.57	21.41	19.45	19.97	13.47
广东	566.32	389.15	346.22	220.49	177.69	167.61	149.44	97.37	73.47	72.83	92.37	67.42	66.73	78.06	20.60
广西	107.28	72.46	44.46	40.80	28.52	24.21	26.04	14.94	17.61	9.75	16.53	18.06	17.83	13.10	1.66
海南	20.81	20.44	64.09	8.17	5.50	4.05	5.00	17.14	12.24	17.58	2.64	8.19	7.93	2.28	0.05
重庆	202.77	122.12	24.20	73.13	44.09	30.34	37.21	12.03	17.09	11.63	18.26	10.81	8.56	18.28	4.20
四川	185.75	155.07	62.87	93.84	58.95	46.35	45.69	29.25	34.75	27.45	31.86	26.70	23.82	24.26	14.70
贵州	26.93	30.62	8.86	13.40	9.24	9.22	8.72	7.46	7.99	8.41	6.14	6.48	6.35	4.71	0.25
云南	67.59	65.22	16.93	34.23	21.02	18.07	18.43	10.35	16.50	17.33	12.15	14.58	14.68	9.57	0.13
西藏	1.69	1.34	0.29	0.85	0.45	0.31	0.41	0.07	0.31	0.02	0.24	0.38	0.38	0.20	0.00
陕西	97.22	91.45	157.94	44.69	30.54	28.39	27.67	44.62	35.29	38.50	18.34	23.92	23.95	14.01	5.52
甘肃	46.43	42.92	103.45	20.84	14.20	10.61	11.65	24.71	18.87	30.61	7.27	12.72	12.92	5.62	0.15
青海	8.17	8.73	11.44	3.98	3.08	3.29	3.05	4.39	3.21	4.17	2.21	2.32	2.18	1.59	0.09
宁夏	19.02	20.74	20.91	9.34	6.12	4.67	4.81	7.71	7.06	8.17	3.11	4.67	4.59	2.50	0.03
新疆	74.39	71.93	164.35	33.66	23.18	16.81	17.28	40.50	31.02	35.23	10.52	19.75	20.48	8.35	6.32

表 7.6　部分重点行业对应前 5 种 OFP 贡献物种

重点工业行业	行业前 5 的 OFP 贡献物种
石油炼制	丙烯、乙烯、1,3-丁二烯、1-丁烯、间/对二甲苯
基础化学原料制造	1,3-丁二烯、乙烯、丙烯、甲苯、1-丁烯
储存与运输	2-甲基-2-丁烷、间/对二甲苯、甲苯、反式-2-戊烯、反式-2-丁烯
机械设备制造	间乙基甲苯、间/对二甲苯、乙苯、1,2,4-三甲苯、邻二甲苯
建筑装饰	间/对二甲苯、甲苯、邻二甲苯、乙苯、丙烯
家具制造	间/对二甲苯、间乙基甲苯、邻二甲苯、乙苯、甲苯
印刷	间/对二甲苯、1,2,4-三甲苯、甲苯、1,2,3-三甲苯、1,3,5-三甲苯

参 考 文 献

[1] Shao M, Zhang Y H, Zeng L M, et al. Ground-level ozone in the Pearl River Delta and the roles of VOC and NO$_x$ in its production [J]. Journal of Environmental Management, 2009, 90 (1): 512-518.

[2] Guo S, Hu M, Zamora M L, et al. Elucidating severe urban haze formation in China [J]. Proceedings of the National Academy of Sciences, 2014, 111 (49): 17373-17378.

[3] Xue L K, Wang T, Gao J, et al. Ground-level ozone in four Chinese cities: Precursors, regional transport and heterogeneous processes [J]. Atmospheric Chemistry and Physics, 2014, 14 (23): 13175-13188.

[4] 中华人民共和国环境保护部. 国务院关于印发大气污染防治行动计划的通知 [EB/OL]. http://zfs.mep.gov.cn/fg/gwyw/201309/t20130912_260045.shtml [2013-09-12].

[5] 中华人民共和国环境保护部.《大气污染防治行动计划》实施情况中期评估报告 [EB/OL]. http://www.zhb.gov.cnxxgk/hjyw/201607/t20160706_357205.shtml [2016-7-06].

[6] 中国环境监测总站. 2013 中国环境状况公报 [EB/OL]. http://www.cnemc.cn/publish/totalWebSite/news/news_41719.html [2014-06-05].

[7] 中国环境监测总站. 2014 中国环境状况公报 [EB/OL]. http://www.cnemc.cn/publish/totalWebSite/news/news_44921.html [2015-06-05].

[8] 中国环境监测总站.2015 中国环境状况公报 [EB/OL]. http://www.cnemc.cn/publish/totalWebSite/news/news_48571.html [2016-06-02].

[9] Yuan B, Hu W W, Shao M, et al. VOC emissions, evolutions and contributions to SOA formation at a receptor site in eastern China [J]. Atmospheric Chemistry and Physics, 2013, 13 (17): 8815-8832.

[10] Atkinson R. Atmospheric chemistry of VOCs and NO$_x$ [J]. Atmospheric Environment, 2000, 34 (12): 2063-2101.

[11] U.S. Environmental Protection Agency. Interim guidance on control of volatile organic compounds in ozone state implementation plans [R]. Fed.Regist., 2005, 70, 54046.

[12] Stoeckenius T, Russell J. Survey of HRVOC Regulations: Report Houston Advanced Research Center Project No. H-12-2004-EE-UT-TI (582-4-6587) [R]. Environ International Corp.: Novato, CA, 2005.

[13] California Air Resources Board. Updated Informative Digest, Adoption of Amendments to the Regulation for Reducing Volatile Organic Compound Emissions from Aerosol Coating Products and Tables of Maximum Incremental Reactivity (MIR) Values, and Adoption of Amendments to ARB Test Method 310, "Determination of

Volatile Organic Compounds in Consumer Products"[R]. Stationary Source and Monitoring and Laboratory Divisions, California Environmental Protection Agency Air Resources Board: Sacramento, CA, 2000.

[14] U.S. Environmental Protection Agency. Revisions to the California state implementation plan and revision to the definition of volatile organic compounds (VOC): Removal of VOC exemptions for California's aerosol coating products reactivity-based regulation[R]. Fed. Regist, 2005, 70 : 53930-53935.

[15] Derwent R G, Jenkin M E, Passant N R, et al. Reactivity-based strategies for photochemical ozone control in Europe [J]. Environmental Science and Policy, 2007, 10(5): 445-453.

[16] Commission of the European Communities (CEC). Council directive amending directive 70/220/EEC on the approximation of the laws of member states relating to the measures to be taken against air pollution by emissions from motor vehicles [R].1991.

[17] Mo Z W, Shao M, Lu S H. Compilation of a source profile database for hydrocarbon and OVOC emissions in China [J]. Atmospheric Environment, 2016, 143: 209-217.

[18] Wei W, Wang S X, Chatani S, et al. Emission and speciation of non-methane volatile organic compounds from anthropogenic sources in China [J]. Atmospheric Environment, 2008, 42(20): 4976-4988.

[19] Streets D G, Bond T C, Carmichael G R, et al. An inventory of gaseous and primary aerosol emissions in Asia in the year 2000 [J]. Journal of Geophysical Research: Atmospheres, 2003, 108(D21).

[20] Ou J M, Zheng J Y, Li R R, et al. Speciated OVOC and VOC emission inventories and their implications for reactivity-based ozone control strategy in the Pearl River Delta region, China [J]. Science of the Total Environment, 2015, 530: 393-402.

[21] Fu X, Wang S H, Zhao B, et al. Emission inventory of primary pollutants and chemical speciation in 2010 for the Yangtze River Delta region, China [J]. Atmospheric Environment, 2013, 70: 39-50.

[22] Huang C, Chen C H, Li L, et al. Emission inventory of anthropogenic air pollutants and VOC species in the Yangtze River Delta region, China [J]. Atmospheric Chemistry and Physics, 2011, 11(9): 4105-4120.

[23] Zheng J Y, Shao M, Che W W, et al. Speciated VOC emission inventory and spatial patterns of ozone formation potential in the Pearl River Delta, China [J]. Environmental Science and Technology, 2009, 43(22): 8580-8586.

[24] Chang C C, Chen T Y, Lin C Y, et al. Effects of reactive hydrocarbons on ozone formation in southern Taiwan [J]. Atmospheric Environment, 2005, 39(16): 2867-2878.

[25] Carter W P L. Development of ozone reactivity scales for volatile organic compounds [J]. Journal of the Air and Waste Management Association, 1994, 44(7) : 881-899.

[26] Guo H, Wang T, Blake D R, et al. Regional and local contributions to ambient non-methane volatile organic compounds at a polluted rural/coastal site in Pearl River Delta, China [J]. Atmospheric Environment, 2006, 40(13): 2345-2359.

[27] Theloke J, Friedrich R. Compilation of a database on the composition of anthropogenic VOC emission for atmosphere modeling in Europe [J]. Atmospheric Environment, 2007, 41 :4148-4160.

[28] Liu Y, Shao M, Fu L L, et al. Source profiles of volatile organic compounds (VOCs) measured in China: Part Ⅰ [J]. Atmospheric Environment, 2008, 42(25): 6247-6260.

[29] Mo Z W, Shao M, Lu S H, et al. Process-specific emission characteristics of volatile organic compounds (VOCs) from petrochemical facilities in the Yangtze River Delta, China [J]. Science of the Total Environment, 2015, 533: 422-431.

[30] Zheng J Y, Yu Y F, Mo Z W, et al. Industrial sector-based volatile organic compound (VOC) source profiles measured in manufacturing facilities in the Pearl River Delta, China [J]. Science of the Total Environment, 2013, [1]

456-457: 127-136.

[31] He Q S, Yan Y L, Li H Y, et al. Characteristics and reactivity of volatile organic compounds from non-coal emission sources in China [J]. Atmospheric Environment, 2015, 115:153-162.

[32] Shi J W, Deng H, Bai Z P, et al. Emission and profile characteristic of volatile organic compounds emitted from coke production, iron smelt, heating station and power plant in Liaoning Province, China [J]. Science of the Total Environment, 2015, 515-516: 101-108.

[33] Yuan B, Shao M, Lu S H, et al. Source profiles of volatile organic compounds associated with solvent use in Beijing, China [J]. Atmospheric Environment, 2010, 44(15): 1919-1926.

[34] Qiu K Q, Yang L X, Lin J M, et al. Historical industrial emissions of non-methane volatile organic compounds in China for the period of 1980—2010 [J]. Atmospheric Environment, 2014, 86: 102-112.

[35] 徐志荣, 王鹏, 王浙明, 等. 典型染整企业定型机废气排放特征及潜在环境危害浅析[J]. 环境科学, 2014(3): 847-852.

[36] He Z K, Zhang Y P, Wei W J. Formaldehyde and VOC emissions at different manufacturing stages of wood-based panels [J]. Building and Environment, 2012, 47: 197-204.

[37] 王伯光, 冯志诚, 周炎, 等. 聚氨酯合成革厂空气中挥发性有机物的成分谱 [J]. 中国环境科学, 2009(9): 914-918.

[38] Carter W L P. Updated maximum incremental reactivity scale and hydrocarbon bin reactivities for regulatory applications [R]. Reported to California Air Resources Board Contract 07-339, 2010.

[39] Yang X, Jiang D, Wang N, et al. Method of pixelizing population data [J]. Journal of Geographical Sciences, 2002, 5): 70-75.

第8章 工业源 VOCs 控制建议

VOCs 的控制是一项涉及法规、政策、经济、技术等方面极为复杂的系统工程。由于我国 VOCs 的排放控制工作刚处于起步阶段，VOCs 控制管理工作基础较为薄弱，需要树立符合科学发展观、立足现实和考虑长远利益的控制思路。注意加强 VOCs 防控基础能力建设，从政策、技术、经济、科研等各层面进行全面推进、重点突破。

8.1 政 策 方 面

1. 加强重点区域和行业 VOCs 污染防治规划工作

加强 VOCs 污染防治规划工作，突出 VOCs 削减和控制，以重点区域、重点行业 VOCs 污染防治为主要内容，编制全国 VOCs 污染防治规划，明确防治目标、任务和政策措施；在全国推行 VOCs 污染防治的基础上，各地要加强基础工作，切实掌握 VOCs 污染源情况和排放现状，抓紧编制地方 VOCs 污染防治规划；建立污染防治规划的回顾评价制度，将评估结果向社会公布，对未达到削减目标的区域和行业采取定期通报制度。

2. 优化产业结构，淘汰落后产能

淘汰装备、工艺、技术等陈旧的落后产能。严格执行国家产业政策，对 VOCs 污染严重、需开展 VOCs 削减及其控制无经济可行性的工艺和产品实施强制性淘汰，关停相关设施。全面推行 VOCs 处理设施的建设及更新改造，促进产业结构调整和优化升级[1]。建立集中园区，合理产业布局。

制定和完善重点行业市场准入条件，根据行业不同情况，进一步提高节能、环保、技术等方面的环境准入标准，重点行业新建项目要严格执行环境影响评价制度，在审核时要充分考虑 VOCs 削减和控制要求。加强新建、改扩建项目或规划项目设施竣工验收中 VOCs 排放监测，确保按要求达标排放，从源头控制新增排放源的 VOCs 产生量。

3. 加强法律法规标准建设

制定全国 VOCs 减排方针以及加快空气质量评价指标修订工作，增加相应评价指标，完善 VOCs 空气质量评价方法，依据物质危害性，将有机污染物分别进

行排放限制，采取排放避免或最小化技术和综合措施[2]，逐步建立针对对人类健康有较大危害的有毒空气污染物的排放法规和标准。

建立与环境标准相适应的 VOCs 监测方法标准，以及加快制定制药、印刷、集装箱制造等各类行业 VOCs 污染排放标准；完善重点行业 VOCs 排放标准体系，制定石油化工、印刷、人造革与合成革生产、化学原料药生产等重点行业的 VOCs 排放标准和监控规范，引导重点行业提高削减和控制污染排放技术水平。此外，地方应该结合本地产业特点加快制定地方排放标准。

4. 强化固定污染源排污许可管理

全面落实污染物排放许可证的相关实施方案及要求，加快对重点行业及产能过剩行业企业 VOCs 排放许可证核发，利用环境标准和排污总量控制引领企业升级改造及倒逼产业结构调整，分类推进固定污染源全面实现达标排放，从而促进环境质量改善，实现对固定污染源系统化、科学化、精细化的一体化管理。

5. 逐步推行排污申报登记制度

制定污染源 VOCs 排放量测算规范方法，逐步推行 VOCs 排放申报登记试点工作和推进环境统计制度，对排放 VOCs 的企业和单位要求开展 VOCs 排放监测，测算其 VOCs 排放量并对含 VOCs 的相关物质的使用、生产及输出进行登记和跟踪记录；排放 VOCs 的企业和单位对排放污染物的数量、种类、浓度、监测方法、污染物处理设施处理效率及原料使用、产品生产等数据进行记录，并将记录上报地方环保部门备案。

6. 出台相关经济激励政策

制定鼓励企业和单位进行 VOCs 污染防治的经济激励政策，对采用先进技术设备或清洁生产方式的企业和单位提供优惠价格或低息、无息贷款，对实现了 VOCs 削减目标或有突出贡献的政府部门、行业、企业和单位进行奖励，综合运用资金补贴、奖励、信贷、税收等经济手段，提高有关政府部门和行业、企业开展 VOCs 污染治理工作的积极性。

7. 加强机动车 VOCs 排放控制

制定有关政策和措施，鼓励支持清洁能源机动车的制造、使用。环境保护行政主管部门可根据辖区内机动车监测资料确定污染物高排放车型目录。公安机关应当将机动车排放污染物控制指标纳入新车登记、机动车过户、机动车年度监测内容。大气质量超过警报限值时，相关人民政府可做出某些街道路段限制机动车行驶的决定，并根据大气污染防治的需要，限制辖区内摩托车等机动车的保有量[3]。禁止制造和销售排气污染物超过规定排放标准的机动车及车用发动机。

改善油品质量，提高燃油的利用效率。大力开发和使用节能型和清洁燃料汽车，降低机动车污染物排放。严格实施国家第五阶段柴油车排放标准，对特大、大型城市实施国家第六阶段柴油车排放标准。提高燃油品质，加强非道路内燃机排放控制。强化机动车年度环保监测工作，加快黄标车淘汰进程。使用机动车的单位和个人应当做好机动车的保养和维修，使机动车排放污染物符合规定排放标准，对于不达标的机动车安装尾气净化装置。机动车持有者应按照规范对机动车排气污染进行年度监测。

8.2　技　术　方　面

1. 建立重点区域和行业 VOCs 监测和评估系统

加强环境质量及污染排放 VOCs 的自动监测工作，重点地区要建设多套 VOCs 污染的在线监测系统。定期组织开展石化、化工、包装印刷等重点行业 VOCs 监测和评估工作，建立重点污染源 VOCs 排放动态排放清单系统。对重点行业的污染程度进行跟踪分析，并将评估结果向社会公布，对污染严重的行业采取定期通报制度。在重点区域内建设 VOCs 污染监测网络，为区域污染物控制提供信息和数据基础。

2. 大力推动 VOCs 控制示范

有关环境科技发展计划应将预防、减少和控制 VOCs 产生的替代工艺、替代技术，以及过程优化、尾气净化技术等列为科技发展重点。大力推行清洁生产技术，促进 VOCs 削减和控制。加大 VOCs 控制示范工程的建设力度。选择 VOCs 排放量大、排放特征明显并有工作基础的园区或地区，通过对其开展 VOCs 治理示范工程将有效的 VOCs 削减技术向全国推广。建立工业园区 VOCs 控制示范，通过园区示范可获得代表性行业 VOCs 污染排放控制、监督管理经验，促进我国 VOCs 防控工作的全面开展。

3. 完善我国 VOCs 治理技术数据库

建立 VOCs 治理技术评估方法体系，依托于全国统一的 VOCs 管控平台，通过不断地收集和积累相关行业工艺技术设备和 VOCs 管理、过程和末端减排措施的各种数据，包括环保指标、经济指标、安全指标、技术指标及管理指标等，形成具有统计学意义的 VOCs 数据库，指导各行业源强核算和减排，同时，为我国的 VOCs 控制顺利进行提供坚实可靠的技术支撑[4]。

4. 开展重点行业的 VOCs 污染综合防治

(1)控制石油与化工行业的 VOCs 污染排放

首要推广低 VOCs 含量及低反应活性的原辅材料和产品,减少苯、甲苯、二甲苯、DMF 等溶剂的使用。其次要优化生产工艺过程,采取密闭生产,重点加强生产过程 VOCs 的排放控制、燃料油和有机溶剂输配及储存过程的油气回收和挥发控制,持续推进 LDAR 工作。排放恶臭气体的车间必须安装恶臭气体处理设备。最后推行 VOCs 治理工程,石化行业应加快实施工艺单元排放尾气的回收及其技术的改造,不能或不能完全回收利用的尾气,要采用废气处理设施予以处理,实行清洁生产工艺[5]。

(2)开展表面涂装工艺的 VOCs 污染减排

对汽车、集装箱、船舶、电线电缆、电子产品、家具制造等行业涉及的表面涂装工艺进行污染控制。淘汰制造过程中的落后涂装工艺,推行使用先进工艺,简化喷漆工艺,减少有机溶剂使用量;提高环保水性涂料、溶剂的使用比例[6];对工艺单元排放的尾气进行回收利用;未安装 VOCs 废气处理设施的工厂必须安装后处理设施,收集涂装车间废气集中进行污染处理;已投运处理设施不能达标排放的,实施处理设施更新改造。

(3)推动制鞋行业的 VOCs 废气治理

推动企业实施原料替代,限制有害溶剂、助剂使用。例如帮面加工推广采用热熔胶型主跟包头、定型布等材料;帮底黏合工序鼓励使用水性胶黏剂替代溶剂型胶黏剂;研发应用粉末胶黏剂。对生产过程中排放的废气,应根据不同排放源,设置不同集气方式,加强废气收集;推广末端废气治理技术,控制 VOCs 排放。

(4)强化橡胶行业的 VOCs 治理控制

积极研发推广使用新型偶联剂、黏合剂等绿色产品,推广使用液状石蜡或其他绿色油类产品全面替代普通芳烃油,从源头减少 VOCs 的排放。制造生产过程中推广采用氮气硫化、串联法混炼、粉料助剂预分散处理等工艺;再生胶行业全面推广常压连续脱硫生产工艺,彻底淘汰动态脱硫罐,采用绿色助剂替代煤焦油等有毒有害助剂。建立密闭式负压废气收集系统,并与生产过程同步运行。有针对地使用处理技术对含 VOCs 废气进行处理处置[7]。

(5)推进印刷行业的 VOCs 排放控制

积极寻找低毒、低臭、低挥发性的物料及原辅材料,减少高毒、恶臭、高挥发性油墨的使用,大力推广水性、大豆基、紫外光固化等低 VOCs 含量油墨;改进生产工艺,推广使用柔印等低 VOCs 排放的工艺,降低废气污染;对生产过程中排放的废气,应根据不同排放源,设置不同集气方式,加强废气收集,变无组织排放为有组织排放,以便于回收和治理;推广末端废气回收和治理技术,全面提升印刷行业有机废气治理的装备和水平,控制 VOCs 排放。在印刷企业较为集中的地区,建立统一的混合溶剂集中处理中心,改进溶剂回收的经济性,提高企业治理污染的积极性。

(6)改进化学原料药行业的 VOCs 废气治理

在化学原料药生产企业集中地区建立园区废气治理试点。减少园区内挥发性大、毒性大的 VOCs 物质的生产,淘汰小规模生产装置和二次加工装置,以及其他不符合国家安全、环保、质量、能耗等标准的化学原料药生产装置。对园区内企业进行产品结构和生产工艺调整,采用先进的工艺技术进行技术改造,淘汰污染严重治理无望的产品、工艺及设备,开展清洁生产审核,提升生产装备及末端治理工艺装备水平。

(7)加强其他行业的 VOCs 污染治理

推行农业 VOCs 污染防控。推行科学的农药喷洒方式,减少农药的使用量,并推广低挥发性农药的使用;减少熏蒸剂的使用,改进农药配方减少挥发性有机物质的使用;研发新型、环境友好技术,就农业虫害管理与企业开展战略合作。

减少餐饮油烟的油雾污染排放。鼓励餐馆安装油烟净化设备;有关环境科技发展计划应将减少和控制餐饮油烟排放的过程优化、尾气净化技术和设备等列为重点,鼓励企业与高等院校、科研机构等合作,加强对餐饮油烟削减关键技术的联合攻关。

控制污水处理厂臭气污染。做好厂区内绿化工作,设置适当的绿化隔离带;做好各处理单元的臭气收集及车间封闭措施;没有安装除臭设施的车间,必须安装臭气治理设施;加强运行管理,脱水后污泥在污水处理厂存放时间不宜过长,堆放点应建成能遮阳挡雨的半封闭式堆放点;各除臭设施应定期检修,填料或催化剂失效后即时更换。

控制生物质燃料燃烧过程中的 VOCs 污染。改善燃烧设备的燃烧性能,推行规范化燃烧设备,减少生物质燃料的露天燃烧及燃烧废气的无组织排放;推广成型生物质燃料,以及无害化清洁燃料的使用[8]。

启动民用 VOCs 控制。针对建筑涂料制定 VOCs 含量限值,加快淘汰高 VOCs 含量涂料产品的使用,推广水性涂料的使用。针对干洗行业,淘汰开启式干洗机,寻求替代工艺,使用湿洗、干冰清洗技术及硅树脂清洗机,减少 VOCs 等有害污染物的排放;鼓励物料的循环使用,安装冷凝器等设备,回收干洗过程中消耗的溶剂;优化干洗过程,使用带有冷凝器的封闭环以减少溶剂的通风排放,使机器在适当的装载量下运行,在清洗机器周围安装防溅容器;及时修整维护设备,减少及预防溶剂泄漏,减少溶剂的挥发及逸散。针对使用时产生 VOCs 的喷雾剂产品,寻找挥发性有机溶剂的替代溶剂,推广环境友好产品的使用。

8.3　经 济 方 面

1. 加大 VOCs 防治工作的资金支持力度

地方政府在安排节能减排等环保投资时，应加大对 VOCs 重点污染源的削减和控制的支持力度，强化环境保护专项资金使用管理，着力推进 VOCs 重点污染源的监测、监控能力建设。通过扩大绿色信贷等方式鼓励和扶持当地企业，支持符合要求的企业发放企业债券直接融资，同时政府对其采用减税或免税、资金补助等措施，推进企业进行 VOCs 控制工作。对 VOCs 排放未达标的城市，当地政府应积极加大资金投入，加快城市大气环境保护基础设施和污染治理工程建设。

2. 拓宽资金进入 VOCs 污染控制领域的渠道

充分利用各种融资手段为企业清洁生产、产品结构调整和科技创新提供资金支持[9]。积极引导民间资本进入 VOCs 削减控制领域。积极加强国内外交流与合作，争取国际社会资金和技术支持。

3. 保证 VOCs 控制技术研究的资金支持

采取经济鼓励和政策扶持手段，鼓励各研究所、高校、企业积极参与清洁生产技术和 VOCs 控制技术研发，对研发成果及时加以推广。引进国外有效的清洁生产技术和 VOCs 控制技术，结合我国实际情况加以推广应用。

8.4　科 研 方 面

1. 加快掌握全国 VOCs 污染排放状况

加强我国 VOCs 排放量、分布特征、可行控制技术及控制对策研究。一是研究各类污染源的 VOCs 排放特征和排放量测算方法，建立我国 VOCs 排放清单数据库和源成分谱，并结合 VOCs 排放的行业和地域分布，识别重点地区 VOCs 控制的重点物质及重点行业，预测 VOCs 排放趋势，以掌握我国 VOCs 排放状况及发展趋势，为 VOCs 控制提供数据依据；二是研究 VOCs 与臭氧、氮氧化物等其他污染物的关系，掌握 VOCs 排放对大气环境质量的影响，指引我国 VOCs 控制工作向正确的方向开展；三是加强对工业源、移动源等各类污染源 VOCs 排放控制对策和管理手段的研究，为 VOCs 控制管理提供科学依据。

2. 加大各类行业 VOCs 控制技术的研究力度

加大各类行业 VOCs 控制技术的研究力度，开发出适合行业特点的 VOCs 控制技术设备。紧盯有机废气治理关键技术，组织国内大专院校和科研机构的有关专家，集中力量开展科技攻关研究，引导企业广泛采用新技术、新工艺、新设备。

3. 加强科研基础设施建设

加强环境保护科研基础设施建设，一方面，建立资源丰富、与 VOCs 研究相关的重要科技基础条件资源的平台，如建立完善的工业源 VOCs 动态更新平台，形成 VOCs 的排放清单，摸清 VOCs 排放底数，明确 VOCs 排放重点行业的类型和区域布局，指导 VOCs 污染防治工作；另一方面，整合、优化 VOCs 相关的重点实验室，提高装备水平，完善创新体系，增强科研攻关和技术创新能力。

8.5　其 他 方 面

1. 落实各方责任

VOCs 污染防治工作由地方政府负总责，要切实加强组织领导，建立环保部门牵头，政府有关部门和企业参加的 VOCs 污染防治协调机制，形成责任明确、共同推进的管理体制。各有关部门应加强协调配合，制定相关配套措施和落实意见，保证各项措施和规划的有效实施。

2. 加强信息公开

各地加快完善信息公开制度的步伐，包括：各级政府和环保部门对 VOCs 防治工作情况进行考核检查，对 VOCs 防治重点项目完成情况和城市空气质量改善情况进行考核，并将考核结果每年向社会公布；企业主动公开污染物排放、污染治理设施减排效率及运行情况等环境信息。

3. 增强监测监控能力

加大资金投入，购买相关监测设备；加强工作人员的监测能力培训，提高监测水平；加快 VOCs 监测方法的研究制定；加强监测过程的质量管理，推进监测的标准化建设；将 VOCs 纳入常规监测项目，各级环保部门应对管辖区域内环境大气中的 VOCs 浓度进行实时监控，重点监控重要污染源及敏感区域，同时，针对重要污染源，建立 VOCs 监测应急和预警系统，当事故发生时，能及时向相关单位、社会群众预警，并且及时启动事故应急处理系统。

4. 严格环境监管

加强对 VOCs 排放源的监督、监测和监管核查，对未按规定和要求实施控制措施的排放源，限期整改。对不符合规定和要求的重污染企业、不能达标排放的企业或存在严重环境安全隐患的企业应依法关闭、限期治理或停产整顿。在政府监督的基础上，开设举报热线，充分发挥社会公众监督作用。各地方政府应全面掌握污染源的行业和地区分布情况，建立健全 VOCs 污染源档案和信息数据库，完善 VOCs 排放源排放清单。

5. 加强专业培训和宣传教育

建立多层级的、有关 VOCs 的专项培训制度，包括对环境保护主管部门的管理和技术人员，企业相关部门的管理和技术人员及公众和相关社会团体的培训。加强各地方环境保护主管部门 VOCs 管控能力建设，提升企业 VOCs 管控水平，促进公众和社会团体共同参与 VOCs 的管控，形成政府主导、企业自律、公众参与、社会监督的多元化 VOCs 共治模式[10]。各地环保部门应组织开展多种形式的宣传教育活动，采取通俗易懂的方式，通过广播、电视、报纸、互联网等媒体，宣传 VOCs 危害及可防可控等方面的知识，积极引导广大群众了解有关知识，动员和引导公众参与 VOCs 防治工作，并充分利用群众的监督作用。定期公布 VOCs 防治工作进展情况，充分发挥新闻媒体的舆论导向和监督作用。

参 考 文 献

[1] 张长平. 工业源 VOCs 的排放特征[C]//国家环境保护恶臭污染控制重点实验室. 第六届全国恶臭污染测试与控制技术研讨会论文集, 2016: 4.

[2] 张卿川, 陈家桂, 夏邦寿, 等. 工业有机废气排放物控制指标的表征和监测方法——美德日优先控制的有害大气 VOCs 与限制指标 [J]. 污染防治技术, 2015, (5): 46-52+56.

[3] 岳欣, 庞媛, 李博士, 等. 加强机动车燃油蒸发控制减少 VOCs 排放污染 [J]. 环境保护, 2014(24):27-30.

[4] 郝苗青, 张晓丹, 史恺, 等. 工业源挥发性有机物动态更新平台的建立与研究 [J]. 环境科学与管理, 2016(8): 86-89.

[5] 邱凯琼. 工业源挥发性有机物减排潜力及其对空气质量的影响研究[D]. 广州: 华南理工大学, 2014.

[6] 康娟. 表面涂装工艺中挥发性有机物(VOCs)污染防治措施研究[C]//中国环境科学学会. 2013 中国环境科学学会学术年会论文集(第五卷), 2013: 5.

[7] 刘洋, 周泓, 岳冠华. 促进重点行业 VOCs 削减提升制造业绿色化水平——《重点行业挥发性有机物削减行动计划》初步解读 [J]. 环境与可持续发展, 2017(1):102-103.

[8] 吴同杰, 赵立欣, 姚宗路, 等. 生物质燃烧 VOCs 排放特性与测试方法研究进展 [J]. 环境工程, 2015(S1): 481-484+494.

[9] 王宇飞, 刘昌新, 程杰, 等. 工业 VOCs 经济手段和工程技术减排对比性分析 [J]. 环境科学, 2015(4): 1507-1512.

[10] 崔积山, 牛皓, 王赫婧, 等. 排污许可制度中固定工业源 VOCs 污染物管控的建议 [J]. 环境保护, 2016(23): 17-20.

索　引

B

不确定性　163
补偿政策　213

C

层次分析法　169
成分谱　81
臭氧生成潜势　238，242
储存与运输　151
储存政策　213

D

点源兑换法　213
点源-非点源兑换法　213

F

反应性排放清单　242
肥皂及合成洗涤剂制造　149
分配因子权重　220

H

合成树脂制造　146
化学药品原药制造　148

J

基准情景　188
减排潜力　198
减排效益模拟　199
聚类分析　152

K

空间反应性排放清单　242

空气质量模型　199
控制情景　188
控制指标　9

M

密切值法　170

P

排放清单　20
排放因子法　28

Q

"气泡"政策　213
情景分析法　188

S

石油制品制造　150

W

污染源成分谱　238
物料衡算法　25
物种排放清单　242

X

信息熵法　219
信息熵值　220

Y

有机化学原料制造　145
源头追踪　20

Z

重点行业　41

综合评分法　169
总量分配　212
总量分配因子　225
总量控制　212
总量控制目标　212
最大增量反应活性值　238

其 他

AERMOD 模型　177
Hasse 图解筛选法　170
Monte Carlo 方法　166
VOCs 历史排放特征　34